国家出版基金项目
NATIONAL PUBLICATION FOUNDATION

国家出版基金项目

"十三五"国家重点出版物出版规划项目

先进复合材料丛书

金属基复合材料

中国复合材料学会组织编写

丛书主编　杜善义

丛书副主编　俞建勇　方岱宁　叶金蕊

编　　著　耿　林　梁淑华　郑开宏　等

中国铁道出版社有限公司

CHINA RAILWAY PUBLISHING HOUSE CO., LTD.

内 容 简 介

"先进复合材料丛书"由中国复合材料学会组织编写，并入选国家出版基金项目。丛书共 12 册，围绕我国培育和发展战略性新兴产业的总体规划和目标，为促进我国复合材料研发和应用的发展与相互转化，按最新研究进展评述、国内外研究及应用对比分析、未来研究及产业发展方向预测的思路，论述各种先进复合材料。

本书为《金属基复合材料》分册，从金属基复合材料的基础理论出发，按照镁基、铝基、钛基、铜基、铁基复合材料的顺序，重点论述了金属基复合材料的国内外研究发展、制备与加工技术、工程应用进展与未来发展预测。

本书可供复合材料研发人员和工程技术人员参考，也可供新材料研究院所、高等院校、新材料产业界、政府相关部门、新材料技术咨询机构等领域的人员参考。

图书在版编目（CIP）数据

金属基复合材料 / 中国复合材料学会组织编写；耿林
等编著 . —北京：中国铁道出版社有限公司，2020.12
　（先进复合材料丛书）
国家出版基金项目
ISBN 978-7-113-27285-2

Ⅰ.①金… Ⅱ.①中… ②耿… Ⅲ.①金属基复合材料
Ⅳ.①TB333.1

中国版本图书馆 CIP 数据核字(2020)第 185059 号

书　　名：**金属基复合材料**
作　　者：耿 林　梁淑华　郑开宏　等

策　　划：初 祎　李小军
责任编辑：曾露平　　　　　电话：(010) 51873405
封面设计：高博越
责任校对：苗 丹
责任印制：樊启鹏

出版发行：中国铁道出版社有限公司（100054，北京市西城区右安门西街 8 号）
网　　址：http://www.tdpress.com
印　　刷：中煤（北京）印务有限公司
版　　次：2020 年 12 月第 1 版　2020 年 12 月第 1 次印刷
开　　本：787 mm×1 092 mm　1/16　印张：13　字数：265 千
书　　号：ISBN 978-7-113-27285-2
定　　价：88.00 元

序

新材料作为工业发展的基石，引领了人类社会各个时代的发展。先进复合材料具有高比性能、可根据需求进行设计等一系列优点，是新材料的重要成员。当今，对复合材料的需求越来越迫切，复合材料的作用越来越强，应用越来越广，用量越来越大。先进复合材料从主要在航空航天中应用的"贵族性材料"，发展到交通、海洋工程与船舰、能源、建筑及生命健康等领域广泛应用的"平民性材料"，是我国战略性新兴产业——新材料的重要组成部分。

为深入贯彻习近平总书记系列重要讲话精神，落实"十三五"国家重点出版物出版规划项目，不断提升我国复合材料行业总体实力和核心竞争力，增强我国科技实力，中国复合材料学会组织专家编写了"先进复合材料丛书"。丛书共12册，包括：《高性能纤维与织物》《高性能热固性树脂》《先进复合材料结构制造工艺与装备技术》《复合材料结构设计》《复合材料回收再利用》《聚合物基复合材料》《金属基复合材料》《陶瓷基复合材料》《土木工程纤维增强复合材料》《生物医用复合材料》《功能纳米复合材料》《智能复合材料》。本套丛书入选"十三五"国家重点出版物出版规划项目，并入选2020年度国家出版基金项目。

复合材料在需求中不断发展。新的需求对复合材料的新型原材料、新工艺、新设计、新结构带来发展机遇。复合材料作为承载结构应用的先进基础材料、极端环境应用的关键材料和多功能及智能化的前沿材料，更高比性能、更强综合优势以及结构/功能及智能化是其发展方向。"先进复合材料丛书"主要从当代国内外复合材料研发应用发展态势，论述复合材料在提高国家科研水平和创新力中的作用，论述复合材料科学与技术、国内外发展趋势，预测复合材料在"产学研"协同创新中的发展前景，力争在基础研究与应用需求之间建立技术发展路径，抢占科技发展制高点。丛书突出"新"字和"方向预测"等特色，对广大企业和科研、教育等复合材料研发与应用者有重要的参考与指导作用。

本丛书不当之处，恳请批评指正。

杜善义

2020 年 10 月

前　言

"先进复合材料丛书"由中国复合材料学会组织编写，并入选国家出版基金项目和"十三五"国家重点出版物出版规划项目。丛书共 12 册，围绕我国培育和发展战略性新兴产业的总体规划和目标，为促进我国复合材料研发和应用的发展与相互转化，按最新研究进展评述、国内外研究及应用对比分析、未来研究及产业发展方向预测的思路，论述各种先进复合材料。本丛书力图传播我国"产学研"最新成果，在先进复合材料的基础研究与应用需求之间建立技术发展路径，对复合材料研究和应用发展方向做出指导。丛书体现了技术前沿性、应用性、战略指导性。

金属基复合材料（metal matrix composites，MMCs）是在金属或合金基体中加入可控含量的纤维、晶须或颗粒，经人工复合而成的材料。金属基复合材料扩展了基体金属材料的特性，不仅集高比模量、高比强度、良好的导热导电性、可控的热膨胀系数以及良好的耐磨性能和高温性能于一体，同时还具有可设计性和一定的二次加工性，是一种重要的先进材料。金属基复合材料与聚合物基复合材料、陶瓷基复合材料以及碳/碳复合材料一起构成现代复合材料体系。

在 20 世纪 60 年代，为了探索提高金属基体使用性能的新途径，也为了提高金属材料的比强度、比刚度，开始了对金属基复合材料的研究工作，并且将主要力量集中在钨和硼纤维等增强铝基和铜基复合材料。在 70 年代，由于许多复合体系的界面处理问题难以解决，且增强体品种规格较少、复合工艺难度大、成本高，限制了金属基复合材料的发展。到 80 年代，随着科学技术的发展，特别是航空航天和核能利用等高新技术的发展，要求材料具有高比强度和刚度、耐磨损、耐腐蚀，并能耐一定高温，在温度剧烈变化时有较高的化学和尺寸稳定性，又促进了对金属基复合材料的研究和应用，镁基、铝基、钛基、铜基、铁基复合材料先后进入实用化研制阶段。进入 21 世纪，各种新型高性能、多功能金属基复合材料相继问世，复合材料的制备技术、加工技术、改性技术不断改进，金属基复合材料的性能指标不断提升。

金属基复合材料作为一种高性能多功能复合材料，可以在很多应用场合代替传统金属材料，发挥出传统金属材料不可能有的高性能和特殊功能，尤其是在航天航空、高端装备、汽车制造等领域具有巨大的应用潜力，是世界各国新材料领域研究与开发的重点。

本书从金属基复合材料的基础理论出发，按照基体金属材料种类分章对金属基复合材料的国内外研究发展、制备与加工技术、工程应用进展与未来发展预测进行全面论述。全书共分为 6 章，第 1 章由耿林、黄陆军、张学习、王晓军编著，第 2 章由王晓军、李雪健、魏帅虎、胡小石编著，第 3 章由张学习、钱明芳、李建超、郑忠编著，第 4 章由安琦、姜山、王帅、黄陆军编著，第 5 章由梁淑华、姜伊辉、曹飞、王献辉编著，第 6 章由郑开宏、林颖菲、郑志斌、王娟编著。最后由耿林、梁淑华、郑开宏统稿、定稿。

金属基复合材料涉及多学科交叉，技术领域宽泛，同时金属基复合材料科学和技术发展迅速，很多技术都在不断更新中，因此书中难免存在不妥之处，欢迎广大读者批评指正。

编著者

2020 年 3 月

目　　录

第1章 金属基复合材料的基础理论

1.1 金属基复合材料分类

对于金属基复合材料,其强韧化机理主要依赖于增强相的形态与分布方式,由此可将金属基复合材料分为:连续纤维增强金属基复合材料(continuous fiber reinforced metal matrix composites)、短纤维/晶须增强金属基复合材料(short fiber/whisker reinforced metal matrix composites)和颗粒增强金属基复合材料(particle reinforced metal matrix composites)三类,其中短纤维/晶须增强金属基复合材料与颗粒增强金属基复合材料又被统称为非连续增强金属基复合材料(discontinuously reinforced metal matrix composites)。三类金属基复合材料示意图如图1.1所示,其中不同类型的金属基复合材料中所使用的增强相见表1.1。

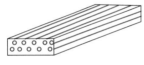

(a)连续纤维   (b)短纤维/晶须   (c)颗粒

图 1.1 三类金属基复合材料的示意图

表 1.1 金属基复合材料中常用的增强相

增强相类型	常见增强相
连续纤维	SiC、Al_2O_3、C、B、W、Nb_3Sn
短纤维/晶须	C、SiC、TiB
颗粒	SiC、Al_2O_3、TiC、BN

根据图1.1可知,连续纤维增强金属基复合材料由于在服役时其受力主要由增强相纤维承载,在平行于增强相纤维的方向上具有最好的增强效果,但由于其增强相纤维的定向分布而使其在性能上体现出强烈的各向异性。对于增强相非连续分布的短纤维/晶须增强以及颗粒增强金属基复合材料,增强相在基体中的分布较为均匀,增强相和基体均可以起到承载的作用,从而对金属基体起到提高刚度、强度以及高温性能的作用。其中单晶的晶须增强往往可以获得更高的强度和断裂韧性,颗粒增强更容易获得各向同性的力学与物理性能。

不同类型的金属基复合材料各有优缺点,连续纤维增强金属基复合材料在平行于纤维的方向上具有最好的增强效果,且易于生产较大尺寸的构件,但具有严重的性能各向异性、不易控制的界面反应、较大的残余应力、不可二次加工、塑性较差以及制备成本较高等缺点。

相较而言,短纤维/晶须增强以及颗粒增强金属基复合材料具有较低的制备成本、可通过传统的方法制备与加工以及各向同性等优点。

除以增强相的类型分类之外,金属基复合材料还可以根据金属基体的种类分为镁基复合材料、铝基复合材料、钛基复合材料、铜基复合材料、铁基复合材料等;根据复合材料的性能特点还可分为结构复合材料、功能复合材料和智能(机敏)复合材料三大类。

1.2 非连续增强金属基复合材料制备基础

1.2.1 制备技术分类

非连续增强金属基复合材料的主要制备方法按温度可分为三类(见表 1.2):液相法、固相法和固-液法。液相法的主要制备过程是将陶瓷颗粒用各种方法混入到熔融的金属液中;固相法的主要制备过程是在基体的熔点以下将增强相与基体的混合物致密化,该法主要有粉末冶金法;固-液法的主要制备过程是在基体的固-液两相共存下制备出密实材料,该方法主要有半固态搅拌法等。

表 1.2 非连续增强金属基复合材料的主要制备方法

技术类别	制备方法	典型的复合材料
液态制造技术	无压浸渍技术	SiC_p/Al
	压力铸造技术	SiC_p/Al、Al_2O_3/Al、SiO_2/Al
	液态搅拌铸造技术	SiC_p/Al、Al_2O_3/Al
	喷射沉积技术	SiC_p/Al、Al_2O_3/Al
固态制造技术	粉末冶金技术	SiC_p/Al、Al_2O_3/Al
	热压和热等静压技术	SiC_p/Al
	热轧、热挤压和热拉技术	SiC_p/Al、Al_2O_3/Al
固-液制造技术	半固态搅拌铸造技术	SiC_p/Al、Al_2O_3/Al
其他制造技术	原位反应技术	Al_2O_3/Al

1.2.2 几种典型制备技术

1. 搅拌铸造技术

搅拌铸造技术是通过机械搅拌使增强体颗粒与液态或半固态的金属基体合金复合均匀,然后浇注成铸锭或所需零件。当金属基体合金为液态时,称为液态搅拌铸造技术;当金属基体合金为半固态时,称为半固态搅拌铸造技术。与其他制备技术相比,该方法工艺设备简单,制造成本低廉,便于工业化生产,而且可以制造各种形状复杂的零件,是目前最受重视、用得最多的铝基复合材料制备方法。这方面最为典型的实例就是 Alcan 公司在加拿大建成了年产 11 340 t 的 SiC_p/Al 复合材料铸锭、型材、棒材以及复合材料零件的专业工厂,

其生产的 SiC_p/Al 复合材料单个铸锭最重达 596 kg。性能方面,Alcan 公司生产的体积分数为 20% 的 $SiC_p/A356$ 复合材料的屈服强度比基体铝合金提高 75%,弹性模量提高 30%,热膨胀系数减小 29%,耐磨性提高 3~4 倍。

对于搅拌铸造技术来说,必须解决三个关键技术问题,即增强体颗粒与基体金属熔体之间的润湿性问题、增强体颗粒在基体中均匀分散问题和增强体颗粒在基体中的分布均匀性问题,才能得到组织致密、缺陷少、颗粒分散均匀、界面结合良好、性能优异的复合材料。采用超声波振动辅助方法可以在一定程度上解决上述问题。另外,该方法对所添加的颗粒尺寸和含量有一定限制,通常颗粒尺寸需大于 10 μm,体积分数在 0~35% 之间。

为了得到特定形状的零件或特殊要求的性能,搅拌复合铸造和原位复合铸造均可以结合其他特种铸造工艺进行,如熔模铸造、挤压铸造、离心铸造等。

2. 粉末冶金技术

粉末冶金技术是将金属粉末和增强体粉末等经筛分、混合、冷压固结、除气、热压烧结制得金属基复合材料。用粉末冶金技术制备的颗粒增强金属基复合材料的综合性能良好。与搅拌铸造技术相比,粉末冶金技术制备的复合材料成本相对较高,制备周期较长,制备大尺寸坯料比较困难。

美国 DWA 复合材料专业公司采用粉末冶金技术,制造了 SiC 颗粒增强铝基复合材料自行车车架、设备支撑架等产品,并已达到商品化。另外,美国 ARCO 公司、英国 BP 公司也在粉末冶金技术制备 SiC 颗粒增强铝基复合材料方面取得了显著的成果。与搅拌铸造技术相比,粉末冶金技术制备的复合材料增强体含量选择范围大,可以实现密度差较大的金属和增强体的复合,也可以使熔点相差较大的金属合金化。

3. 液态金属浸渗技术

液态金属浸渗是将增强体预处理后,冷压成一定形状和尺寸的预制件,经烘干,加热至较高温度烧结,再放入预热的金属压型内,浇入熔融的金属液,并使熔融金属渗入并保持一段时间,待其凝固后即得到所需的金属基复合材料制件。液态金属浸渗可分为两种方法:一种是液态金属在压力下浸渗预制块,一般称此方法为压力铸造技术,此方法的优点是可以避免增强体与基体不浸润的问题,所制得的材料密度较为均匀,制备过程周期短,熔融金属冷却快,减轻了颗粒界面反应,但预制件制造比较困难,浸渗工艺参数不易控制,压力过高可能破坏预制件,因此该工艺的应用技术难度相对较大。

作为液态金属浸渗技术的另一种方法是无压浸渗技术。无压浸渗技术是通过向金属液或增强体中加入助渗剂的方法,无须借助压力,使金属液自动渗入预制件内部制得复合材料。无压浸渗技术设备简单、操作方便、成本低廉,但受熔渗温度、环境气体种类及增强体大小等因素影响,因此该法也有一定局限。

4. 喷射沉积技术

喷射沉积技术是在基体合金雾化的同时,加入增强体粉末,使合金粉末与增强体粉末共同沉积在收集器上以得到复合材料。这种方法的特点是增强体体积分数可以任意调节,增强体的粒度也不受限制,增强体与基体熔液接触时间相当短,二者之间的化学反应易于控制,大大改善了界面的结合状态,基体可以保持雾化沉积、快速凝固的特点,晶粒十分细小。此方法要解决的关键问题是喷射沉积成形中增强相颗粒分布均匀问题和颗粒利用率问题。该方法的突出优点是:材料制备成本较低,颗粒在基体中的分布可控,可沿用现行喷射沉积成形制备金属材料的各项工艺参数,设备无须做任何改动。喷射沉积法的制备成本比铸造法要高,但比粉末冶金法要低。

5. 原位反应技术

原位反应技术是指在复合材料制备过程中,通过元素之间或元素、化合物间的化学反应(化合或者是氧化还原),在金属基体内原位生成一种或几种高硬度、高弹性模量的陶瓷增强相,从而达到强化金属基体的目的。原位反应可以促使更加均匀的亚微米级甚至近纳米级增强颗粒的形成,得到的金属基复合材料界面结合强度高,同时也具有良好的力学性能。原位反应技术可以在大多数金属基复合材料的制备方法中实现。包括自蔓延高温合成法、放热弥散法、气液固反应法、反应热压法、反应喷射沉积法、混合盐反应法等。

1.3 金属基复合材料界面

1.3.1 金属基复合材料界面的分类及结合机制

1. 界面的分类

对于金属基复合材料,其界面比聚合物基复合材料复杂得多。金属基复合材料界面的类型取决于增强体和金属基体材料本身的特性及复合工艺条件。根据增强材料与基体的相互作用情况,金属基复合材料的界面可以归纳为表 1.3 所示的三种类型。

类型一的界面特征为金属基体和增强体之间既不反应也不互相溶解,界面相对比较平整。

类型二的界面特征为金属基体和增强体之间彼此不发生界面化学反应,但浸润性好,能产生界面相互溶解扩散,基体中的合金元素和杂质可能在界面上富集或贫化,形成犬牙交错的溶解扩散界面。

类型三的界面特征为金属基体和增强体之间彼此发生界面化学反应,生成新的化合物,形成界面层。

取决于复合工艺条件、加工和使用条件,实际复合材料中的界面可能不是单一的类型,而是以上三种类型的组合。

此外,各类界面间并没有严格的界限,在不同条件下同样组成的物质,或在相同条件下不同组成的物质可以构成不同类型的界面。例如表 1.3 中类型一的 Al/B 复合材料体系,从热力学观点看它们是可能发生反应的,但由于氧化膜的保护作用,造成了反应的动力学障碍,如果工艺参数控制恰当,不使保护膜破坏,可以形成类型一的界面;但如果保护膜破坏则形成类型三的界面。又如在 Cu/W 复合材料中,如果基体是纯铜,形成类型一的界面;如果基体是 Cu-Cr 合金,形成类型二的界面;如果基体是 Cu-Ti 合金,则合金中的 Ti 将与 W 发生反应而形成类型三的界面。

表 1.3　金属基复合材料的界面类型

类型一	类型二	类型三
金属基体和增强体之间	金属基体和增强体之间	金属基体和增强体之间
既不反应也不互相溶解	不发生反应但互相溶解	发生反应生成界面反应物
Cu/W	Cu-Cr 合金/W	Cu-Ti 合金/W
Cu/Al_2O_3	Nb/W	Ti/Al_2O_3
Ag/Al_2O_3	Ni/C	Ti/B
Al/B(表面涂 BN)	Ni/W	Ti/SiC
Al/不锈钢		Al/SiO_2
Al/B		Al/C(在一定温度下)
Al/SiC		Mg/$Al_{18}B_4O_{33w}$
Mg/SiC		

2. 界面的结合机制

为了使复合材料具有良好的性能,需要在增强体与基体界面上建立一定的结合力。界面结合力是使基体与增强体从界面结合态脱开所需的作用于界面上的应力,它与界面的结合形式有关,并影响复合材料的性能。如碳纤维增强铝基复合材料中,当复合材料承受载荷时,如果界面结合太弱,纤维就被大量拔出,复合材料强度降低;如果界面结合太强,复合材料发生脆断,既降低强度,又降低塑性;只有界面结合强度适中的复合材料才能呈现高强度和高塑性。

界面的结合力有三类:机械结合力、物理结合力和化学结合力。机械结合力就是摩擦力,它决定于增强体的比表面积、粗糙度以及基体的收缩力。比表面积、粗糙度和基体收缩越大,界面结合力越大。物理结合力包括范德华力和原子间的作用力。化学结合力就是化学键,它在金属基复合材料中起重要作用。

根据上面的三种结合力,金属基复合材料中的界面结合基本可分为四类,即机械结合、共格和半共格原子结合、扩散结合、化学结合。

(1)机械结合

基体与增强体之间纯粹靠机械结合力连接的结合形式称为机械结合。它主要依靠增强材料粗糙表面的机械"锚固"力和基体的收缩应力来包紧增强材料产生摩擦力而结合。结合强度的大小与纤维表面的粗糙程度有很大关系,界面越粗糙,机械结合越强。例如,用经过表面刻蚀处理的纤维制成的复合材料,其结合强度比具有光滑表面的纤维复合材料约高2～3 倍。但这种结合只有当载荷应力平行于界面时才能显示较强的作用,而当应力垂直于界面时则承载能力很小。因此,具有这类界面结合的复合材料的力学性能较差,除了承受不大的纵向载荷外,不能承受其他类型的载荷,不宜作结构材料用。事实上由于材料中总有范德华力存在,纯粹的机械结合很难实现。机械结合存在于很多复合材料中。既无溶解又不互相反应的第一类界面就属于这种结合。

(2)共格和半共格原子结合

共格和半共格原子结合是指增强体与基体以共格和半共格方式直接进行原子结合,界面平直,无界面反应产物和析出物存在。金属基复合材料中以这种方式结合的界面较少。

在挤压铸造碳化硅晶须增强镁基复合材料以及碳化硅晶须增强铝基复合材料中,碳化硅晶须和镁、铝合金基体之间存在一定的晶体学位向关系,具有晶体学位向关系的界面是一种半共格匹配的原子结合界面,碳化硅晶须和镁合金的低指数密排面在界面处互相结合,界面能降低,界面结合强度高。图 1.2 为具有晶体学位向关系的 SiC_w-AZ91 界面的高分辨透射电镜(HREM)照片,可以看到,镁合金基体和碳化硅晶须的晶面在界面处紧密结合,仅存在少量的晶格错配,同时这些具有晶体学位向关系的界面为低能界面,界面结合强度较高。

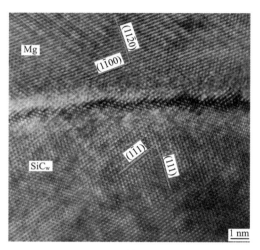

图 1.2　挤压铸造 SiC_w-AZ91
界面的 HREM 照片

原位自生金属基复合材料的界面为增强体和基体直接原子结合界面,界面处完全无反应物或析出相,如 TiB_2/NiAl 自生复合材料中,TiB_2 与 NiAl 的界面为直接原子结合。

(3)扩散结合

某些复合体系的基体与增强体虽无界面反应,但可发生原子的相互扩散,这种作用也能提供一定的结合力。

扩散结合是基体与增强体之间发生润湿,并伴随一定程度的相互溶解(也可能基体和增强体之一溶解于另一种中)而产生的一种结合。一般增强材料与基体具有一定润湿性,在浸润后产生局部的互溶才有一定结合力。如果互相溶解严重,以至于损伤了增强材料,则会改变增强材料的结构完整性,削弱增强材料的性能,从而降低复合材料的性能。

这种结合与表 1.3 中的第二类界面对应,是靠原子范围内电子的相互作用产生结合力。增强体与基体的相互作用力是极短程的,因此要求复合材料各组元的原子彼此接近到原子直径的尺寸范围内才能实现。由于增强体表面吸附的气体以及增强体表面常存在氧化物膜都会妨碍这种结合的形成,这时就需要对增强体表面进行超声波处理等预处理,除去吸附的气体,破坏氧化物膜,使增强体与基体的接触角小于 90°,发生浸润和局部互溶以提高界面结合力。

(4)化学结合

它是基体与增强体之间发生化学反应,在界面上形成化合物而产生的一种结合形式,由反应产生的化学键提供结合力,它在金属基复合材料中占有重要地位,表 1.3 中类型三的界面属于这种结合形式。

大多数金属基复合材料,在热力学上是非平衡体系,也就是说增强材料与基体界面存在化学势梯度。这意味着增强材料与基体之间只要存在有利的动力学条件,就可能发生增强材料与基体之间的化学反应,在界面形成新的化合物层,也就是界面层。

金属基复合材料的化学反应界面结合是其主要结合方式。绝大多数的金属基复合材料中都存在界面反应的问题。它们的界面结构中一般都有界面反应产物。例如,在硼纤维增强钛基复合材料中界面化学反应生成 TiB$_2$ 界面层,碳纤维增强铝基复合材料中的界面反应生成 A1$_4$C$_3$ 化合物。在许多金属基复合材料中,实际界面反应层往往不是单一的化合物。Al$_2$O$_3$ 纤维增强 Al-Li 铝合金复合材料中,在界面上可能有二种化合物:α-LiAlO$_2$ 和 LiA1$_5$O$_8$ 存在;而硼纤维增强含铝的钛合金中界面反应层也存在多种反应产物。

　　界面反应通常是在局部区域中发生的,形成粒状、棒状、片状的反应产物,而不是同时在增强体和基体相接触的界面上形成层状物,只有严重界面反应才可能形成界面反应层。根据界面反应程度对形成合适界面结构和性能的影响,可将界面反应分成三类。

　　第一类:有利于基体与增强体浸润、复合和形成最佳界面结合。这类界面反应轻微,纤维、晶须、颗粒等增强体无损伤和性能下降,不生成大量界面反应产物,界面结合强度适中,能有效传递载荷和阻止裂纹向增强体内部扩展,界面能起调节复合材料内应力分布的作用。在 SiC 晶须增强镁基复合材料中,镁与 SiC 表面的黏结剂(氧化物)发生反应,形成 MgO(见图 1.3),可改善 SiC 与 Mg 的浸润性,提高界面结合强度。

　　第二类:有界面反应产物,增强体虽有损伤但性能不下降,形成强界面结合。这类界面反应在应力作用下不发生界面脱粘,裂纹易向纤维等增强体内部扩展,呈现脆性破坏,造成复合材料的低应力断裂。但对晶须、颗粒等非连续增强金属基复合材料,这类反应则是有利的。图 1.4(a)为挤压铸造态硼酸铝晶须增强 AZ91 镁基复合材料中,硼酸铝晶须与镁基体发生界面反应形成界面反应产物 MgO 的 TEM 形貌。

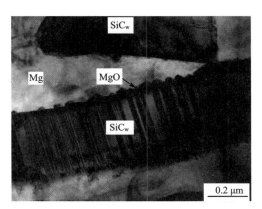

图 1.3　SiC$_w$/AZ91 镁基复合材料界面处弥散分布的 MgO 反应物

　　第三类:严重界面反应,有大量反应产物,形成聚集的脆性相和脆性层,造成增强体严重损伤和基体成分改变,强度下降,同时形成强界面结合。具有这类界面的复合材料的性能急剧下降,甚至低于基体性能,因此这类反应必须避免。图 1.4(b)为硼酸铝晶须与镁基体在 600 ℃热暴露 10 h 后发生的严重界面反应,形成大量块状 MgO 反应产物的 TEM 形貌。

　　对于制备高性能金属基复合材料,控制界面反应程度从而形成合适的界面结合强度极为重要,即使界面反应未造成增强体的损伤和形成明显的界面脆性相,而只形成强界面结合也是十分有害的,这对连续纤维增强复合材料尤为重要。一般情况下,金属基复合材料的界面是以化学结合为主,有时也有两种或两种以上界面结合方式并存的现象。

1.3.2　金属基复合材料界面反应热力学与动力学

　　一般情况下,金属基复合材料是在较高的温度下制造的,温度范围通常稍低于或稍高于基体的熔点,或者在基体合金的固相线和液相线之间,因此很难避免基体和增强体之间发生相互作用而生成严重影响复合材料性能的界面化合物,也就有了界面反应的化学相容性问题。界面化学相容性是指组成复合材料的各组元之间有无化学反应和反应速度的快慢,它包括热力学相容性与动力学相容性。

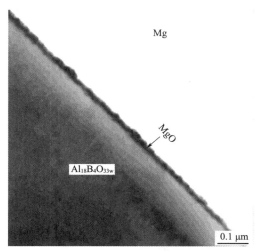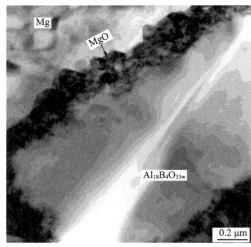

(a)挤压铸造态   (b)600 ℃热暴露10 h

图 1.4　硼酸铝晶须增强 AZ91 镁基复合材料中的 TEM 界面形貌

1. 界面反应的热力学相容性

决定热力学相容性的关键因素是温度。温度对热力学相容性的影响可以比较直观地由相图中得到,但在缺少相图指导时,具体的复合材料体系中的化学相容性问题一般只能通过实验来解决。下面以几种常用的金属基复合材料为例进行说明。

(1)铝及铝合金基复合材料

铝及铝合金由于重量轻、力学性能好,而得到广泛应用。可作为铝合金增强体的材料一般包括:碳纤维、硼纤维、碳化硅(包括纤维、晶须和颗粒)、氧化铝(包括纤维、晶须和颗粒)以及不锈钢丝。

铝/碳系:Al/C 复合材料中,界面反应产物主要是 Al_4C_3,具有斜方六面体晶格。在室温到 2 000 K 的温度范围内,Al 与 C 反应生成 Al_3C_4 的标准生成自由能为负值。深入的研究表明,Al_3C_4 的成分不定,成分可在不大范围内变化。Al 与 C 在较低温度下反应速度非常缓慢,随着温度的上升,反应越来越剧烈,生成的 Al_4C_3 量也越来越多。两者开始反应的温度根据基体成分和碳的结构不同,约在 400~500 ℃之间。

碳在固态和液态铝中的溶解度都不大。固态时的固溶度为 0.015 %(质量分数);而在800 ℃、1 000 ℃、1 100 ℃、1 200 ℃时的溶解度分别为 0.1 %、0.14 %、0.16 %、0.32 %(质量分数)。

铝/硼系:铝/硼系的界面反应产物主要有三种化合物:AlB_2,AlB_{10},AlB_{12}。它们在高温时都不稳定,AlB_2 和 AlB_{12} 的分解温度分别为 975 ℃和 2 070 ℃,但它们在室温时是稳定的化合物;AlB_{10} 的稳定温度范围是 1 660~1 850 ℃。在铝/硼系复合材料中,AlB_2 和 AlB_{12} 可能都存在。对于工业纯铝,在达到平衡时的最终产物是 AlB_2;但对于 6061 铝合金,则在达到平衡时的最终产物是 AlB_{12}。

硼在铝中的溶解度很小,固态时的最大固溶度为 0.025%(质量分数),730 ℃ 和 1 300 ℃ 时的溶解度分别为 0.09% 和 2.0%(质量分数)。

铝/碳化硅系:铝/碳化硅系按下式进行反应:$4Al+3SiC = Al_4C_3+3Si$。此式的标准自由能变化为 -15 kJ/mol,因此,反应的驱动力不大。温度在 620 ℃ 以下时,Al 实际上与 SiC 不作用。向 Al 中添加 Si 可以抑制在更高温度时 SiC 与固态和液态铝之间的反应,改善相容性,因而可以采用液态法来制造铝/碳化硅复合材料。液态铝对碳化硅的润湿性不好。

(2)钛及钛合金基复合材料

钛和钛合金的密度较低,力学性能好,熔点比较高,是理想的中温使用的复合材料基体。

钛/硼系:钛/硼系的界面反应产物有两种,分别是在高温和室温都稳定的 γ-TiB_2,以及在一定温度范围内稳定的 δ-TiB。因此 Ti 与 B 在热力学上是不相容的,反应产物为 TiB 或 TiB_2。B 和 Ti 的相互固溶度都很小,750~1 300 ℃ 时硼在钛中的固溶度不大于 0.053%(质量分数),(1 670±25) ℃ 的溶解度稍大于 0.13%(质量分数)。

钛/碳化硅系:钛/碳化硅系中 Ti 与 SiC 发生化学反应,生成 TiC、Ti_5Si_3、$TiSi_2$ 及更复杂的化合物。因此,它们在热力学上是不相容的。

钛/碳系:钛/碳系中有一稳定的可变组成的化合物 TiC_{1-x}($0<x<0.05$),熔点约 3 080 ℃,因此 Ti 与 C 在热力学上都是不相容的。600 ℃、800 ℃、920 ℃ 时 C 在 α-Ti 中的固溶度分别为 0.12%、0.27%、0.48%(质量分数)。

(3)镁和镁合金基复合材料

镁/碳系:镁/碳系的界面反应产物是化合物 Mg_2C_3 和 MgC_2,它们在常温下稳定,但在高温下都不稳定,其分解温度分别为 660 ℃ 和 600 ℃。高于 600 ℃ 时 MgC_2 分解成 Mg 和石墨;高于 660 ℃ 时,Mg_2C_3 分解成 Mg 和石墨。镁和碳在热力学上是不相容的,温度高于 450 ℃ 时,两者的反应已经很显著。液态镁对碳的润湿性较差。

镁/硼系:镁/硼系的界面反应产物是若干种化合物,其中最典型的是与 AlB_2 具有相同六方晶格的 MgB_2,它在小于 1 050 ℃ 时稳定。此外还有 MgB_4、MgB_6、MgB_{12} 及介于后两者之间的若干种化合物。MgB_6 和 MgB_{12} 的稳定温度分别为 1 150 ℃ 以下和 1 700 ℃ 以下。镁与硼在热力学上都是不相容的,可以生成若干种在常温下稳定的化合物。

由上面的分析可知,大部分金属基复合材料的基体与增强体在热力学上都是不相容的。

2. 界面反应的动力学相容性

由于绝大多数有前景的复合材料体系在热力学上不相容,所以人们致力于研究减慢基体与增强体之间相互作用的速度,以达到动力学相容,得到有实际应用价值的金属基复合材料。金属基复合材料各组分之间发生相互作用时可能有两种情况:生成固溶体或生成化合物。

(1)基体与增强体之间不生成化合物,只生成固溶体

这种情况并不导致复合材料性能的急剧下降,主要的危险是增强体的溶解消耗。在假设增强体元素向基体扩散的前提下,如果金属基体中增强体的原始浓度为零,基体表面上增

强体原子的浓度在整个过程中保持不变,并等于其在该温度下在基体中的极限浓度,基体至少是半无限物体,扩散系数与浓度无关,则根据第二菲克定律可得到下式:

$$c = c_0 \left(1 - \mathrm{erf} \frac{x}{2\sqrt{D\tau}} \right) \tag{1.1}$$

式中,c 为 τ 时间距离基体与增强体接触面 x 处扩散元素的浓度;c_0 为扩散元素在基体中的极限浓度;D 为扩散系数。扩散系数 D 与温度的关系可用阿累尼乌斯型方程式表示:

$$D = A\exp(-Q/RT) \tag{1.2}$$

式中,A 为常数;Q 为扩散激活能。根据式(1.1)和式(1.2)可以确定在一定温度下和一定时间后复合材料中扩散层的厚度。

(2)基体和增强体之间生成化合物

基体和增强体发生化学反应生成化合物时,如果假设化合物层均匀,则化合物层厚度 x 与时间 τ 之间有下列抛物线关系式:

$$x^n = K\tau \tag{1.3}$$

式中,n 为抛物线指数;K 为反应速度常数。这个关系式导出的前提是,反应由参与反应的组分通过反应层的扩散过程控制。K 与温度的关系遵循阿累尼乌斯关系式,据此,式(1.3)可以改写为

$$x = A\exp\left(-\frac{Q}{RT}\right)\sqrt[n]{\tau} \tag{1.4}$$

考虑到在复合材料制造过程中,在界面上已经形成了一定厚度(x_i)的反应层,引入当量时间 τ_e,则式(1.3)可改写为

$$(x + x_i)^n = K(\tau + \tau_e) \tag{1.5}$$

在金属基复合材料中,大部分界面结合是依靠基体和增强体间生成的化合物,为了有效地传递载荷,要求整个界面连续,结合牢固,即所谓的力学连续性;为了能有效地阻断裂纹,又要求界面不连续,结合适度。界面的结合状态和结合强度常常用化合物的数量,也即化合物层的厚度来衡量。化合物数量较少时,界面结合太差,将不能有效传递载荷,因而不能充分发挥增强体的作用;化合物太多,界面结合过强,将改变复合材料的破坏机制。为了兼顾有效传递载荷和阻止裂纹,必须要有最佳的界面结合强度,也即最佳的化合物层厚度。对于纤维增强复合材料,化合物层的临界厚度 δ_e^* 计算公式为

$$\delta_e^* = \frac{d_f}{2}\left[\sqrt{1 + \left(\frac{E_f \overline{\sigma_{ul}^n}}{E_l \overline{\sigma_{uf}}}\right)^{\beta_l}} - 1\right] \tag{1.6}$$

式中,d_f 为纤维直径;$\overline{\sigma_{uf}}$ 为纤维的平均抗拉强度;E_f 和 E_l 分别为纤维和化合物层的弹性模量;β_l 为化合物层的 Weibull 系数,表示化合物层中的强度分布;$\overline{\sigma_{ul}}$ 为化合物层归一化了的平均抗拉强度。

针对大部分界面的化学反应,因所生成的化合物层厚度都很大,应在增强体和基体之间设置化学反应的障碍,降低反应速度或反应产物的生长速度,最有效的办法就是在增强体表面进行涂覆处理,以及添加合金元素;或者采用优化的工艺方法,减少基体与增强体在高温

下的接触时间,从而控制化合物的厚度低于临界值。

1.3.3　金属基复合材料的残余应力

金属基复合材料从制造高温到冷却至室温的过程中,由于基体热膨胀系数高于增强体,基体内产生错配拉应力,同时增强体中产生压应力。热残余应力超过基体屈服强度后,可引起塑性应变即发生应力松弛。复合材料中这种界面热错配导致的残余应力又称为热残余应力,受多种因素影响。

1. 热残余应力的产生

金属基复合材料中,热残余应力的产生需具备如下三个方面的条件:①增强体与基体之间的界面结合良好;②外界温度变化;③增强体与基体之间的热膨胀系数有差异。

金属基复合材料的界面是影响复合材料性能的重要因素之一,有关 SiC_w/A1 复合材料界面的研究表明,其界面结合良好。用俄歇电子谱仪对 SiC_w/6061Al 复合材料断口分析的结果表明:在断口处每一个被拔出 SiC 晶须的表面都盖有一层基体铝合金,这说明晶须与基体之间具有良好的界面结合强度。通过对低体积分数的 SiC_w/Al 复合材料进行研究,发现 SiC_w/Al 复合材料中晶须与基体界面结合强度的下限值为 1 700 MPa,说明 SiC_w-A1 界面属强界面结合。良好的界面结合是复合材料中产生残余应力的必要条件。

外界温度变化是影响残余应力产生的又一重要因素,即使较小的温差变化也可能在复合材料中产生很大的内应力。在整个冷却过程中,复合材料中并不是都有残余应力产生,只有在残余应力低于位错增殖应力(即低于基体的屈服应力)时,残余应力才可被保存下来。例如,材料从 810 K 的退火温度冷却下来,只有在 495 K 至室温这个过程中,才有残余应力产生。温度高于 495 K 时,由于基体合金的屈服强度随温度的升高而显著降低,错配应力将通过位错运动的方式得以松弛。

金属基复合材料中,一般基体合金的热膨胀系数相对较大,增强体的热膨胀系数相对较小,较大的热膨胀系数差异是复合材料中热残余应力产生的先决条件。通常热膨胀系数差异越大,则热残余应力的数值越大。可以用下面的模型来描述颗粒增强复合材料中热残余应力的产生:假设无限大基体中镶嵌一弹性球型粒子,模型如图 1.5 所示,R 表示整个体积球的半径,r_2 为埋入粒子的半径,r_0 为没有约束时粒子的半径,r_1 为未受约束时基体中孔洞的半径。在某一高温下有:$r_2 = r_1 = r_0$。在冷却过程中,基体孔洞将向 r_1 位移收缩;由于颗粒的热膨胀系数小,其只能收缩到 r_2 位置,室温下有 $R \geqslant r_0 > r_2 > r_1, r_0 \approx r_1 \approx r_2$。此时,在粒子与基体的界面处将有热残余应力存在。普遍认为基体中存在的是平均残余拉应力,增强体承受的是平均残余压应力。

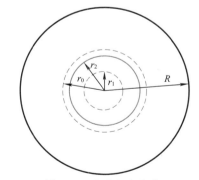

图 1.5　球形夹杂产生
残余应力模型

2. 界面热错配应力的计算

金属基复合材料中基体合金多选用铝合金、钛合金和镁合金等,这些合金的热膨胀系数远远大于常用的陶瓷增强材料。例如:在常用的 SiC/Al 复合材料中,铝合金的热膨胀系数为 $20 \sim 26 \times 10^{-6}/K$,而 SiC 陶瓷的热膨胀系数只有 $4 \times 10^{-6}/K$ 左右,两者相差 5 倍左右。在外界环境温度发生变化时,复合材料内部由于增强体和基体间热膨胀系数差异而导致其界面处产生内应力。这种内应力被称为复合材料界面热错配应力。

金属基复合材料中产生热错配应力的环境很多,例如:复合材料制备后从高温到室温的冷却过程、复合材料热处理过程、复合材料高温塑性变形过程、复合材料使用过程受外部温度环境的变化等等。热错配应力的产生对复合材料很多过程有重要影响,如基体合金的相变过程、复合材料微变形抗力、复合材料尺寸稳定性能等。

金属基复合材料中产生热错配应力的大小主要取决于复合材料中基体和增强体热膨胀系数差值、基体和增强体的弹性模量和外界温度变化的大小。当热错配应力超过基体的屈服强度时,基体将发生塑性变形,从而在近界面区域的基体中产生比较高密度的位错。这对复合材料的很多机械和物理性能将产生很大影响。

对于一个给定的金属基复合材料体系,可以对由于外部温度变化而产生界面热错配应力的大小进行理论计算。以长纤维增强金属基复合材料为例,假设复合材料中界面结合强度足够高,以至在界面热错配应力作用下不发生滑动和开裂。图 1.6(a)为在 T_1 温度下复合材料处于原始状态(热错配应力为零)的示意图。当该复合材料被加热到 T_2 温度时,如果纤维与基体间无相互约束,则纤维与基体将发生自由膨胀,结果如图 1.6(b)所示。但实际上复合材料中纤维与基体之间是相互约束的,并且如果假设界面不发生滑动和开裂,界面约束的作用结果是纤维受基体的拉伸作用而比自由膨胀时的膨胀量有所增加;而基体受纤维的压缩应力作用而比自由膨胀时的膨胀量有所减小,结果如图 1.6(c)所示。

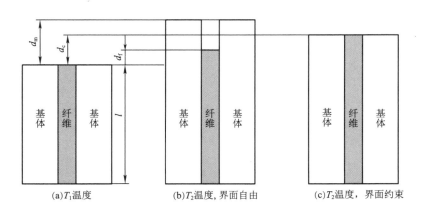

图 1.6　金属基复合材料界面热错配应力计算示意图

由图 1.6 可以很显然得到以下计算公式:

$$d_{m} = (T_2 - T_1)\alpha_m l \tag{1.7}$$

$$d_{f} = (T_2 - T_1)\alpha_f l \tag{1.8}$$

$$d_{c} = (T_2 - T_1)\alpha_c l \tag{1.9}$$

式中,α_m、α_f 和 α_c 分别为基体、纤维和复合材料的热膨胀系数。从上面 3 个公式可以得到基体、纤维和复合材料的自由膨胀应变 ε_m、ε_f 和 ε_c 分别为

$$\varepsilon_m = (T_2 - T_1)\alpha_m \tag{1.10}$$

$$\varepsilon_f = (T_2 - T_1)\alpha_f \tag{1.11}$$

$$\varepsilon_c = (T_2 - T_1)\alpha_c \tag{1.12}$$

对比图 1.6(b) 和图 1.6(c) 可以得到,复合材料中界面热错配应力的产生是由于在界面约束条件下基体少膨胀和纤维多膨胀引发的弹性应变对应的应力,其值应该为

$$\sigma_i = (\varepsilon_c - \varepsilon_f)E_f = (\varepsilon_m - \varepsilon_c)E_m \tag{1.13}$$

式中,σ_i 为界面热错配应力;E_f 和 E_m 分别为纤维和基体的弹性模量。将式(1.10)、式(1.11) 和式(1.12) 代入式(1.13),则得到复合材料热膨胀系数 α_c 的计算公式:

$$\alpha_c = \frac{\alpha_m E_m + \alpha_f E_f}{E_m + E_f} \tag{1.14}$$

而将式(1.14) 代入式(1.13),便可得到金属基复合材料中的界面热错配应力为

$$\sigma_i = \frac{(T_2 - T_1)(\alpha_m - \alpha_f)E_m E_f}{E_m + E_f} \tag{1.15}$$

从式(1.15) 可以看出,金属基复合材料中的界面热错配应力随基体与增强体热膨胀系数差和温差的增加而提高。式(1.15) 对于金属基复合材料体系设计和实际应用具有重要的理论意义与实际价值。

3. 热残余应力的影响因素

金属基复合材料热残余应力除受两相热膨胀系数差、温度差影响外,基体屈服强度、增强体形状及分布、增强体体积分数等因素对热应力也有较大的影响。

金属基复合材料基体应力超过其屈服强度后,即发生塑性应变及松弛现象,因此热残余应力直接与基体屈服强度有关,基体屈服强度越高则复合材料热残余应力越大。

增强体尺寸及长径比影响复合材料中的热残余应力,主要与基体中应力的松弛程度有关,位错运动阻力较大时,基体中应力的松弛程度减小,必然导致复合材料中热残余应力增大。对 SiC 短纤维增强 Al 基复合材料中纤维长径比对热残余应力影响的研究结果表明,纤维长径比越大则复合材料中热残余应力越大。当纤维长度及长径比较大时,复合材料基体中位错沿纤维轴向的冲孔阻力增大,其结果会造成基体应力难以松弛,导致复合材料热残余应力增大。另外还发现,当纤维长径比超过 20∶1 后,复合材料中热残余应力随纤维长径比的变化不明显,说明此时已处在基体应力松弛的临界状态。

增强体分布对复合材料热残余应力也产生一定影响。对于短纤维或晶须增强复合材料,无论是解析分析或有限元计算方法,通常都假定增强体在基体中定向规则排列,因而所得出的结果具有一定局限性。在实际复合材料中,增强体有时呈混乱分布状态,此时热残余应力分布情况变得比较复杂。可以采用 Eshelby 模型分析增强体平面随机混乱分布及余弦定向分布状态下 SiC$_f$/Al 复合材料中的热残余应力,结果发现两种复合材料不同方向的热残余应力分量存在较大差别,主要与复合材料中纤维取向有关。从平均热残余应力来看,两种复合材料差别并不明显,增强体混乱分布时平均热残余应力略低于余弦定向分布情况。

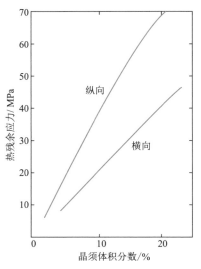

图 1.7 SiC$_w$/Al 复合材料基体热
残余应力与晶须体积分数的关系

在其他条件相同的前提下,增强体体积分数是影响复合材料热残余应力的主要因素,增强体体积分数越高则复合材料热残余应力越大。运用 Eshelbey 模型,假定增强体在复合材料中定向规则排列,可以估算温度降低 200 ℃时 SiC$_w$/Al 复合材料中热残余应力与晶须体积分数的关系,结果如图 1.7 所示。从图中可见,随着晶须体积分数增加,复合材料基体横向及纵向热残余拉应力始终保持增大的趋势。只是由于复合材料中晶须定向排列,基体横向热残余应力小于纵向。

4. 残余应力的松弛行为

金属基复合材料中,当热残余应力大于基体的屈服强度时,热残余应力就要以基体塑变的形式被松弛,只有部分热残余应力可以残余应力的形式被保存下来。研究者们通过研究复合材料的热塑变行为或研究位错的增殖来分析复合材料中的应力松弛。

(1)应力引起的局部塑性变形

金属基复合材料中热残余应力在较小的温差下便可达到基体的屈服强度值,而后随温差的继续增大,基体将通过塑性变形的方式来松弛部分热残余应力。复合材料中由热错配引起的塑性变形仅发生在基体中,人们做了大量的理论研究来预测粒子周围塑性区内塑性应变的大小。

对共晶复合材料中由热应力引起的弹塑性变形行为研究表明:假设基体中的应力和应变是均匀的,可计算出基体中的塑性应变在 0.4%左右。对 Al$_2$O$_3$/Al 复合材料从制备温度冷却下来时复合材料中的残余应变研究表明:假设 Al$_2$O$_3$ 纤维均匀地分布在铝基体中被铝所包围,同时假设沿圆柱单元轴向的热应变为常数,可求得在 Al$_2$O$_3$-Al 界面处的应变为 1.6%。

对球形颗粒增强的复合材料中热残余应力的松弛行为研究表明:球形颗粒周围塑性区域的大小受颗粒尺寸的影响。当错配应变一定时,存在一临界颗粒尺寸,低于此临界尺寸将观察不到松弛现象。临界尺寸存在的原因是热残余应力应大于位错产生所需的应力,即大于基体的屈服应力。

(2)应力引起的位错密度增殖

在金属基复合材料中,热应力松弛导致基体中的位错密度是未增强的铝合金基体的 $10\sim100$ 倍,对于短纤维和颗粒增强的复合材料,应力释放的最简单机制就是在基体中产生位错环冲孔,位错沿基体和增强体之间的界面处松弛是复合材料基体中存在高密度位错的根本原因。在 W/Cu 复合材料中观察到:当 W 的体积分数为 15%时,W/Cu 复合材料中的位错密度高达 4×10^{12} m^{-2},随与界面距离的增加,位错密度将降低,但基体中位错密度最低处仍为 7×10^{11} m^{-2},因此可得出结论:W/Cu 复合材料中高密度位错的存在是由于铜与钨间热膨胀系数差异很大（4∶1）所造成的。此后，金属基复合材料基体中存在较高位错密度的现象在多种复合材料中被普遍观察到。

利用透射电镜研究碳化硅晶须和颗粒增强 6061 铝合金复合材料的微观结构表明：晶须增强复合材料基体中的位错密度大约在 $1\sim4\times10^{14}$ m^{-2}，且位错容易在晶须周围偏聚，形成小角度晶界。碳化硅颗粒增强铝复合材料中的位错密度也在 10^{14} m^{-2} 数量级，但是在颗粒分散的区域，位错密度则较低。

利用原位高压电子显微镜对 SiC/Al 复合材料中的位错密度研究表明：由于冷却过程中位错可以通过试样的表面被释放，因此循环后位错密度较循环前低，观察到的位错密度在 10^{13} m^{-2} 数量级。如果位错不通过表面释放，观察到的位错密度将更加接近与 Ashly 所计算出的 3×10^{13} m^{-2} 这一理论值。

SiC/Al 复合材料中位错密度增殖受碳化硅的形状和尺寸大小的影响。较大的及球形碳化硅颗粒增强的复合材料中位错的密度最低。当颗粒尺寸小于 1 μm 时，基体中位错密度降低且无明显的位错密度梯度。这是因为颗粒尺寸较小时，基体有效屈服应力与粒子的尺寸成反比关系，由热残余应力产生的应力低于位错增殖的有效屈服应力。因此小颗粒周围的塑性区尺寸很可能比位错攀移的特征距离小，首先增殖的位错很可能达到塑性区前沿，从而影响和限制位错的进一步增殖。当颗粒的尺寸从 1 μm 增加到 5 μm 时，位错密度将明显增大。对于具有一定长径比的颗粒，位错在颗粒尖角处增殖的程度明显高于沿颗粒侧表面的增殖。位错密度在界面处取得最大值。随与界面距离的增加，位错密度降低，位错密度的衰减受颗粒大小和颗粒体积分数的影响。当颗粒体积分数增加时，由于热残余应力场间的相互作用增大，位错密度增加，且位错将变得更加缠结。

（3）应力的松弛机理

随着金属基复合材料的冷却降温，其中的热残余应力越来越大。当热残余应力大于基体的屈服强度，即满足 Von Mises 屈服判据时，热残余应力就要以基体塑性变形的方式进行松弛。低于基体屈服强度部分的应力就会以热残余应力的形式保存下来。普遍认为复合材料中热残余应力松弛是在基体中的位错冲孔来实现的。对短纤维复合材料热残余应力松弛和位错冲孔过程的研究表明：纤维末端应力集中最大。短纤维增强金属基复合材料加热和冷却过程中基体位错冲孔和位错运动的模型如图 1.8 所示。另外，位错冲孔受到短纤维长径比的限制。较高长径比的短纤维可导致位错冲孔的阻力增加。

5. 热残余应力的分析与测量

热残余应力是金属基复合材料的本质，为此人们对热残余应力进行了大量的理论分析及试验测量工作。通常根据复合材料体系的具体情况，选择合适的理论分析模型及试验测量手段。

（1）理论分析

热残余应力的分析方法包括同心球体模型、同心圆柱体模型、Eshelby 模型及有限元计算等。

同心球体及同心圆柱体模型：同心球体模型适于颗粒增强复合材料，假定增强体为球

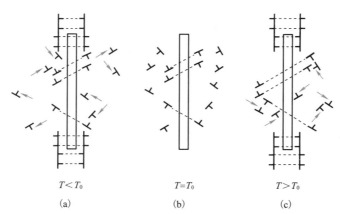

图 1.8　短纤维复合材料加热和冷却过程中基体位错冲孔以及位错运动示意图

形,复合材料单元体外包围一球壳状基体;该体系具有空间球对称性,由于这类问题比较简单,可分析弹塑性状态下复合材料中的热残余应力。同心圆柱体模型适用于长纤维增强复合材料,假定增强纤维为圆柱体状,复合材料单元体外包围一圆筒状基体;该体系具有空间轴对称性,可分析弹性状态下复合材料中的热残余应力。

同心球体及同心圆柱体模型在处理边界问题时,都假设复合材料单元体的基体外表面为自由表面,严格地说该假设是不正确的,但借助这两种简单模型仍然能得到许多重要的分析结果。

Eshelby 模型:该模型也称为等效夹杂物模型,最早是由 Eshelby 提出的,经过改进和发展后,该模型不但可计算复合材料中的热残余应力,同时也是分析复合材料力学问题的有效手段,尤其适用于非连续增强金属基复合材料体系。

有限元计算:复合材料中的热残余应力是极为复杂的问题,有时很难通过解析方法精确求解,于是发展了一系列数值解法,其中有限元计算是解决复合材料热残余应力及力学问题的成功方法。利用有限元方法,不但能计算复合材料热残余应力随温度的变化,还可计算热残余应力的微区分布状况,具有不可取代的优势。目前,弹塑性有限元方法在复合材料热残余应力研究领域的应用已比较普遍。

为了有效进行复合材料热残余应力的有限元计算,必须建立增强体的空间填充模型及确定单元网格划分方法,选定边界条件也十分关键。为使问题简化,通常假定增强体定向排列,并均匀地分布在基体中。复合材料中不同的增强体形态及排列方式,对应不同空间填充模型及单元网格划分方法。根据复合材料中增强体空间填充模型及单元网格划分方法,确定出合适的边界条件。然后,根据温度变化及材料参数,借助商用有限元计算软件即可计算出单元网格节点的热残余应力。

随着计算机容量及计算速度不断增大,快速计算大量数据已成为可能,因而不必担心网格划分过多而带来的计算难度。例如,可以根据 SiC_p/Al 复合材料中颗粒的实际形状及分布情况,同时对 10 个颗粒及其周围基体进行网格划分,计算复合材料中应力分布及颗粒之间的相互干扰效应。由于此方法不需进行模型简化处理,计算结果更符合复合材料实际情况。

(2)试验测量

目前,广泛采用衍射法测量复合材料中的热残余应力,同时还有其他应力测量方法,各种方法都有自己的优势和局限性。

①衍射方法。利用衍射法测量复合材料中的热残余应力,包括 X 射线衍射法和中子衍射法,两种方法的试验原理基本相同。都是通过测量复合材料基体或增强体晶面间距及衍射角的变化,确定热残余应变,进而确定热残余应力的大小及方向。

利用衍射法测量复合材料中的热残余应力时,以测量基体晶面间距及衍射角的变化较为常见。复合材料中基体含量较多即衍射峰较强,而且由于基体弹性模量远低于增强体,应力所造成的基体晶面间距及衍射角变化更明显,因此应力测量精度较高。

X 射线衍射应力测量法原理简单,衍射源的来源方便经济,但其穿透能力较弱,仅能测量复合材料表层区域的热残余应力。正是由于穿透力较弱的特点,利用 X 射线衍射方法并结合剥层技术,可以测量金属基复合材料中热残余应力的宏观分布情况。

常规 X 射线衍射应力测量方法仅适于测量材料的表面应力,并不能正确反映非连续增强金属基复合材料热残余应力的实际情况,须采用 X 射线衍射三向应力测量方法。

中子衍射应力测量法穿透能力较强,可以测量复合材料中的内部热残余应力,并排除表面应力松弛效应对测量结果的影响。

中子衍射测量法的不足之处在于:首先中子源的获得比较困难,需要核反应堆并配备相应的防护与测量装置,因而试验成本较高;其次中子衍射的区域大,测量小试样应力时会产生较大误差;再者由于中子射线的穿透能力较强,只能测量复合材料整个厚度范围的平均应力,无法确定应力的宏观分布状态。

分别采用中子衍射和 X 射线衍射方法测量 SiC_w/Al 复合材料中的热残余应力发现:中子衍射试验结果高于 X 射线试验结果,认为造成两种方法试验结果差别的原因,主要是由于中子穿透深度较大,从而排除了复合材料表面的应力松弛效应。

②其他方法。除 X 射线衍射及中子衍射外,还有热膨胀、会聚束电子衍射、同步 X 射线能量色散及荧光分析等应力测量方法。

热膨胀应力测量法是利用复合材料的热膨胀曲线,确定出基体热应力与温度的关系。长纤维复合材料模型简单,建立热膨胀应变与基体热应力的关系比较容易。但对于非连续增强金属基复合材料,因增强相形状及取向分布都十分复杂,很难建立出类似的关系。

同步 X 射线能量色散应力的测量方法是利用回旋加速器所发出的高能单色 X 射线束,通过能量探测器测量 X 射线衍射束的能量,以确定复合材料的热残余应变及应力。该方法不但可以测量复合材料中平均热残余应变及应力,而且还可确定热残余应变及应力的分布情况,其空间分辨率为几十微米。

会聚束电子衍射应力测量法是在透射电镜(TEM)下进行的。当电子束以不同方向入射到样品上时,将产生高阶劳厄反射,形成高阶劳厄线,经标定后可确定出电子束的布拉格

衍射角(θ)值。当布拉格衍射角(θ)值较小时,倒易矢量 g 与衍射角的关系为

$$\Delta g/g = \Delta\theta/\theta \qquad (1.16)$$

对于立方晶系,点阵应变如下:

$$\varepsilon = \Delta a/a = -\Delta g/g = -\Delta\theta/\theta \qquad (1.17)$$

会聚束电子衍射法主要用于研究复合材料两相界面附近的热残余应变及应力场,其空间分辨率为几十纳米。

荧光分析应力测量法是利用聚集探针测量距试样表面不同距离处特征荧光谱线频率的改变,以确定复合材料中的热残余应力。由于该方法在显微镜下操纵探头,可以测量复合材料局部区域的热残余应力,其空间分辨率为几个微米。

1.3.4　金属基复合材料界面性能测试

界面性能主要包括界面力学性能(界面结合强度、区域界面硬度)和界面物理性能(导电、导热等)。界面结合强度是指使基体与增强体从界面结合态脱开所需的作用在界面上的应力,它是复合材料力学性能的重要指标,是连接复合材料界面的微观性质与复合材料的宏观性质的纽带,对复合材料的性能具有重要的影响,一直是复合材料研究领域中十分活跃的课题。

1. 界面强度的测试方法

复合材料界面强度细观试验方法的研究是界面细观力学的一个重要方面。它一方面可以有助于揭示界面的物理本质,验证理论模型的可靠性,另一方面可以确定界面参数,为复合材料的设计提供依据。界面强度的研究必须以有效的测试和表征手段为前提。

对连续纤维增强金属基复合材料,可采用较易测量的界面剪切强度来表征界面结合强度。而对非连续增强金属基复合材料,因界面变得更加复杂,影响因素也增加了很多,这给界面强度的测量带来了更大的困难,这种剪切强度已无法测量。

(1)连续增强金属基复合材料界面强度的测试方法

①宏观测试方法

宏观实验方法是指利用复合材料宏观性能来评价纤维与基体之间界面结合状态的实验方法。主要包括四种方法(见图 1.9):短梁剪切、横向或 45° 拉伸、导槽剪切及圆筒扭转等对界面强度比较敏感的力学实验。这些方法相对来说便于操作,但试验是在纤维、基体、界面共同作用下进行的,结果除了与复合材料界面结合状况有关外,还与复合材料中的纤维、基体、孔隙及缺陷的含量与分布也有关系,所以这些方法相对来说较粗糙,只能定性的分析评价复合材料界面性质。

②单纤维拔出方法

单纤维拔出试验是将增强纤维单丝垂直埋入基体之中,然后将单丝从基体中拔出,以测定纤维拔出应力,从而求出纤维与基体间的界面剪切强度,如图 1.10 所示。平衡时有

$$F = \sigma\pi r^2 = 2\pi r L\tau \qquad (1.18)$$

即

$$\tau = \frac{F}{2\pi r L} = \frac{\sigma r}{2L} \qquad (1.19)$$

式中,τ 为界面的平均剪切强度,σ 为对单纤维施加的应力,r 为单丝的半径。

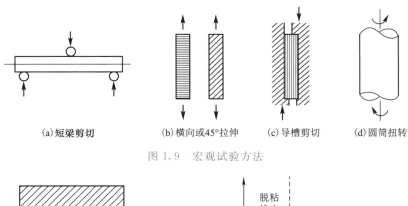

(a)短梁剪切　　(b)横向或45°拉伸　(c)导槽剪切　　(d)圆筒扭转

图 1.9　宏观试验方法

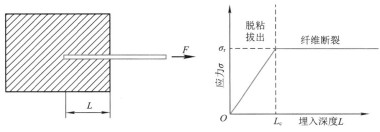

图 1.10　单纤维拔出示意图

当纤维埋入越深时,拔出力 F 也随之越大,所以当纤维埋入深度超过某一定值时,未拔出前,纤维就已断裂。通过试验可以得到纤维断裂的临界深度 L_c,由纤维的拉伸强度 $\sigma_{\max}$ 可求出界面剪切强度,即

$$\tau = \frac{\sigma_{\max} r}{2L_c} \tag{1.20}$$

但单纤维拔出测试方法的离散度大,要做大量的试验,作为改进,发展了单纤维顶出法。

③原位测试法

原位测试法的基本原理是在光学显微镜下借助精密定位装置,利用金刚石探针对复合材料试样中选定的单纤维施加轴向载荷(见图 1.11),使得这根受压纤维端部与周围基体发生界面微脱粘,记录脱粘时的轴向压力,然后建立以此纤维为中心的微观力学模型,通过有限元分析并输入纤维、基体和复合材料的弹性参数和纤维直径、基体厚度及微脱粘力,计算出界面剪切强度。

④单纤维顶出法

单纤维顶出法是复合材料界面原位测试的新技术,是直接对实际复合材料进行界面黏结性能测试的一种微观力学实验方法,界面强度原位测试仪如图 1.12 所示。仪器主要有精密定位系统、匀速自动加载系统、显微观察系统和力值数据采集与管理系统组成。测试时,将复合材料沿垂直于纤维的排列方向切成薄片,研磨抛光,然后用橡皮泥固定于仪器的特制样品台上,将它们以一定的夹角粘在载物台上,缓慢上升载物台,使纤维的中心处于视场中特定的交叉点,通过计算机采集时间-载荷路径。

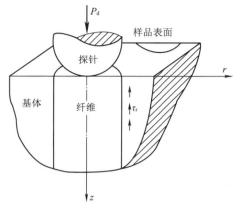

图 1.11 原位测试法原理

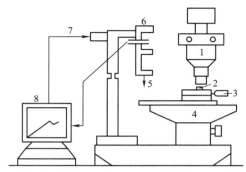

图 1.12 界面强度原位测试仪

1—显微镜;2—样品;3—样品台;4—精密导轨;5—探针;

6—传感器;7—自动加载系统;8—显示器

界面平均剪应力为

$$\tau = \frac{F}{\pi D_f L_s} \tag{1.21}$$

式中,F 为单纤维顶出载荷,D_f 为纤维的直径,L_s 为样品厚度。用此方法测得的 SiC/Al 复合材料界面强度见表 1.4。

表 1.4 三种 SiC/Al 复合材料界面强度

试件编号	测试次数	平均顶出载荷/N	样品平均厚度/μm	界面结合强度/MPa	离散系数/%
1-5N0	9	0.523	180	68.51	4.0
2-1NA	12	0.662	180	86.72	5.6
3-5N7	9	0.654	180	85.67	7.8

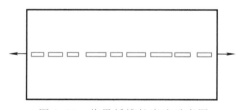

图 1.13 临界纤维长度法示意图

⑤临界纤维长度法

临界纤维长度法也称断片试验方法,是一种比较常用的复合材料界面性能试验方法。该方法是将单纤维埋在基体内,沿纤维方向对基体施加拉伸载荷,如图 1.13 所示。随应变的逐渐增加,在纤维端部由基体通过界面传递的剪应力线性增大。当纤维应力超过局部断裂应力时,纤维断裂。拉伸载荷继续增大,纤维的断裂次数随之增加,当断裂长度达到临界纤维长度 L_c 时,纤维不会再继续断裂,也就是说界面传递的剪应力不再使纤维断裂。通过声发射技术可测得断裂纤维的次数,从而计算出纤维的平均长度($\overline{L}$)。临界纤维长度 L_c 与平均长度 $\overline{L}$ 的关系为

$$L_c = \frac{4}{3}\overline{L} \tag{1.22}$$

从而可求得临界剪切强度为

$$\tau = \frac{\sigma_\mathrm{f} d}{2L_\mathrm{c}} = \frac{3}{8}\frac{\sigma_\mathrm{f} d}{L} \tag{1.23}$$

式中，σ_f 为纤维的抗拉强度；d 为纤维直径。

临界纤维长度法、单纤维顶出法和单纤维拔出法测试均属于单纤维模型，其优点是排除了其他非主要因素的干扰，直接研究纤维与基体的界面，但单纤维复合材料与实际复合材料在实际上有很大的差异。宏观测试方法简便易行，试验材料与实际材料接近，但材料在常规试验中的破坏并不完全是界面破坏，而是多种破坏因素的综合结果，因此不利于研究界面的微观破坏过程。

（2）非连续增强金属基复合材料界面强度的测试方法

目前已有的测试技术还局限在长纤维增强金属基复合材料的测试上，对非连续增强金属基复合材料界面强度还没有合适的试验方法。有一些学者从原子角度或力学角度对非连续增强金属基复合材料的界面强度进行了计算和模拟，但这些方法还很不成熟，没有统一的结论，需要进一步的探索和研究。

有研究报道了 $\mathrm{Al_2O_3/Al}$ 复合材料界面强度的拉断强度估算和界面剪切强度下限值的估算。在界面拉断强度估算中，研究人员采用二维模型进行有限元分析，计算界面拉应力模型如图 1.14，计算结果认为拉应力基本沿纤维均匀分布，在纤维端头处拉应力上升较快，所以认为纤维脱粘一般从纤维端头开始，从而到得到下列估算式：

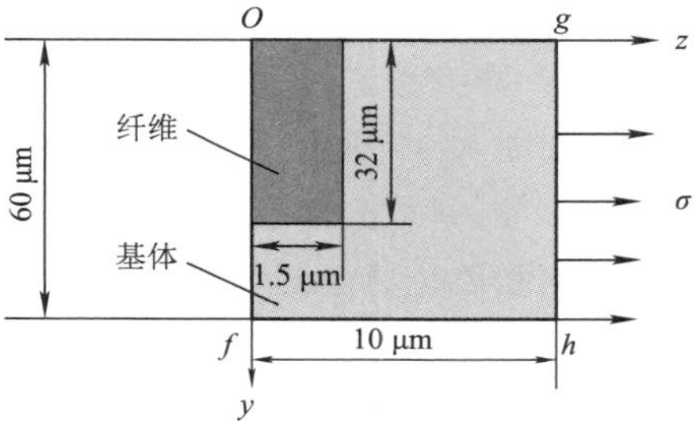

图 1.14　纤维轴与拉力轴垂直时的有限元模型

$$\sigma_i = 1.25\sigma_{b0} \tag{1.24}$$

式中，σ_{b0} 为试验出的复合材料的结合强度。模拟中没考虑界面反应物，对 Al-5.3Cu 与 ZL109 铝合金基体误差较大。在界面剪切强度的下限值估算中，得到如下界面剪切应力估算式：

$$\tau_i = \sigma_{fu}\frac{d}{4x_0} \tag{1.25}$$

式中，σ_{fu} 为纤维断裂强度；x_0 为距纤维一端距离；d 为纤维直径。

2. 增强体的临界长径比

金属基复合材料中的增强体材料一般具有较高的强度，在复合材料承受外载荷时，增强体通过界面应力传递而承担大部分的外载荷，从而使复合材料表现出较高的变形抗力和断裂强度。很显然，增强体是否能充分发挥其本身高强度的优势来最大限度地承担外载荷，决定了复合材料整体强度的高低。在复合材料发生断裂破坏时，如果增强体也能随之发生断裂，则说明增强体本身的增强效果得到了充分发挥，这时复合材料的整体强度才能达到或接近理论强度。

在复合材料发生断裂时，增强体是否发生断裂取决于如下三个因素：①增强体的断裂强度；②增强体的形状和尺寸；③增强体和基体界面单位面积能够传递的最大载荷。对于长纤维增强金属基复合材料而言，由于每一根纤维与基体之间的接触界面较大，足够传递导致纤维破断的应力，所以在长纤维增强金属基复合材料断裂时，纤维都要发生断裂，甚至每根纤维不止断裂一次,因此长纤维增强金属基复合材料的断裂强度一般都能达到或接近复合材料理论强度值。对于颗粒增强金属基复合材料而言,由于每一个颗粒与基体之间的接触界面很小,所传递的应力一般不能使颗粒发生断裂,所以在颗粒增强金属基复合材料断裂时,颗粒一般不发生断裂,因此颗粒增强金属基复合材料的断裂强度一般都低于复合材料理论强度值。对于短纤维和晶须增强的金属基复合材料而言,情况介于长纤维增强金属基复合材料和颗粒增强金属基复合材料之间。在一个给定的短纤维增强的金属基复合材料体系中,复合材料断裂时短纤维是否发生断裂完全决定于短纤维的长度和直径之比。增强体长径比越大,则在复合材料断裂时短纤维发生断裂的可能性越高;反之则越小。

对于一个给定的短纤维增强的金属基复合材料体系,短纤维若能在复合材料断裂时发生破断,其长径比需要大于某一个临界值。也就是说,长径比低于该临界值的短纤维在复合材料断裂时不可能发生破断,而只有那些长径比大于该临界值的短纤维在复合材料断裂时才有可能发生破断,一般用 λ 表示临界长径比。

从临界长径比的定义和物理意义可以得到计算短纤维增强金属复合材料增强体的临界长径比计算方法。假设在短纤维增强金属复合材料中有一根长度为 l,直径为 d 的圆柱状短纤维,如图 1.15 所示。在平行于纤维轴向的外载荷 P 的作用下,该短纤维通过界面载荷传递最有可能断裂的部位是其轴向的中间部位。假设该复合材料纤维与基体界面结合强度足够高,那么单位界面面积能够传递给纤维的最大载荷就取决于基体的剪切屈服强度。如果用 τ_s 表示基体的剪切屈服强度,则两端能传递给纤维中部的最大载荷 P_{max} 应该是从纤维中部到一端的侧表面积与 τ_s 的乘积,因此有

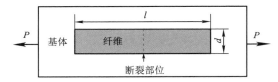

图 1.15 纤维临界长径比计算示意图

$$P_{max} = \frac{1}{2} l \pi d \tau_s \tag{1.26}$$

这时纤维承受的最大应力 σ_{max} 为

$$\sigma_{max} = \frac{P_{max}}{S_f} = \frac{\frac{1}{2} l \pi d \tau_s}{\pi \left(\frac{d}{2}\right)^2} = \frac{2 l \tau_s}{d} \tag{1.27}$$

其中 S_f 为纤维的横截面积。

只有当最大应力 σ_{max} 达到纤维的断裂强度 σ_f 时,纤维才有可能发生断裂。因此纤维发生断裂的临界状态是 $\sigma_{max} = \sigma_f$,这时纤维的长度达到临界长度 l_c,因此有

$$\sigma_f = \frac{2 l_c \tau_s}{d} \tag{1.28}$$

所以纤维临界长径比 λ 为

$$\lambda = \frac{l_c}{d} = \frac{\sigma_f}{2 \tau_s} \tag{1.29}$$

从短纤维增强金属复合材料增强体的临界长径比的计算公式可以看出,纤维的临界长

径比与纤维的断裂强度成正比,与基体的屈服强度成反比。对于给定的基体合金和纤维材料,可以通过式(1.29)计算该体系的纤维临界长径比,这样可以为纤维尺寸和形状的选择提供理论依据,具有重要的实际使用价值。

1.3.5　界面结合状态对金属基复合材料性能的影响

在金属基复合材料中,界面的作用十分关键,有关界面性能的研究始终是热点问题。通过改变界面结合状态从而改善复合材料性能的研究受到极大关注。人们通过控制界面反应、对增强体表面涂覆(并通过改变涂覆物、控制涂覆量)等方法来改善界面结合状态,从而有效地提高了界面性能。

1. 界面反应对金属基复合材料性能的影响

针对界面反应对硼酸铝晶须增强铝复合材料弹性模量影响的研究表明,在 $Al_{18}B_4O_{33w}$/AC8A 复合材料中的界面反应可通过铸造温度加以改变,铸造温度越高,晶须与基体的界面反应越严重。另外,界面反应产物的微观组织结构也会受到铸造温度的影响。图 1.16 为复合材料的弹性模量与铸造温度的关系曲线。当铸造温度低于 800 ℃时,复合材料的弹性模量随铸造温度升高而增加,当铸造温度超过 800 ℃时,弹性模量随铸造温度的升高而降低。很显然,对于该种复合材料的弹性模量存在一个优化的界面反应程度,这与不同铸造温度下界面反应产物的微观组织结构变化有关。

图 1.17 和图 1.18 则分别是 $Al_{18}B_4O_{33w}$/AC8A 复合材料的拉伸断裂强度以及冲击韧性与铸造温度的关系曲线。$Al_{18}B_4O_{33w}$/AC8A 复合材料在铸造温度为 760 ℃时获得最佳的拉伸强度和冲击韧性。当铸造温度较低时,界面结合较弱,引起界面脱粘,复合材料的强度和韧性较低;当铸造温度较高时,界面反应程度较高,界面反应产物连续分布在界面上,界面反应产物的断裂会引起复合材料强度和韧性降低。

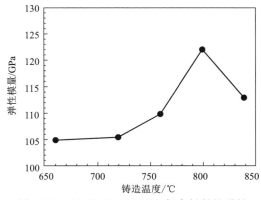

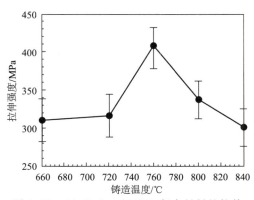

图 1.16　$Al_{18}B_4O_{33w}$/AC8A 复合材料的弹性
模量与挤压铸造温度关系曲线

图 1.17　$Al_{18}B_4O_{33w}$/AC8A 复合材料的拉伸
强度与铸造温度关系曲线

对于金属基复合材料,已确定的界面特征与复合材料性能之间定量关系不多。然而已经证明,弱的界面结合会导致弹性模量和加工硬化率的减小。这很容易根据载荷传递的减少来解释。

2. 增强体表面涂覆对金属基复合材料性能的影响

对表面涂覆 Ni 的 SiC 颗粒增强 Cu 基复合材料的研究发现,涂覆后在 SiC 颗粒表面形成了一层均匀的 Ni 膜,在其复合材料中 SiC 颗粒均匀分布在 Cu 基体中。典型的 Ni 涂层及无涂层 SiC 颗粒复合材料的弯曲应力应变曲线如图 1.19 所示。其中 $SiC_{p(Ni)}/Cu$ 复合材料展现出比 SiC_p/Cu 更好的弯曲强度和塑性组合,相应的涂层复合材料的强度及延伸率是 445 MPa 和 27.3%,而无涂层复合材料的强度及延伸率是 381.5 MPa 和 24.6%。图 1.20 为两种复合材料断裂后的断口形貌。从中可发现 SiC_p/Cu 复合材料的断裂机制包含 Cu 基体的塑性断裂及 SiC-Cu 界面的脱粘。在断裂表面可清晰观察到拔出的 SiC 颗粒及较大的韧窝。由此可说明 SiC-Cu 之间较弱的界面结合强度是导致其相对较低的弯曲强度及延展性的主要原因。而 $SiC_{p(Ni)}/Cu$ 复合材料的断裂则显示出不同的形貌。其断口表面粗糙度

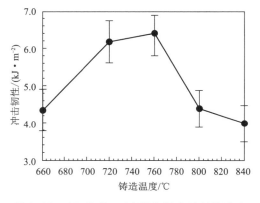

图 1.18　$Al_{18}B_4O_{33w}/AC8A$ 复合材料的冲击韧性与铸造温度关系曲线

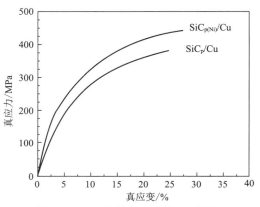

图 1.19　Ni 涂层及无涂层 SiC 颗粒复合材料弯曲应力应变曲线

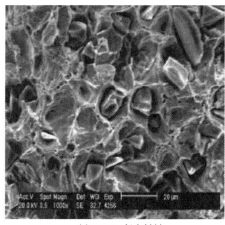

(a) SiC_p/Cu 复合材料

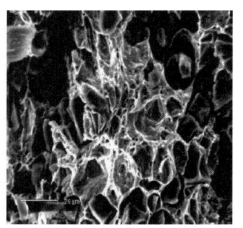

(b) $SiC_{p(Ni)}/Cu$ 复合材料

图 1.20　两种复合材料断裂后的断口形貌

增大,SiC-Cu 之间有较强的界面结合,颗粒从基体中拔出的现象在断裂表面不明显,严重的塑性变形是其断裂的主要机制。

采用溶胶—凝胶方法在硼酸铝晶须表面涂覆 α-Al_2O_3 及 γ-Al_2O_3 涂层,然后用挤压铸造方法可制备表面涂覆硼酸铝晶须增强 6061Al 复合材料。采用表面无涂覆的晶须制备的复合材料的界面上形成了大量的界面反应产物,同时消耗了基体中大量的 Mg 元素;采用表面涂覆 Al_2O_3 的晶须后,可最大限度地控制压铸态复合材料中的界面反应。其中晶须表面涂覆 α-Al_2O_3 较涂覆 γ-Al_2O_3 更能有效阻止界面反应。图 1.21 是三种不同界面反应状态复合材料的弹性模量,未涂覆复合材料的弹性模量最小,晶须表面涂覆 α-Al_2O_3 后复合材料的弹性模量大约提高了 10%。Al_2O_3 涂层的方法不仅影响复合材料的弹性模量,而且影响复合材料的断裂行为。图 1.22 是三种复合材料的断口

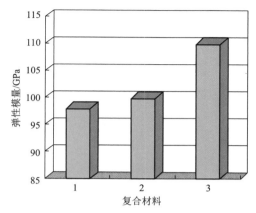

图 1.21 复合材料的弹性模量
(晶须体积分数 25%)
1—$Al_{18}B_4O_{33w}$/6061Al 复合材料;
2—$Al_{18}B_4O_{33w}(\gamma\text{-}Al_2O_3)$/6061Al 复合材料;
3—$Al_{18}B_4O_{33w}(\alpha\text{-}Al_2O_3)$/6061Al 复合材料

形貌。从中可见虽然三种复合材料的断裂面上均存在韧窝、断裂晶须和拔出晶须的现象,但是无涂层复合材料的断裂面上以形成大量的韧窝为特征,晶须拔出较少;而涂层复合材料的断裂面上出现大量的晶须拔出和界面脱粘,韧窝较少。

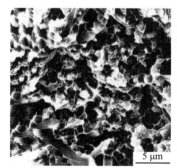 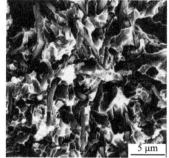 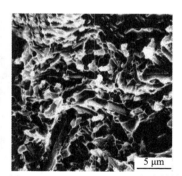

(a) $Al_{18}B_4O_{33w}$/6061Al复合材料　(b) $Al_{18}B_4O_{33w}(\gamma\text{-}Al_2O_3)$/6061Al复合材料　(c) $Al_{18}B_4O_{33w}(\alpha\text{-}Al_2O_3)$/6061Al复合材料

图 1.22 复合材料的拉伸断口形貌(晶须体积分数 25%)

这种断裂面特征的差异表明,氧化铝涂层的引入改变了硼酸铝晶须增强复合材料的拉伸断裂机制。由于无涂层复合材料的界面反应很剧烈,形成强的界面结合,因此断裂易于在近界面基体合金中发生,断裂面上难以看到拔出的晶须。涂层的引入使界面反应减弱,室温断裂易于在涂层-基体界面处产生,涂层复合材料的涂层-基体界面结合力减弱,涂层复合材料在拉伸时易出现界面脱粘,拔出的晶须也较多。

硼酸铝晶须表面涂覆 NiO 后对硼酸铝晶须增强铝复合材料的拉伸强度有很大影响。研究结果表明,涂覆 NiO 的晶须在 T4 处理过程中能够与铝基体发生反应,且界面反应程度随 T4 处理时间而增加。但此界面反应并不损伤晶须,也不消耗基体合金元素。图 1.23 为铸态复合材料的透射电镜照片,NiO 连续或不连续地分布在晶须表面。经 T4 处理后,晶须与基体发生界面反应,形成 Al_2O_3(见图 1.24)。T4 处理时间对复合材料拉伸强度影响如图 1.25 所示,经 T4 处理后复合材料的最高抗拉强度可达 450 MPa。表明复合材料通过涂层晶须增强后可通过 T4 处理得到优化。

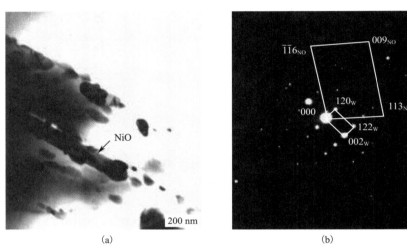

(a)　　　　　　　　　　　　　　(b)

图 1.23　铸态 $Al_{18}B_4O_{33w}$(NiO)/Al 复合材料的透射电镜照片

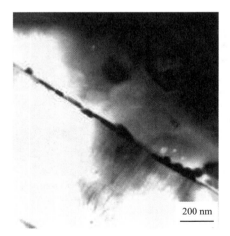

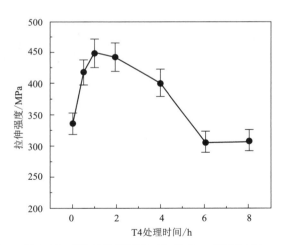

图 1.24　T4 处理 1 h 后 $Al_{18}B_4O_{33w}$(NiO)/Al
复合材料的透射电镜照片

图 1.25　T4 处理时间对 $Al_{18}B_4O_{33w}$(NiO)/Al
复合材料拉伸强度的影响

当界面反应程度较低时,界面反应对复合材料抗拉强度的改善随 T4 处理时间的增加而提高,当 T4 处理时间较长时,相对较高的界面反应使脆性相 γ-Al_2O_3 变得越来越多,复合材料的抗拉强度随 T4 处理时间的增加逐渐降低。

1.3.6　金属基复合材料界面微观结构

界面是金属基复合材料的主要组成部分之一,是连接增强体和基体之间的桥梁。金属基复合材料在高温下制备和高温下使用时,基体和增强体会发生反应,生成脆性化合物,严重影响了复合材料的性能。以碳纤维增强金属基复合材料为例,其外加载荷主要靠碳纤维承受。由于增强纤维和基体在力学性能以及物理化学性能上的差异,界面的微观结构和性能对复合材料的力学性能及其他性能起决定性作用。对于金属基复合材料在不同的受力状态和破坏条件下,应有与强度相适应的最终理想界面结合状态。结合强度适中的界面在一定程度上能有效传递载荷,且能在承受较高应力时发生脱粘,使应力趋于均匀分布,避免裂纹向纤维内部扩展,从而使纤维的高承载能力得以充分发挥,此时复合材料具有最佳的力学性能。过大的界面结合强度反而会使纤维不易发生拔出,导致发生脆性断裂,故对复合材料的强度不利。因此是否有理想的界面结构是获得高性能金属基复合材料的关键。

1. 铝基复合材料界面的微观结构

可作为铝基复合材料使用的增强体主要有 SiC(纤维、晶须、颗粒)、B 纤维、C 纤维、Al_2O_3(纤维、晶须、颗粒)、TiC 颗粒、TiB_2 颗粒、不锈钢丝等。

(1)SiC_p-2024Al 界面

图 1.26(a)为铸态的 SiC_p/2014Al 复合材料中电化学提取的颗粒形貌,其表面几乎看不出反应产物,但图 1.26(b)为经 620 ℃ 2 h 热处理后 SiC_p/2014Al 复合材料中电化学提取的 SiC 颗粒表面的反应产物形貌,发现从 SiC 颗粒表面生长出来的反应产物 Al_4C_3 宏观呈六方片状结构。图 1.26(c)和(d)分别为该复合材料在 620 ℃ 2 h 热处理后颗粒表面形貌,可以看出大量的界面反应产物 Al_4C_3 在 SiC 颗粒表面形成,其中图 1.26(c)的反应产物像树枝状,从图 1.26(b)和图 1.26(d)可以直观地看出 Al_4C_3 的生长特点是以单元的六方片状结构堆垛方式生长。

图 1.27(a)为 SiC_p/2024Al 复合材料在透射电镜观察下的 SiC 颗粒和 2024Al 基体界面微结构照片,分别为 Si 相和 θ-$CuAl_2$ 相,同时在一些区域发现了界面反应产物 Al_4C_3 和反应所形成的硅相,其硅相依附在 Al_4C_3 和 SiC 颗粒表面,如图 1.27(b)所示。

(2)C_f-(Al-4.5Cu)界面

TEM 观察发现,C_f-(Al-4.5Cu)界面区域大约为几十纳米厚,界面区存在一定的界面反应产物,尺寸较小,主要呈不连续或弥散分布,在界面上及其附近区域不仅存在细棒状呈弥散分部的反应产物,而且在棒状析出物周围有大块析出相。已有的各种研究表明:这种细棒状反应物为 Al_4C_3 相。Al_4C_3 周围块状析出物经能谱分析表明,是一种 Al-Cu 化合物相,进一步做选区电子衍射(SAD),标定它是 $CuAl_2$ 相。同时实验过程中发现,$CuAl_2$ 相在界面上不同位置的形貌差异较大,有些呈柱状,有些呈块状,有些则呈片状。究其原因,一方面是 $CuAl_2$ 的长大受到其形核与长大过程中"时空"条件、结晶热力学与动力学条件的影响,另一方面则与界面区域的碳纤维表面状态以及 Al_4C_3 的形成有关。观察还发现,柱状 $CuAl_2$ 相直接依附碳纤维表面无 Al_4C_3 处开始形核并长大,而块状与片状 $CuAl_2$ 相与碳纤维之间均有 Al_4C_3 相存在。

另外,C_f-(Al-4.5Cu)复合材料界面区域的另一重要特征是,在界面上靠近基体一侧局

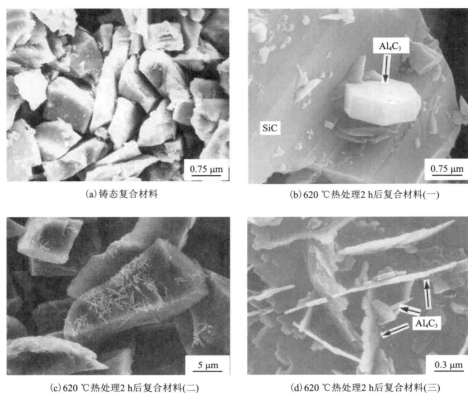

(a)铸态复合材料

(b)620 ℃热处理2 h后复合材料(一)

(c)620 ℃热处理2 h后复合材料(二)

(d)620 ℃热处理2 h后复合材料(三)

图 1.26　SiC_p/2014Al 复合材料热处理后提取 SiC 颗粒用扫描电镜观察到的反应产物

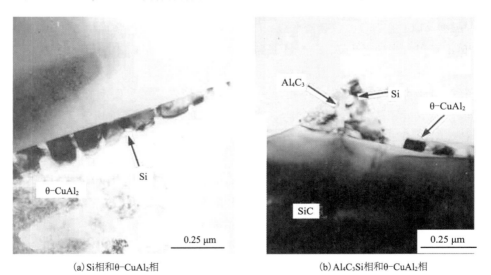

(a)Si相和θ-CuAl₂相

(b)Al₄C₃Si相和θ-CuAl₂相

图 1.27　SiC_p/2024Al 复合材料界面上反应产物的分布

部区域有高密度的位错存在。

2. 镁基复合材料界面的微观结构

　　镁基复合材料中使用的增强物有 SiC 颗粒和晶须、碳纤维、Al_2O_3 纤维、B_4C 颗粒等，其中以 SiC 和碳纤维作为增强体研究的较多。

SiC 颗粒增强镁基复合材料主要有 $SiC_p/ZM5$、$SiC_p/AZ80$、$SiC_p/AZ81$、$SiC_p/MgAl_8$、$SiC_p/MgZn_6$、$SiC_p/MgRE_3$ 等。SiC 颗粒和镁合金基体不发生界面反应,界面化学相容性较好。

用压力铸造技术制备的 $SiC_p/ZM5$ 镁基复合材料的界面显微特征为,界面上由于铝元素的偏聚而形成了块状和细针状的 $\gamma(Mg_{17}Al_{12})$ 相,但其与基体间不存在确切的位向关系,这可能与 ZM5 中铝含量较低有关。另外,在少数界面上观察到 SiC 颗粒表面的氧和液态的镁反应生成的微晶 MgO。

用搅拌铸造法制备的 $SiC_p/AZ80$ 和 $SiC_p/AZ81$ 镁基复合材料中,界面光滑、无反应层,界面处生成共晶 γ 相,γ 相在 SiC 表面形核且具有确定的位向关系:$[1\bar{1}01]_{SiC}//[1\bar{1}1]_\gamma$ 及 $(01\bar{1}1)_{SiC}//(110)_\gamma$,$\gamma$ 相与 SiC_p 界面为半共格界面。而对于 $SiC_p/AZ81$ 复合材料,存在另一种取向关系:$[2\bar{1}\bar{1}0]_{SiC}//[100]_{Cu_5Zn_8}$ 及 $(0001)_{SiC}//(001)_{Cu_5Zn_8}$,由于 AZ81 含较多的 Zn 和 Cu,在凝固过程中 Zn 和 Cu 被推挤到固液界面的前沿,导致 Cu_5Zn_8 在 SiC 表面形核。

有人认为 SiC 颗粒增强纯镁的界面结合稳定、强度高且无沉淀物;SiC 颗粒增强 $MgAl_8$ 和 $MgZn_6$ 的界面特征与纯镁相似,无 $3SiC+4Al=Al_4C_3+3Si$ 反应发生;$SiC_p/MgRE_3$ 界面具有好的润湿性,但大量羽毛状 Ce_3Si_2 相的出现弱化了界面结合强度。

用搅拌铸造法制备的 $SiC_p/ZCM630$ 和 $SiC_p/ZC71$ 镁基复合材料的界面处存在明显的原子扩散,Mg、Cu 等扩散进入 SiC 晶格,形成有序结构,从而强化界面结合。在界面处,与 SiC 颗粒具有确定位向关系的共晶相 $Mg(ZnCu)_2$,其尺寸在 $30\sim500$ nm,同时还观察到 SiC 表面吸附的 SiO_2 与镁反应形成块状的 Mg_2Si 相,其与 SiC 颗粒无取向关系。

SiC 晶须与纯镁的物理润湿性较好,且两者不发生化学反应,化学相容性好。用压力铸造法制备的 $SiC_w/AZ91$ 镁复合材料的界面处发现共晶产物 $Mg_{17}Al_{12}$ 在 SiC 晶须表面形核,但无反应产物 $Mg_2Si(SiC+2Mg=Mg_2Si+C)$ 和 $Al_4C_3(3SiC+4Al=Al_4C_3+3Si)$,说明 SiC 晶须与镁基体具有良好的化学相容性。但在预制件中添加磷酸铝黏合剂的复合材料中有界面反应存在:$Al(PO_3)_3+9Mg=9MgO+Al+3P$,而且反应产物 MgO 与基体具有特定的位向关系:$\{111\}_{MgO}//\{111\}_{SiC_w}$,$(101)_{MgO}//(101)_{SiC_w}$。用压力铸造法制备的 SiC/MB15 镁基复合材料,发现在界面处 SiC 晶须表面粗糙不平,附着许多纳米颗粒,经高分辨电子显微确定为 MgO,且 SiC 和 MgO 具有取向关系:$[\bar{1}1\bar{1}]_{SiC}//[110]_{MgO}$、$(11\bar{1})_{SiC}//(\bar{1}11)_{MgO}$。

碳纤维在高温下易与镁发生反应。碳纤维石墨化程度较低时,在碳纤维和基体界面处发现平行或垂直于纤维轴方向生长的细小晶粒层,其主要是镁基体的亚晶和 $Mg_{17}Al_{12}$ 共晶相。随着碳纤维的石墨化程度的增加,界面平直光滑,仅发现少量与镁基体具有确定位向关系的块状或针状的 $Mg_{17}Al_{12}$ 共晶相。镁与石墨有良好的化学相容性,石墨纤维结晶较完善,自由能低而处于热力学稳定状态,纤维表面光滑,孔隙率低,一般不与镁发生化学反应。由于石墨纤维和镁基体的热膨胀系数的差异使得界面处形成大量的孪晶和位错。在石墨增强镁基复合材料中,铝易在界面处偏聚,最大偏聚量为基体含量的两倍。

在用压力铸造法制备的 $C_f/ZM5$ 复合材料界面上,纤维和基体结合良好,无微观孔洞存在。界面有块状或针状的 γ 相,γ 相的析出与镁基体具有一定的位向关系,即 $[001]_\gamma//$

$[01\bar{1}2]_{Mg}$,$(110)_{\gamma}//(0001)_{Mg}$,$(\bar{1}10)_{\gamma}//(01\bar{1}0)_{Mg}$。

镁与 B_4C 颗粒不发生界面化学反应,二者具有良好的化学相容性,但 B_4C 颗粒本身在 500 ℃以上易发生氧化生成玻璃态的 B_2O_3,而镁和 B_2O_3 发生化学反应:$4Mg+B_2O_3 = 3MgO_{(S)}+MgB_{2(S)}$,$3Mg+B_2O_3 = 3MgO_{(S)}+2B_{(S)}$。

用压力铸造法制备的 $(SiC_w+B_4C)/MB15$ 复合材料,通过用高分辨电子显微镜观察其界面发现 MgO 和 MgB_2 共生在 SiC 晶须表面上,而且与 SiC 晶须具有确定的取向关系。对于 Al_2O_{3f}/Mg 复合材料,由于在高温下制备,Al_2O_3 不可避免地会和液态的镁发生化学反应:$3Mg+Al_2O_3 = 3MgO+2Al$,$3Mg+4Al_2O_3 = 3MgAl_2O_4+2Al$,从而在界面处生成 MgO 和尖晶石 $MgAl_2O_4$,而且 Al_2O_3 纤维表面的空洞层引起的毛细作用可促使界面反应层厚度增加,使复合材料力学性能严重损伤。

用压力铸造法制备的 Al_2O_3 短纤维增强 AZ91 镁基复合材料,在其界面上发现 MgO 和 $Mg_{17}Al_{12}$ 共晶颗粒,MgO 的产生是镁基体和 Al_2O_3 增强物发生化学反应的结果。

3. 其他复合材料界面的微观结构

(1)钛基复合材料界面

钛及其合金很容易与大部分增强体发生反应,尤其在高温制备过程中反应剧烈,当增强体是 SiC 单丝时,生产钛基复合材料通常采用扩散连接法,这会引起很明显的界面反应,反应层对性能产生很大的影响。

对于 SiC/Ti 复合材料,SiC 在钛合金中很不稳定,根据钛合金成分的不同可在界面区生成多种化合物,通常在含有 SiC 的钛基复合材料中生成脆性界面层。

典型的 SiC 纤维增强钛合金的界面区域微观结构,由以下几部分组成:SiC、C 涂层、界面反应层、基体中的贫 β 相区、正常基体。靠近反应层的基体存在一个贫 β 相区,这是由于基体中的 β 相固定元素向界面扩散所导致。

对于 B/Ti 复合材料,B/Ti 系中生成两种化合物,即在高温和室温都稳定的 $\gamma\text{-}TiB_2$,以及在一定温度范围内稳定的 $\delta\text{-}TiB_2$。

(2)铁和铁合金基复合材料界面

对于 SiC/Fe 复合材料,SiC 虽然很稳定,但在铁介质的作用下在 1 100 ℃时分解,并都以原子的形式向铁基体中扩散。SiC 与 Fe 过渡反应形成的硅铁化合物及偏聚的菊花状石磨恶化了基体及界面性能。

采用原位反应技术(XD 法)制备的 $NiAlFe\text{-}TiB_2$ 复合材料,增强颗粒 TiB_2 和 $\beta\text{-}Ni(Al,Fe)$ 结合紧密,界面干净、光滑、平整,无反应产物和过渡层存在。

1.4　金属基复合材料强化机制

金属基复合材料的主要增强机制有 Hall-Petch 强化机制、Orowan 强化机制、热错配强化机制和载荷传递效应。

1.4.1　Hall-Petch 强化机制

Hall-Petch 强化机制是金属材料各类强化机制中极为重要的一种,其主要用于描述晶粒细化对材料力学性能的影响。通常晶粒越细,材料的屈服强度越高。可通过 Hall-Petch 公式来描述该强化机制,即

$$\sigma_y = \sigma_0 + k_y d^{-1/2} \tag{1.29}$$

式中　σ_0——材料的初始强度,MPa;

　　　k_y——材料常数,取决于材料的晶体结构,MPa·m$^{-1/2}$,对于镁基材料,k_y 的数值一般为 0.133 MPa·m$^{-1/2}$;

　　　d——材料的晶粒尺寸,m,对于金属基纳米复合材料,其基体的晶粒尺寸主要与增强体的尺寸和体积分数有关。

1.4.2　Orowan 强化机制

金属基复合材料中由于增强体颗粒和基体间热膨胀系数和弹性模量的错配,导致颗粒附近存在几何位错。在微米颗粒增强的金属基复合材料中,由于增强体颗粒尺寸较大,颗粒间距较大,并且微米颗粒易于分布在复合材料基体晶粒的晶界处,因此一般认为 Orowan 强化机制在微米颗粒增强金属基复合材料(通常颗粒尺寸大于 5 μm)中并不显著。在纳米颗粒增强金属基复合材料中由于纳米颗粒尺寸小,纳米颗粒间距较小,将阻碍位错的运动。在金属基纳米复合材料中增强体纳米颗粒的体积分数通常不超过 2%,但是位错需要以 Orowan 弓出方式绕过纳米颗粒,因此 Orowan 强化机制是金属基纳米复合材料中一种重要的强化机制。对于金属基纳米复合材料,Orowan 强化机制可表示为

$$\Delta\sigma_{\text{Orowan}} = \frac{0.13G_m b}{d_p \left[(1/2v_p)^{1/3} - 1\right]} \ln\left(\frac{d_p}{2b}\right) \tag{1.30}$$

式中　d_p——增强体颗粒直径,m;

　　　G_m——基体合金的剪切模量,MPa,基体为镁合金的 G_m 为 17.3×10^3 MPa;

　　　b——基体合金的柏氏矢量,m,一般而言,基体为镁合金时 b 为 0.32×10^{-9} m;

　　　v_p——纳米颗粒的体积分数。

1.4.3　热错配强化机制

位错密度对材料强度的影响通常用 Taylor 强化机制来反映。在材料热挤压或热压缩等变形过程中,由于加工硬化或复合材料中增强体颗粒与基体间热膨胀系数和弹性模量的错配造成的残余塑性应变导致在复合材料内部产生位错。纳米复合材料中由于弹性模量的错配和加工硬化导致材料强度的改变一般可以忽略。而热错配对复合材料的增强效应可表示为

$$\sigma_d = M\beta G_m b \sqrt{\rho^{\text{CTE}}} \tag{1.31}$$

式中 M——Taylor 因子；

　　β——常数；

　　ρ^{CTE}——复合材料基体与增强体颗粒热膨胀系数错配导致的几何位错密度。

热错配导致的几何位错密度 ρ^{CTE} 可表示为

$$\rho^{\mathrm{CTE}} = \frac{A\Delta\alpha\Delta T v_{\mathrm{p}}}{bd_{\mathrm{p}}} \tag{1.32}$$

式中 A——几何常数，大小介于 $10\sim12$，主要与颗粒的几何特性有关，对于等轴颗粒，A 的大小为 12；

　　$\Delta\alpha$——复合材料基体与增强体热膨胀系数差值；

　　ΔT——材料制备温度与力学性能测试温度差值；

　　d_{p}——颗粒的直径。

对金属基复合材料由热膨胀系数不匹配导致屈服强度的增加值可表示为

$$\Delta\sigma_{\mathrm{CTE}} = \sqrt{3}\beta G_{\mathrm{m}}b\sqrt{\frac{12(T_{\mathrm{process}}-T_{\mathrm{test}})(\alpha_{\mathrm{m}}-\alpha_{\mathrm{p}})v_{\mathrm{p}}}{bd_{\mathrm{p}}}} \tag{1.33}$$

式中，β 取 1.25；T_{process} 和 T_{test} 分别为金属基复合材料制备温度和力学性能测试温度；α_{m} 和 α_{p} 分别为金属基复合材料基体和增强体颗粒的热膨胀系数。

1.4.4　载荷传递效应

分散的颗粒与基体间界面结合良好时，将有助于施加到材料上的载荷传递到增强体。复合材料中增强体的载荷传递效应通常可表示为

$$\Delta\sigma_l = v_{\mathrm{p}}\sigma_{\mathrm{m}}\left[\frac{(1+t)A}{4l}\right] \tag{1.34}$$

式中，σ_{m} 为复合材料基体的屈服强度；l 为平行于加载方向的增强体颗粒尺寸；t 为颗粒的厚度；$A=l/t$ 为颗粒的长径比。假设颗粒为等轴的，则金属基复合材料中由增强体颗粒载荷传递效应导致屈服强度的增加值可表示为

$$\Delta\sigma_l = 0.5v_{\mathrm{p}}\sigma_{\mathrm{m}} \tag{1.35}$$

$$\Delta\sigma = \Delta\sigma_{\mathrm{Hall\text{-}Petch}} + \Delta\sigma_{\mathrm{Orowan}} \tag{1.36}$$

在改进的 Clyne 法中，纳米复合材料屈服强度的理论增加值为

$$\Delta\sigma = \sqrt{(\Delta\sigma_{\mathrm{Hall\text{-}Petch}})^2 + (\Delta\sigma_{\mathrm{Orowan}})^2} \tag{1.37}$$

参考文献

[1]　武高辉.金属基复合材料发展的挑战与机遇[J].复合材料学报,2014.

[2]　MORITA M. Metal matrix composites[M]. Elsevier Applied Science,1995.

[3]　CHAWLA K K,CHAWLA N. Metal-matrix composites[M]. New York:Pergamon Press,1989.

[4]　MORTENSEN A. LLORCA J. Metal Matrix Composites[J]. Materials Today,2010,9(6):1-16.

［5］ MIRACLE D B. Metal matrix composites - From science to technological significance[J]. Composites Science and Technology,2005,65(15/16):2526-2540.

［6］ 克莱因,威瑟斯.金属基复合材料导论[M].余永宁,房志刚,译.北京:冶金工业出版社,1996.

［7］ 钱永愉.颗粒增强铝基复合材料粉末冶金制备方法(国外进展)[J].材料工程,1992(S1):49-56.

［8］ 郑明毅,吴昆,赵敏,等.不连续增强镁基复合材料的制备与应用[J].宇航材料工艺,1997(6):6-10.

［9］ 张雪茵,耿林,郑镇洙,等.SiC_w 和纳米 SiC_p 混杂增强铝基复合材料的制备与评价[J].中国有色金属学报,2004(7):1101-1105.

［10］ 王桂松,耿林,王德尊,等.反应热压($Al_2O_3+TiB_2+Al_3Ti$)/Al 复合材料的组织形成机制[J].中国有色金属学报,2004(2):228-232.

［11］ DENG C F,WANG D Z,ZHANG X X,et al. Processing and properties of carbon nanotubes reinforced aluminum composites[J]. Materials Science and Engineering A,2007,444(1/2):138-145.

［12］ HUANG L J,GENG L,PENG H X. Microstructurally inhomogeneous composites:Is a homogeneous reinforcement distribution optimal[J]. Progress in Materials Science,2015,71:93-168.

［13］ LI A B,WANG G S,ZHANG X X,et al. Enhanced combination of strength and ductility in ultrafine-grained aluminum composites reinforced with high content intragranular nanoparticles[J]. Materials Science and Engineering A,2019,745:10-19.

［14］ 张荻,谭占秋,熊定邦,等.热管理用金属基复合材料的应用现状及发展趋势[J].中国材料进展,2018,37(12):994-1001.

［15］ 肖伯律,刘振宇,张星星,等.面向未来应用的金属基复合材料[J].中国材料进展,2016,35(9):666-673.

［16］ 张荻,张国定,李志强.金属基复合材料的现状与发展趋势[J].中国材料进展,2010,29(4):1-7.

［17］ 张学习,郑忠,高莹,等.金属基复合材料高通量制备及表征技术研究进展[J].金属学报,2019,55(1):109-125.

［18］ 王涛,赵宇新,付书红,等.连续纤维增强金属基复合材料的研制进展及关键问题[J].航空材料学报,2013,33(2):87-96.

［19］ 王莹,刘向东.碳化硅颗粒增强铝基复合材料的现状及发展趋势[J].铸造设备研究,2003(3):18-22.

［20］ 卢德宏,陈仕明,金燕苹,等.SiC_p 与 Gr 混杂增强 Al 基复合材料的制备和摩擦磨损性能[J].材料工程,1998(5):37-40.

［21］ 郑明毅,吴昆,赵敏,等.不连续增强镁基复合材料的制备与应用[J].宇航材料工艺,1997(6):6-10.

［22］ 梅炳初,陈明源,王为民,等.金属基复合材料的制备方法[J].广西大学学报(自然科学版),1996(2):194-197.

［23］ 贺小刚,卢德宏,陈世敏,等.挤压铸造制备 Al_2O_3 颗粒增强钢基复合材料[J].特种铸造及有色合金,2012,32(12):1148-1151.

［24］ 董晓蓉,郑开宏,王娟,等.粉末冶金法制备颗粒增强铁基耐磨复合材料的研究进展[J].热加工工艺,2016,45(12):23-27.

［25］ 王辉,王顺成,郑开宏,等.半固态搅拌铸造 SiC_p/6061 铝基复合材料的组织与性能[J].特种铸造及有色合金,2015,35(6):614-618.

［26］ 张学习,王德尊.非连续增强相预制块的研究进展[J].材料导报,2003(5):62-64.

［27］ 郑明毅.SiC_w/AZ91 镁复合材料的界面与断裂行为[D].哈尔滨:哈尔滨工业大学,1999.

［28］ 沃丁柱.复合材料大全[M].北京:化学工业出版社,2000.

[29] 陈华辉,邓海金,李明,等. 现代复合材料[M]. 北京:中国物资出版社,1997.

[30] 张国定. 金属基复合材料界面问题[J]. 材料研究学报,1997,11(6):649-657.

[31] ZHENG M Y,WU K,LIANG M,et al. Effect of thermal exposure on interface and mechanical properties of $Al_{18}B_4O_{33w}$/AZ91 magnesium matrix composite[J]. Materials Science and Engineering A,2004,A372:66-74.

[32] ARSENALULT R J,PANDE C S. Interfaces in metal matrix composite[J]. Scripta Metall. ,1984,18:1131-1134.

[33] ARSENALULT R J,TAYA M. Thermal residual stresses in metal matrix composite[J]. Acta. Metall. ,1987,35(3):651-659.

[34] 刘秋云. SiC_w/Al 复合材料热残余应力的研究[D]. 哈尔滨:哈尔滨工业大学,1998:2-9.

[35] 胡明. SiC_w/Al 复合材料热残余应力和变形行为[D]. 哈尔滨:哈尔滨工业大学,2002:4-5.

[36] 姜传海. SiC_w/Al 复合材料热残余应力及强化机制[D]. 哈尔滨:哈尔滨工业大学,2000:7-20.

[37] 胡福增,陈国荣,杜永娟. 材料表面界面[M]. 上海:华东理工大学出版社,2001.

[38] 吴人洁. 复合材料[M]. 天津:天津大学出版社,2000.

[39] 肖长发. 纤维复合材料[M]. 北京:中国石化出版社,1995.

[40] 杨川. Al_2O_3 短纤维增强 Al 基复合材料的界面结构及强度预测[D]. 哈尔滨:哈尔滨工业大学,1999:64-68.

[41] 黄玉东,刘宇艳. SiC(nicalon)/Al 复合材料的界面强度[J]. 复合材料学报,1995,12(2):5-9.

[42] 刘澄,张国定,NAKA Masaaki. 用原子力显微镜纳米压痕法研究 Gr/Al 复合材料热循环后的微观力学性能[J]. 稀有金属材料与工程,2001,30(4):261-263.

[43] 朱瑛,姚英学,周亮. 纳米压痕技术及其试验研究[J]. 工具技术,2004,38(8):13-16.

[44] 吉元,钟涛兴,高晓霞,等. 金属基复合材料界面导热性能的扫描热探针测试[J]. 材料工程,2000(12):29-41.

[45] 吉元,钟涛兴,高晓霞,等. 高导热电封装复合材料界面热传导的扫描热显微镜分析[J]. 电子显微学报,2001,20(3):238-243.

[46] FEI W D,JIANG X D,LI C,et al. Effect of interfacial reaction on the Young's modulus of aluminum borate whisker reinforced aluminum composite[J]. Joural of Materials Science Letters,1996,15:1966-1968.

[47] REEVES A J,STOBBS W M,CLYNE T W. The effect of interfacial reaction on the mechanical behavior of Ti reinforced with SiC and TiB_2 particles[C]// Metal Matrix Composites-Processing,Microstructure and properties,12th Riso Int. Symp. ,1991.

[48] HU J,CHU W Y,FEI W D,et al. Effect of interfacial reaction on corrosion behavior of alumina borate whisker reinforced 6061Al composite[J]. Materials Science and Enginering A,2004,374:153-157.

[49] ZHAN Y Z,ZHANG G D. The effect of interfacial modifying on the mechanical and wear properties of SiC_p/Cu composite[J]. Materials Letters,2003,57:4583-4591.

[50] DING D Y,WANG D Z,ZHANG W L,et al. Interfacial reaction and mechanical properties of 6061Al matrix composite reinforced with alumina-coated $Al_{18}B_4O_{33}$ whiskers[J]. Materials Letter,2000,45:6-11.

[51] FEI W D,LI Y B. Effect of NiO coating of whisker on tensile strength of aluminum borate whisker-

reinforced aluminum composite[J]. Materials Science and Engineering A,2004,379:27-32.

[52] CAO L,GENG L,YAO C K,et al. Interface in silicon carbide whisker reinforced aluminum composite [J]. Scripta Metall,1989,23:227-230.

[53] GENG L,YAO C K. SiC-Al interface bonding mechanism in a squeeze casting SiC_w/Al composite[J]. Journal of Materials Science Letters,1995,14:606-608.

[54] MA Z Y,TJONG S C,GENG L. In-situ Ti-TiB metal-matrix composite prepared by a reactive pressing process[J]. Scripta Mateialia,2000,42:367-373.

[55] GENG L,YAO C K. SiC-Al interface structure in squeeze cast SiC_w/Al composite[J]. Scripta Metall. Mater. ,1995,33(6):949-952.

[56] CUI Y,GENG L,YAO C K. Interfacial bonding mechanisms and mechanical properties of squeeze-cast 6061Al matrix composite reinforced with self-propagating high-temperature synthesized SiC particulates[J]. Journal of Materials Science Letters,1997,16:788-790.

[57] 耿林,李义春,姚忠凯. SiC_p/Al 复合材料微观结构与界面[J]. 高技术通讯,1994,4(4):17-20.

[58] 崔岩,耿林,姚忠凯. 轻微界面反应对 SiC_p/6061Al 复合材料弹性模量的影响[J]. 复合材料学报,1998,15(1):74-77.

[59] 于建彤,李春志. 碳化硅纤维增强铝基复合材料的界面组织研究[J]. 材料工程,1995(4):22-24.

[60] 储双杰,吴人洁. Cf/Al-4.5Cu 复合材料界面微结构的研究[J]. 材料工程,1998(6):17-20.

[61] 陶晓东,施忠良,顾明元. SiC_p 和短碳纤维混杂增强 ZA27 复合材料界面微观结构研究[J]. 复合材料学报,1997,14(3):20-24.

第2章 镁基复合材料

2.1 镁基复合材料设计、制备加工和防腐理论基础

2.1.1 镁基复合材料的基本范畴

镁基复合材料是将长纤维、短纤维和颗粒状的增强体添加到连续的镁或镁合金基体中而制备成的复合材料。由于镁的密度低（1.7 g/cm³），是铝密度（2.7 g/cm³）的 2/3，铁密度（7.8 g/cm³）的 1/4，具有高的比强度和高的比刚度，是自然界中能够使用的最轻的金属材料，因此，密度小成为镁基复合材料独有的优势，这是其他金属基复合材料无法比拟的。同时，由于镁合金的低硬度、低模量、低磨损抗力、高膨胀系数和较差的高温性能等缺点限制了镁合金作为结构材料在工业上的广泛应用，而镁基复合材料正好克服了镁合金的这些缺点，并成为继铝基复合材料之后的又一具有竞争力的轻金属基复合材料，是一种轻量化的先进材料，目前主要应用于轻量化需求迫切的航空、航天等高科技领域。

2.1.2 基体镁合金的制备和加工理论基础

研究镁基复合材料制备和加工技术，首先必须了解基体镁合金的理论基础，主要包括镁合金的基本结构、物理和力学性能、塑性变形行为和塑性变形机理。

1. 镁的晶体结构

纯镁的晶体结构为密排六方结构（HCP），如图 2.1 所示，$a = 0.320\,9$ nm，$c = 0.521\,1$ nm，$c/a = 1.623\,6$，与理论值 1.633 十分接近。由于晶体发生塑性变形时滑移面总是原子排列的最密面，而滑移方向总是原子排列的最密方向，因此多晶密排六方结构的镁，其塑性变形在低于 498 K 时仅限于基面｛0001｝〈1120〉滑移及锥面｛1012｝〈1011｝孪生，与其他常用金属相比，如铝

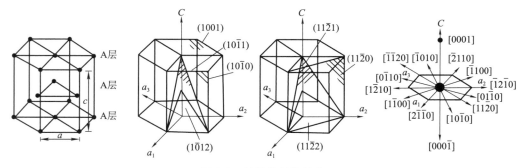

图 2.1 纯镁的晶体结构

(FCC 结构)、铁(BCC 结构)、铜(FCC 结构),镁的滑移系少是造成其塑性变形能力差的主要原因。在较高温度下,由于晶体中可以出现$\{10\bar{1}1\}\langle11\bar{2}0\rangle$滑移,从而使镁在高温下的塑性增加。

2. 镁合金的物理和力学性能

镁合金与其他相关材料的物理和力学性能见表2.1。从表中可以看出,镁合金的主要力学性能接近于铝合金,但其密度却小于铝合金,比强度是铝合金的 1.8 倍,可以说在应用金属范围内镁合金具有最高的比强度。与工程塑料相比,镁合金的密度虽比工程塑料高,但其熔点却是工程塑料的 4～6 倍,其比强度是工程塑料的 1.8 倍左右,此外镁合金的热传导系数是工程塑料的 300 倍以上,因此在一些电子产品的应用上镁合金具有明显的优势。所以,镁合金以它特有的性能在汽车、宇航等领域将有广阔的应用前景。

表 2.1 镁合金与相关材料的物理和力学性能

材料名称	密度/ $(g \cdot cm^{-3})$	熔点/℃	热导率/ $[W \cdot (m \cdot K)^{-1}]$	抗拉强度/ MPa	屈服强度/ MPa	延伸率/ %	弹性模量/ GPa
AZ91 镁合金	1.82	596	72	280	160	8	45
AM60 镁合金	1.79	615	62	270	140	15	45
380 铝合金	2.70	595	100	315	160	3	71
碳钢	7.86	1 520	42	517	140	22	200
塑料 ABS	1.03	90(Tg)	0.2	35	—	40	2.1
塑料 PC	1.23	160(Tg)	0.2	104	—	3	6.7

3. 镁合金的塑性变形机理

大部分镁合金具有密排六方晶体结构,对称性低,其轴比(c/a)值为 1.623,接近理想的密排值 1.633,室温滑移系少,冷加工成形困难。温度是影响镁合金塑性变形能力的关键因素,低于 498 K 时,多晶镁的塑性变形仅限于基面$\{0001\}\langle11\bar{2}0\rangle$滑移和锥面$\{10\bar{1}2\}\langle11\bar{2}0\rangle$孪生。因此,镁合金变形时只有 3 个几何滑移系和 2 个独立滑移系(铝合金有 12 个几何滑移系和 5 个独立滑移系),易在晶界处产生大的应力集中。当变形量较大时沿孪生区域(尤其在压缩时)或沿大晶粒的基面$\{0001\}$产生局部穿晶断裂,因而镁合金的冷变形仅限于中等变形,一般在室温下的冷变形量约为 10%～20%。高于 498 K 时,温度升高增加了原子振动的振幅,最密排面和次密排面的差别减小,因此会激活潜在的滑移面和滑移方向,使附加角锥滑移面$\{10\bar{1}1\}$、$\{11\bar{2}1\}$启动,这时镁合金呈现明显的延性转变,塑性大大提高;同时由于发生回复、再结晶而造成的软化,也会使镁及镁合金具有较高的塑性,所以镁合金的压力加工通常在高温下进行。此时在角锥平面$\{10\bar{1}1\}$上产生滑移并抑制孪晶形成。室温以上镁的滑移面和滑移方向(按热激活能力顺序排列)如图 2.2 所示。

镁合金的塑性变形机理目前还不十分清楚,至今还没有能完整地解释所有温度区间和应变速率下镁合金变形行为的理论,很多学者解释变形行为的理论模型也不同。综合现有的文献,镁合金的塑性变形机理主要有三种观点。

第一种观点是位错攀移控制变形的机理。有文献报道了相对较高的应力指数和塑性变形激活能,并对试验数据提出了一些原创性的解释。但也有人认为高应力指数和塑性变形激活能是由弥散氧化物粒子引起的。在高温下,Edelin 和 Poirier 得到了比自扩散激活能高的激活能,认为这是非基面滑移激活能增加所导致的结果,并得到了 $n=2.7$ 的低应力指数。

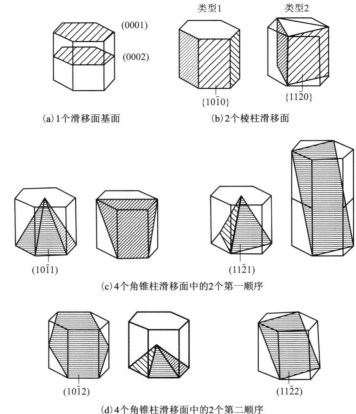

图 2.2　室温以上镁的滑移面的滑移方向

第二种观点是 Vagarali 和 Langdon 提出的 Friedel 交滑移模型。根据 Friedel 机理,在 $600\sim750$ K 和大于 2.5 MPa 应力条件下,镁的塑性变形行为由交滑移控制。用这种机理对其塑性变形现象进行分析,可以比较满意地解释 Mg 的激活能对温度和应变速率的依从关系。

第三种观点是 Courent 等提出的 Friedel-Escaig 机理。他们的研究是在 $293\sim623$ K 温度范围内,在原位 TEM 上观察塑性变形来完成的。根据 Friedel-Escaig 机理,在 $423\sim623$ K 时,镁合金塑性变形由交滑移控制。用原位试验数据所计算出的微观激活能数据与理论预测值相一致。与此同时,Courent 和 Caillard 指出高温下镁合金的塑性变形是由不同的机理来控制的。值得注意的是,该研究所用的样品是单晶,晶体处于硬取向时滑移困难。后来 Couret 等采用改进的 Friedel 模型,计算了位错周围的不均匀应力场,并得出如下结论:即使在高温下 Friedel 机理也几乎不可能实现,热变形的唯一可能机理是 Friedel-Escaig 交滑移机理。

2.1.3　镁基材料的腐蚀特性

1. 镁的电化学特性

镁的化学活泼性极高,标准电极电位为 -2.37 V(NHE),比铁低约 2 V,比铝低约 0.7 V。镁在常用介质中的平衡电位也都低,如在 0.5 mol/L 的 NaCl 水溶液中的稳定电位是 -1.45 V 左右,在海水中的稳定电位为 $-1.5 \sim -1.6$ V。因此,镁在与其他材料接触时非常容易发生电偶腐蚀,尤其是在潮湿环境中及有 Cl^- 存在的情况下腐蚀更为严重。虽然在干燥的大气中,镁表面可以形成氧化物膜,对基体有一定的保护作用,但是,与铝、钛等金属表面致密的钝化膜不同,镁表面自发形成的氧化物膜疏松多孔,而且在 pH 小于 11 的条件下不稳定,对基体金属根本不能提供腐蚀保护。因此,镁本身的高化学活性和镁表面氧化物膜层不具有保护性导致镁具有易腐蚀的特性。

镁的电化学腐蚀以析氢腐蚀为主,并以点蚀和全面腐蚀的形式迅速溶解。镁的腐蚀反应如下所述,总的反应式可写为

$$Mg + 2H_2O \Longrightarrow Mg(OH)_2 + H_2 \tag{2.1}$$

从机理上说,镁的腐蚀是电化学过程,因此上式的腐蚀过程可视为由电化学的阴、阳极反应偶合而成。其中,镁腐蚀的总的电化学阳极反应式为

$$Mg \Longrightarrow Mg^{2+} + 2e \tag{2.2}$$

而总的阴极电化学反应则为

$$2H_2O + 2e \Longrightarrow H_2 + 2OH^- \tag{2.3}$$

OH^- 和 Mg^{2+} 分别作为阴极反应和阳极反应的产物在腐蚀介质中结合,生成 $Mg(OH)_2$ 沉淀,即

$$Mg^{2+} + 2OH^- \Longrightarrow Mg(OH)_2 \tag{2.4}$$

反应式(2.2)所描述的只是镁阳极溶解过程的总的电化学反应,而事实上,镁的阳极溶解有许多中间过程。目前,关于镁腐蚀的电化学机理主要包括氢化镁促溶理论、单价镁离子过渡理论、表面膜层破坏理论、溶解脱落理论,不同的腐蚀机理分别强调了不同的中间过程,将这些理论加以合理地综合,可以较为全面地解释镁的腐蚀行为。

镁的阴极过程是析氢反应,但是镁的析氢行为与普通金属不同的是,随着极化电位的正移或阳极电流的增加,析氢反而加速,即其反应表现为负差异效应。负差异效应是镁腐蚀的一种普遍现象。

2. 增强相对镁基复合材料腐蚀行为的影响

镁基复合材料中加入不同类型的增强相可使镁基复合材料的腐蚀行为和腐蚀机理变得非常复杂。首先,因为增强相及界面具有与基体不同的电极电位,容易引发局部的电偶腐蚀。其次,复合材料在制备过程中形成的结构缺陷,例如微小的裂缝和气孔等也会导致基体局部腐蚀的加剧。这些因素在一定环境下的共同作用,使镁基复合材料普遍比对应的基体镁合金更容易腐蚀。但是,目前很少有关于增强相对于镁基复合材料腐蚀行为的影响机理的研究,有限的研究结果也没有达成统一的认识。

在镁基复合材料的腐蚀过程中,是否存在增强相与基体之间的电偶腐蚀是一个始终存在着争议的问题。有研究者认为,增强相与基体之间的电偶腐蚀取决于增强相的导电性能。对于导电性能较好的增强相,一般认为增强相和基体之间的电偶腐蚀会大大加速镁基复合材料合金基体的腐蚀。例如,P. P. Trzaskoma 通过研究以石墨纤维作为增强相的镁基复合材料在 NaCl 水溶液中的腐蚀行为认为,该复合材料的腐蚀是镁与水的快速反应以及石墨纤维与基体镁之间的电偶腐蚀共同作用的结果;并且随着石墨增强相体积分数的增加,电偶腐蚀加剧,复合材料的腐蚀速度也会随之增大。

而对于导电性能不好的增强相,增强相对镁基复合材料腐蚀行为的影响机理就很难解释。一些陶瓷类的增强相,例如 SiC 颗粒、SiC 晶须、Al_2O_3 短纤维等,一般被看作是半导体或绝缘体,它们较差的导电性使其在理论上不能成为有效阴极,即不能与基体构成腐蚀电偶对。但是,这些增强相的加入的确导致了镁基复合材料比对应的基体镁合金具有更差的耐腐蚀性能。也有一些研究者从复合材料制备的角度分析原因,但是目前尚无明确的解释。

C. A. Nunez-Lopez 等为了研究 SiC 相在镁基复合材料微电偶腐蚀中的作用,采用磁控溅射的方法,在由 SiC 颗粒构成的基底表面上溅射一层镁,制得高纯的镁基复合材料。结果表明,该复合材料具有非常低的腐蚀电流密度,大约为 $10\ \mu A/cm^2$,SiC 颗粒周围没有发现微电偶腐蚀,说明 SiC 颗粒实际上对镁基复合材料的腐蚀并没有非常明显的影响。

C. A. Nunez-Lopez 等也研究了 SiC_p/ZC71 镁基复合材料的腐蚀行为,认为该复合材料比对应的基体镁合金具有更快的腐蚀速度是因为复合材料的腐蚀产物 $Mg(OH)_2$ 所产生的沉积层相对完整,而这种由腐蚀产物形成的沉积层的保护性较差,且非常容易从被腐蚀的样品表面分离下来,这种行为与复合材料全面腐蚀的快速发展是相关的;同时他们还认为 SiC_p/ZC71 镁基复合材料中基体和增强相之间的电偶腐蚀以及在基体和增强相的界面处形成的活性相都不是造成镁基复合材料耐腐蚀性能差的主要原因。另外,复合材料在加工制备的过程中也可能造成较高的 Fe 杂质含量,这也可能导致复合材料的耐腐蚀性较差。

但是,有研究表明,在 SiC 纤维增强的镁基复合材料中却存在严重的电偶腐蚀。在该复合材料制备的过程中,在 SiC 纤维的心部和表面生成了石墨,而石墨由于具有足够的导电性能够作为有效阴极和镁合金基体之间构成腐蚀电偶对。可见,加工制备过程引入或产生的杂质对镁基复合材料的腐蚀行为有很大的影响。

B. A. Mikucki 等对 SiC 颗粒增强 AZ91 镁基复合材料进行了盐雾腐蚀测试,结果表明,SiC 颗粒的体积分数对该复合材料的耐蚀性有显著影响:当 SiC 颗粒的含量在某一临界值以下时,复合材料的腐蚀速度基本不变;但是当 SiC 颗粒的含量超过这一临界值时,腐蚀速度逐渐增大。

2.2 镁基复合材料制备加工和防腐核心技术

2.2.1 镁基复合材料制备技术

镁基复合材料制备主要采用搅拌铸造、压力铸造和粉末冶金三种传统的工艺,这三种传统工艺的各自优缺点见表 2.2。2000 年后,镁基复合材料制备技术出现了一些新技术,也取得了良好的效果,例如高能超声波工艺和破碎熔体沉积法(disintegrated melt deposition,DMD)等。

表 2.2 镁基复合材料三种传统制备技术对比

制备技术	体积分数	增强体损伤	性能	成本	制备规模
搅拌铸造	高达 30%	可忽略	良好	较低	可大规模生产
压力铸造	高达 45%	严重损坏	优良	较高	形状和尺寸受限
粉末冶金	高达 40%	增强体断裂	优良	高	尺寸受限

1. 搅拌铸造制备技术

镁基复合材料典型的搅拌铸造设备图如图 2.3 所示。搅拌铸造的一般工艺流程如下:将合金放入坩埚中熔化,待熔体温度达到合适温度后放入搅拌器搅拌,然后一边搅拌一边加入增强体,搅拌合适的时间后浇铸成铸锭。对金属基复合材料搅拌铸造工艺的研究主要集中于铝基和镁基复合材料。常见的增强体种类是 SiC、SiO_2、Al_2O_3、石墨颗粒等。而且铝基复合材料的研究最为成熟,并已应用于规模生产,如 Duralcan 铝基复合材料公司于 1990 年夏天在加拿大魁北克建成了年产 11 000 t(商标为 Duralcan)的颗粒增强铝基复合材料工厂;Duralcan 生产的铝基材料可广泛应用于汽车、航空航天等行业。搅拌铸造工艺是众多金属基复合材料制备方法中最简单和灵活的方法,适合于大规模生产,因此成为人们研究的热点。

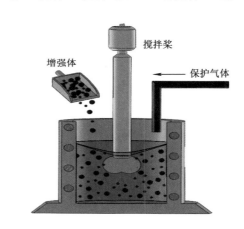

图 2.3 镁基复合材料搅拌铸造设备示意图

由于搅拌铸造工艺能够制备高性能低成本的镁基复合材料,20 世纪 90 年代研究人员就对镁基复合材料搅拌铸造工艺开展了研究,并且取得了一定的进展。1990 年,在 DOW 化学公司赞助下,Mikucki 等成功制备出 SiC 颗粒增强镁基复合材料,最大体积分数为 20%。Lim 和 Choh 制备了以 12%SiC 颗粒增强的 CP-Mg 和 Mg-5%Zn 镁基复合材料,并研究了搅拌时间对颗粒分布的影响。Magnesigm Elektron Ltd. 运用 Wilks 和 King 的工艺方法在 370 ℃ 以挤压比大约为 23∶1 挤压出了重达 180 kg 的增强体均匀分布和性能良好的镁基复合材料。Laurent 等对 SiC_p/AZ91 的半固态搅拌铸造工艺进行了研究。Luo 对 7 μm 10% SiC/AZ91 的搅拌工艺进行了研究,并对其拉伸性能、加工硬化和断裂行为及其机制进行了初步研究。R. A. Saravanan 等在不加保护气体的情况下用搅拌铸造制备出了体积分数为 30% 的 40 μm SiC_p 增强纯镁的复合材料。M. C. Gui 等利用真空搅拌铸造制备了体积分数为 15% 的 SiC 颗粒增强 AZ91 和 ZK51 的镁基复合材料。

表 2.3 列出了搅拌铸造法制备的镁基复合材料的典型力学性能。与合金相比,复合材

料的屈服强度和弹性模量有很大的提高，但是断裂强度有所降低，延伸率下降比较严重。这主要是由于搅拌铸造的复合材料中的气孔和缩孔所致，需要通过热变形提高复合材料的致密性，进而提高复合材料的塑性和强度。表 2.4 为搅拌铸造镁基复合材料经过热挤压后的力学性能。可见经过热挤压后，镁基复合材料的屈服强度、断裂强度和弹性模量远高于挤压态合金，体现出搅拌铸造镁基复合材料的优越性能，受到航空航天、军事和汽车等领域的广泛关注。

表 2.3　搅拌铸造镁基复合材料（铸态）的典型力学性能

复合材料（尺寸/体积分数）	屈服强度/MPa	断裂强度/MPa	弹性模量/GPa	延伸率/%
$SiC_p/AZ91$ (7 μm/10%)	135	152	44.7	0.8
AZ91(T6)	150	300	43	9.7
$SiC_p/AZ91$(T6) (15 μm/10%)	175	235	54	1.1
$SiC_p/AZ91$(T6) (15 μm/15%)	200	285	57	1.0
$SiC_p/AZ91$(T6) (15 μm/20%)	215	255	65	1.0
$SiC_p/AZ91$(T6) (15 μm/25%)	235	235	82	0.4

表 2.4　搅拌铸造镁基复合材料经热挤压后的力学性能

复合材料（尺寸和体积分数）	屈服强度/MPa	断裂强度/MPa	弹性模量/GPa	延伸率/%
AZ91(T6)	204	360	42	9.9
$SiC_p/AZ91$(T6) (15 μm/10%)	275	350	55	2.0
$SiC_p/AZ91$(T6) (15 μm/15%)	285	375	59	2.0
$SiC_p/AZ91$(T6) (15 μm/20%)	330	390	71	1.3
$SiC_p/AZ91$(T6) (15 μm/25%)	310	330	79	0.8
AZ31B	165	250	45	12.0
$SiC_p/AZ31B$ (16 μm/20%)	251	330	79	5.7
$SiC_p/AZ31B$ (10 μm/20%)	270	341	79	4.0

虽然搅拌铸造法是制备金属基复合材料最简单、最经济的方法,整个工艺可以是连续的或半连续的,但是此技术的主要优点和困难都是同样突出的。采用搅拌铸造技术制备金属基复合材料主要有以下四个方面的困难:成形的困难、颗粒难于分散、界面反应不易控制和容易产生气孔。

2. 压力铸造制备技术

压力铸造制备技术的主要流程如图 2.4 所示。首先,将颗粒或者晶须制备成带有空隙的预制块;然后,将预制块在模具中预热到合适的温度后,浇入经过精炼和净化的镁合金熔体;最后,通过施加压力,迫使镁合金熔体浸渗到预制块的空隙中,实现增强体与镁合金的复合,在压力下凝固后获得镁基复合材料铸锭。其中,预制块的制备是压力铸造技术中最关键的技术之一,预制块制备流程如图 2.5 所示。首先,将颗粒或晶须在溶液中搅拌混合均匀后,倒入底部带有过滤纸的模具中渗水;然后,通过加压使得颗粒或者晶须成为带有预定孔隙率和形状的块体;最后,通过烘干和烧结形成具有一定的强度的预制块。

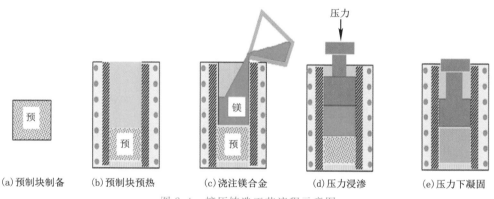

(a)预制块制备　(b)预制块预热　(c)浇注镁合金　(d)压力浸渗　(e)压力下凝固

图 2.4　挤压铸造工艺流程示意图

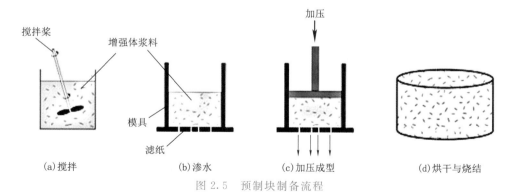

(a)搅拌　(b)渗水　(c)加压成型　(d)烘干与烧结

图 2.5　预制块制备流程

目前,采用压力铸造技术成功制备了氧化铝短纤维增强 AZ91,SiC 晶须增强 AZ91 和 AZ31,硼酸铝晶须增强 ZK60,SiC 颗粒增强 AZ91 等镁基复合材料。国内,哈尔滨工业大学对晶须增强镁基复合材料进行了较为深入的研究。吴昆教授对 SiC_w/AZ91 镁基复合材料的界面和时效析出行为的研究表明,SiC 晶须与基体合金之间存在明显的界面反应,界面反应产物为具有面心立方结构的 MgO，并且 MgO 与晶须存在严格的位向关系；复合材料峰时效比基体合金提前到达。郑明毅研究了不同预制块黏结剂（磷酸铝）对 SiC_w/AZ91 复合材料界面和性能的影响，无黏结剂的 SiC_w/AZ91 复合材料界面干净，几乎无界面反应产物生成；采用硅胶或酸性磷酸铝黏结剂的复合材料中，界面处存在细小的 MgO 产物，这种细小、弥散的反应产物有利于界面结合，提高复合材料性能。王春艳采用压力铸造工艺制备出体积分数为 20% 的 $Al_{18}B_4O_{33w}$/ZK60 镁基复合材料，对复合材料高温压缩过程中组织演变和动态再结晶进行了研究，并绘制了复合材料的热加工图。

3. 粉末冶金制备技术

虽然镁的活性高，混粉容易发生爆炸危险，但是粉末冶金技术也适用于制备镁基复合材料。粉末冶金工艺流程如图 2.6 所示。其中，混粉、热压、挤压三个步骤对复合材料的微观组织和性能有很大影响。目前，采用粉末冶金工艺制备了很多种类的镁基复合材料，例如 SiC_p/AZ91、TiO_2/AZ91、ZrO_2/AZ91、SiC_p/QE22 和 B_4C_p/AZ80。值得一提的是，国外也有几家公司曾采用粉末冶金技术制备镁基复合材料。DWA Composite Specialities Inc 采用专利的粉末冶金工艺制备了 B_4C_p 增强 AZ61、AZ80、AZ80 及 ZK60 镁基复合材料。Advanced Composite Materials Corporation 制备了 B_4C 颗粒增强 ZK60A 及 SiC 颗粒增强 ZK60A 镁基复合材料，并制备出镁基复合材料的薄板。

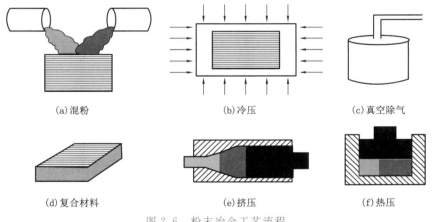

(a)混粉   (b)冷压   (c)真空除气

(d)复合材料   (e)挤压   (f)热压

图 2.6　粉末冶金工艺流程

4. 其他制备技术

除上述三种传统的制备技术外，制备镁基复合材料工艺还有喷射沉积法、熔融旋压法、扩散焊接法和无压浸渗法等。另外，最近研究较多的新型制备工艺主要有超声波分散法和 DMD 技术。

（1）超声波分散技术

利用超声波处理金属熔体时产生的空化效应和声流效应，可改善金属复合材料中增强体颗粒和基体的润湿性，使增强体颗粒可以达到宏观和微观上的均匀分散，因此超声波分散技术能够应用于金属基复合材料的制备。美国李晓春成功地将超声波应用于纳米 SiC 颗粒增强镁基复合材料的制备。

由于空化效应将导致瞬时的高温,金属基复合材料熔体的黏度将降低,这使得一部分空化泡随超声波正负压的交变振动,在熔体中不断运动长大,可能上浮到金属复合材料熔体表面消失,同时可改善基体与颗粒的浸润性,并减少复合材料制品的气孔率。金属熔体中超声波空化效应和声流效应分散纳米颗粒示意图如图 2.7 所示,纳米颗粒由于易于发生团聚,团聚中将存在较多的气体,这些气体的存在有利于空化泡的形成,空化泡破裂时的空化效应可打散纳米颗粒团聚;声流效应则使纳米颗粒在金属熔体中进一步均匀分散。

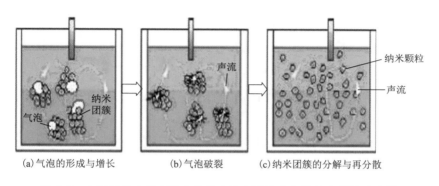

(a)气泡的形成与增长　　(b)气泡破裂　　(c)纳米团簇的分解与再分散

图 2.7　金属熔体中超声波空化效应和声流效应分散纳米颗粒示意图

图 2.8 为超声波分散技术制备镁基复合材料示意图时,通过变幅杆直接将超声波导入金属熔体的方式有利于空化效应的发挥,改善增强体颗粒与基体之间的润湿性,有助于增强体在基体中分散,并且不需要对增强体施加预处理。在制备微米级颗粒增强金属基复合材料方面,王俊等对超声波复合技术所制备的 $SiC_p/ZA22$ 复合材料进行了研究,表明 $SiC_p/ZA22$ 复合材料中增强体颗粒分布较为均匀,复合材料内部不存在气孔等缺陷。同时认为增强体颗粒和基体之间的润湿性改善以及增强体颗粒的均匀分散,主要是由于超声波空化效应和声流效应的共同作用所导致。

图 2.8　超声波分散技术
制备工艺示意图

近年来超声波分散技术则主要被应用于制备纳米颗粒增强的金属基纳米复合材料。Lan 等利用 20 kHz、600 W 的超声波发生器,采用超声波分散技术制备了 SiC 纳米颗粒增强的镁基(AZ91)复合材料。结果表明:在超声波的作用下,虽然纳米复合材料中还存在局部的纳米颗粒团聚(尺寸小于 300 nm),但是整体上 SiC 纳米颗粒在镁基体中分布比较均匀。而未经超声波处理的纳米复合材料则出现了明显的纳米颗粒团聚,并且团聚主要集中在纳米复合材料基体晶粒的晶界。Yang 等采用超声波分散技术制备了 SiC 纳米颗粒增强的铝基纳米复合材料。结果表明 SiC 纳米颗粒被较均匀地分散到铝基体中,当 SiC 纳米颗粒质量分数为 2.0% 时,所制备纳米复合材料的屈服强度较基体合金提高 50%。国内清华大学李文珍和哈尔滨工业大学聂凯波等通过大功率高温超声波分散仪制备了 SiC 纳米颗粒增强镁基复合材料。

（2）DMD 工艺

DMD 工艺由新加坡国立大学 M. Gupta 等研究发明，图 2.9 为 DMD 工艺设备示意图。首先，将镁屑和增强体放在石墨坩埚中熔化后，通过机械搅拌使得增强体在镁液中均匀分散；然后，打开坩埚底部的喷嘴，让复合材料浆料流出，通过两股氩气破碎复合材料浆料；最后，破碎的复合材料浆料在底板上沉积获得复合材料铸锭。一般需要通过二次热变形来进一步提高复合材料中增强体的分散性和提高力学性能。采用 DMD 工艺制备的镁基复合材料有 Cu 颗粒增强 AZ91 及 Al_2O_3 增强 AZ31 等镁基复合材料。

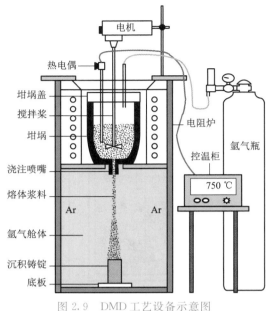

图 2.9　DMD 工艺设备示意图

2.2.2　镁基复合材料的体积成形技术

1. 镁基复合材料成形技术概述

金属镁在室温下仅基面滑移系能够启动，因此室温成形性较差，高温下由于非基滑移系的启动，成形性能有所提高。总体来看，镁合金的成形性能比铝合金差得多，这是制约镁合金大规模商业应用的一大障碍。在镁合金中加入陶瓷增强体制成复合材料后，其塑性和成形性会进一步降低。目前，对镁基复合材料二次成形工艺的研究很少。

对于非连续增强金属基复合材料，利用挤压、轧制等二次成形工艺制造型材和零件，是工业规模生产金属基复合材料零件的一种有效方法。随着 SiC_p/Mg 复合材料应用的逐渐扩大，塑性成形加工已成为该复合材料必须解决的关键性问题。因此，研究非连续增强镁基复合材料的高温成形工艺对镁基复合材料的实际应用具有重要意义。

2. 镁基复合材料的成形技术

随着非连续增强金属基复合材料研究和应用的逐渐深入，复合材料的二次加工越来越引起人们的关注，在诸多的二次加工方法中，挤压是常用的手段之一，如图 2.10 所示。通过挤压，材料中的增强相会沿着某些特定的方向有序排列。对于非连续增强的镁基复合材料，热挤压可以消除组织的不均匀性，同时也使增强相断裂和定向排列，从而产生各向异性。热挤压后，机械性能指标皆有所提高，以强度指标最为显著，这主要是因为位错密度的提高和组织均匀性的改善。综合而言，挤压后复合材料主要发生如下变化：

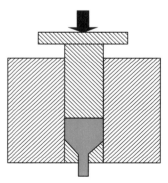

图 2.10　复合材料挤压示意图

（1）挤压可以改善增强体分布，使得增强相在发生定向排列的同时还导致晶须的进一步损伤，对基体的主要影响为使基体产生织构；

（2）挤压使得复合材料的抗拉强度明显提高，这主要是增强相取向、基体变形强化以及由于基体强度的提高共同作用的结果；

（3）挤压变形还可以提高复合材料的韧性；

（4）挤压过程还可能发生动态再结晶等组织演变。

对于镁基复合材料的挤压方式主要有正挤压和反挤压。

正挤压最基本的挤压方法，其技术最成熟、工艺操作简单、生产灵活性大。图 2.11（a）为正挤压示意图。正挤压的基本特征：一是挤压时坯料与挤压模之间产生相对滑动，存在有很大的外摩擦，且在大多数情况下，这种摩擦是有害的，它使金属流动不均匀，从而给挤压制品的质量带来不利的影响，导致挤压制品头部与尾部、表层部与中心部的组织性能不均匀；二是使挤压耗能增加，一般情况下挤压模内表面上的摩擦能耗占挤压能耗的 30%～40%，甚至更高；三是由于强烈的摩擦发热作用，加快了挤压模具的磨损。

图 2.11（b）为反挤压示意图。反挤压的基本特征是：挤压时制品流出方向与挤压轴运动方向相反。反挤压时金属坯料与挤压模壁之间无相对滑动，挤压能耗较低（所需挤压力小），因而在同样能力的设备上，反挤压法可以实现更大变形程度的挤压变形，或挤压变形抗力更高的合金。与正挤压不同，反挤压时金属流动主要集中在模孔附近的领域，因而沿制品长度方向金属的变形是均匀的。但是，迄今为止反挤压技术仍不完善，主要体现在挤压操作较为复杂，间隙时间较正挤压长，挤压制品质量的稳定性仍需进一步提高等方面。

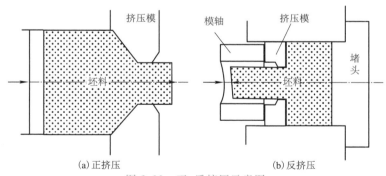

(a) 正挤压　　　　　　　　　　(b) 反挤压

图 2.11　正、反挤压示意图

挤压的工艺参数主要包括挤压比、挤压温度和挤压速率。在复合材料中，为了消除第二相（如 $Mg_{17}Al_{12}$）的影响，复合材料在热变形前首先进行固溶处理（T4）。制定工艺时可参考：380 ℃保温 2 h，再加热到 415 ℃保温 24 h。T4 处理后的坯料加热到预定温度，到达预定温度后保温 40 min。由于坯料与挤压模具的接触面积大，变形速度较快，所以应在挤压凹模和挤压套筒内部均匀地涂上油剂石墨，以便减小摩擦，这样有利于合金和复合材料的均匀流动，改善挤压制品的表面质量。

表 2.5 和表 2.6 为不同增强体尺寸和体积分数的 $SiC_p/AZ91$ 复合材料经过挤压速度为 13 mm/s 的正挤压和反挤压后的组织特征。

表 2.5 SiC$_p$/AZ91 复合材料的正挤压工艺参数及组织特征

增强体尺寸和体积分数	挤压温度/℃	挤压比 R	组 织 特 征
10 μm 5%	250	12:1	挤压棒材的表面质量高,没有出现裂纹
10 μm 10%	300	12:1	复合材料中再结晶已经基本完成未发现变形组织特征
10 μm 10%	350	12:1	DRX 完全,DRX 晶粒尺寸比同工艺合金的晶粒尺寸大
10 μm 10%	350	5:1	颗粒附近的 DRX 晶粒较细小,但是远离颗粒或颗粒相对稀少的区域,晶粒尺寸较大
10 μm 10%	350	12:1	复合材料 DRX 已经发生完全,晶粒尺寸较小
10 μm 10%	400	12:1	棒材表面质量差,出现了周期性裂纹
10 μm 15%	400	12:1	挤压棒材的后部出现裂纹,中前部的表面质量较好

表 2.6 SiC$_p$/AZ91 复合材料的反挤压工艺参数及组织特征

增强体尺寸和体积分数	挤压温度/℃	挤压比 R	组 织 特 征
10 μm 10%	320	4.3:1	晶粒细小的再结晶晶粒,但晶粒内部仍有较高的位错密度
10 μm 10%	370	4.3:1	位错密度高与位错密度低的再结晶晶粒同时存在
10 μm 10%	420	1.5:1	再结晶晶粒和变形的大晶粒共存
10 μm 10%	420	2.3:1	变形的大晶粒数量明显减少
10 μm 10%	420	4.3:1	晶粒内部位错密度较低,随挤压温度的升高,再结晶更充分
10 μm 20%	420	4.3:1	随增强相的增加,再结晶进行的越来越充分,晶粒尺寸变小

在 SiC$_p$/AZ91 复合材料的挤压成形过程中,有如下特征:在正挤压过程,随着温度的升高,复合材料的压缩流变应力显著降低,挤压温度较高时会产生周期性裂纹,当增强相的体积分数升高时,挤压力升高,大大增加了挤压棒材表面层与挤压凹模之间的摩擦力,导致挤压棒表面出现裂纹。反挤压时,金属坯料与挤压筒壁之间无相对滑动,挤压棒材的表面质量较好;挤压温度越高,挤压比越大,颗粒分布改善的效果就越明显;在颗粒附近的 DRX 晶粒较细小,但是远离颗粒或颗粒相对稀少的区域,晶粒尺寸较大;SiC 颗粒能够促进 DRX 形核,降低基体的 DRX 温度。在 DRX 初期 SiC 颗粒能够促进 DRX 晶粒的长大,导致合金的晶粒比复合材料细小,但是当晶粒长大到与颗粒相接触时,颗粒将阻碍 DRX 晶粒的长大。锻造是另一种常用的非连续增强镁基复合材料的二次加工方法,其工艺如图 2.12 所示。锻造工艺主要分为自由锻和模锻,两种锻造工艺均为将材料在两个模具之间进行压缩变形。工艺的不同,锻造得到的复合材料力学性能也不相同。采用自由锻时,由于锻造过程在材料周围没有模具的束缚,会使金属基体内部增强体颗粒破碎或产生裂纹,从而降

低复合材料的力学性能。采用模锻对铸态复合材料进行锻造时,在模具的束缚下可保证材料在产生较大应变的前提下减少材料内部裂纹的产生。

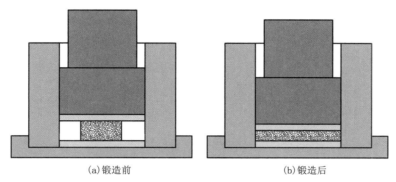

(a)锻造前   (b)锻造后

图 2.12   锻造工艺示意图

多向锻造技术实质上是一种自由锻工艺,其工艺原理如图 2.13 所示。形变过程中材料随外加载荷轴的变化不断被压缩和拉长,通过反复变形达到细化合金晶粒组织,改善材料性能的效果。影响多向锻造技术的因素有很多,主要有累积应变量、道次应变量、变形温度、应变速率和初始晶粒度等。

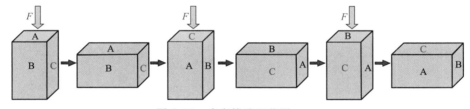

图 2.13   多向锻造工艺图

随着累积应变量的增加,加工软化占据主导,流变应力降低,(亚)晶内平均位错密度逐渐降低并趋于稳定。(亚)晶粒尺寸在变形早期先迅速减小而后维持在某一范围,基本不随累积应变量变化。而应变诱发(亚)晶界平均位向差随着应变量的增加不断增大,在高应变下形成具有大角度晶界的新晶粒,材料组织得到充分细化。

在一定范围内,道次应变量越大,材料变形中的加工软化越显著,流变应力越快达到稳态。同时增加道次应变量能有效加快材料晶粒细化进程,在相近的累积应变量下,较大道次应变量变形的材料组织具有更大的应变诱发晶界密度,新晶粒平均位向差和体积分数增大,尺寸减小。

温度影响材料动态再结晶行为和晶粒细化进程,多向锻造工艺的变形温度一般低于0.5 倍的熔点,由于累计的塑性变形很大,导致动态再结晶温度下降。在可变形范围内,相同条件下变形温度越低,动态再结晶新晶粒尺寸越小,同时组织内大角度(亚)晶界比例增大。

在同一变形温度下,应变速率越大,相同变形程度所需的时间缩短,由动态再结晶等提供的软化过程缩短,塑性变形进行不充分,位错数目增多,从而使合金变形的临界切应力提高,导致流变应力增大。

与挤压类似,在进行锻造前,为了消除复合材料中第二相(如 $Mg_{17}Al_{12}$)对复合材料的影响,复合材料在热变形前首先要进行固溶处理(T4)。具体工艺为:380 ℃保温 2 h,再加热到 415 ℃保温 24 h。表 2.7 为利用搅拌铸造法制备的不同体积分数的 SiC_p/AZ91 复合材料的不同锻造工艺参数及组织特征。

表 2.7　SiC_p/AZ91 复合材料的锻造工艺参数及组织特征

增强体尺寸/ 体积分数	锻造温度/℃	锻造道次	组 织 特 征
10 μm/10%	320	1P	温度为 320 ℃时晶粒特别细小,均在 10 μm 以下,有一些再结晶晶粒的出现
10 μm/10%	370	1P	温度为 370 ℃时晶粒特别细小,均在 10 μm 以下,有一些再结晶晶粒的出现
10 μm/10%	370	3P	370 ℃ 3 道次后复合材料再结晶已经很完全,颗粒附近以及远离颗粒处基体合金的晶粒等轴状已经很明显,而且位错密度很低,数量很少
10 μm/10%	370	6P	370 ℃ 6 道次后复合材料的位错密度明显增加,再结晶晶粒也不是很明显,表明材料内部存在较大的内应力
10 μm/10%	420	1P	420 ℃ 1 道次时已经有比较完全的再结晶,因而晶粒反而有所长大,但是晶粒较铸态仍明显细化
10 μm/10%	450	1P	450 ℃时再结晶晶粒已经开始部分长大,靠近增强体颗粒附近晶粒较远离颗粒处晶粒尺寸要小,并且锻造温度升高,其组织分布更加均匀
10 μm/20%	370	1P	370 ℃锻造时复合材料的增强体存在明显的团聚现象,初锻后复合材料基体晶粒尺寸与同工艺铸态相比减少
10 μm/20%	370	3P	370 ℃ 3 道次后复合材料增强体分散性得到改善,基体合金晶粒尺寸略有减少,累计变形量增加促进复合材料基体合金的再结晶
10 μm/20%	370	6P	370 ℃ 6 道次后基体合金晶粒尺寸又呈现一定程度的增加,这应该是由于后续累积变形量增大导致复合材料再结晶晶粒的长大

由表 2.7 可知,通过调整多向锻造的工艺参数,可以在一定程度上调控镁基复合材料的微观组织及其力学性能。复合材料在多向锻造各个锻造工步中不同部位变形量是有一定差别的,从试样中心到边缘,变形量逐渐降低,颗粒沿垂直于锻造方向定向排布逐渐减弱。

初次锻造后,随着所选择的锻造温度的升高,复合材料增强体颗粒的分布也更加均匀,在垂直于锻造方向的定向排布也更加明显。同时随锻造温度的增加,复合材料基体合金再结晶形核驱动力增大,再结晶程度逐渐增加。初次锻造后,复合材料的强度同铸态比较已经出现明显的提高,而且随着锻造温度的升高,强度也随之提高,在温度为 420 ℃时强度达到最大,随后温度继续升高时强度略有降低,但延伸率会有所增加。

在温度相同的条件下,复合材料基体合金的晶粒尺寸在初次锻造(第一锻造工步)后会较铸态明显降低,后续随多向锻造工步的增加,基体晶粒尺寸不会发生显著的改善。当体积分数增加时,基体晶粒度与铸态复合材料演化规律类似,即随锻造工步的增加,变化不大。

在初始温度一定的条件下,随着锻造工步的增加,复合材料温度也会快速下降,经过一轮多向锻造,基体合金晶粒尺寸会逐步降低,这不同于多向锻造各个锻造工步温度恒定的情况。

对 10 μm 10% 的 SiC_p/AZ91 镁基复合材料,在初次锻造后基体中晶粒基面与锻造方向垂直,形成较强的基面织构。基面峰的相对强度随锻造温度的升高先增加而后到温度较高时又会减少。随多向锻造工步的增加,在第一轮锻造过程中,基面峰的相对强度有一个逐步降低的趋势,在第二轮多向锻造过程中则又会增加。

3. 镁基复合材料的典型工件制造

复合材料管材是一种应用广泛的结构件,对颗粒增强镁基复合材料的厚壁管材和薄壁管材成型工艺研究十分必要。一般而言,金属管材的正向挤压按挤压工艺可分为正向穿孔挤压与空心锭正向挤压。正向穿孔挤压:通过对实心锭坯进行填充挤压,用独立穿孔系统的穿孔针穿透锭坯,其前段进入模孔后,推动垫片前进使复合材料从模孔与穿孔针之间的缝隙中流出,得到无缝管材。空心锭正向挤压:通过在空心铸锭中插入芯棒,令挤压轴前进使复合材料从模孔与芯棒之间的间隙挤出,得到无缝管材。

对镁基复合材料管材而言,在挤压过程中容易产生周期性的表面裂纹。周期性裂纹的产生与挤压过程中坯料的受力和流动情况有关。在挤压过程中,管材内壁的流速大于外层的流速,使得外层材料受到拉应力作用,当拉应力达到材料的强度极限时,在管材表面出现向内扩展的裂纹。随着挤压速度的增大,管材出口处材料的温度和拉应力均上升,而温度的上升必然导致材料的软化,因此挤压速度越大,管材表面越容易产生裂纹。要改善这种裂纹,除了降低挤压速度外,还可以尝试降低或升高挤压温度,在较低的挤压温度下,材料有着更高的强度极限,裂纹很难产生,而在较高的挤压温度下,材料的变形抗力较小,管材出口处的拉应力更小,也能避免裂纹的产生。对 SiC_p/AZ91 复合材料而言,采用不同挤压工艺制备出的复合材料如图 2.14 所示,其中以挤压速度 1 mm/s,挤压温度 400 ℃时挤压出的管材表面质量良好,无明显裂纹,图 2.15 为挤压出的两种尺寸管材的宏观形貌。

挤压后,复合材料中的颗粒分布如图 2.16 所示,由图可以看出,经过热挤压之后,复合材料中的 SiC 颗粒分布均匀性良好,无微观裂纹存在,且热挤压工艺有效地提高了复合材料的强度,制备出了高强高模量的复合材料管材,铸态复合材料和挤压态管材的力学性能见表 2.8。

(a)挤压速度1 mm/s，挤压温度400 ℃　　　(b)挤压速度10 mm/s，挤压温度400 ℃

 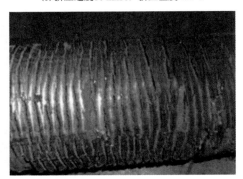

(c)挤压速度10 mm/s，挤压温度350 ℃　　　(d)挤压速度10 mm/s，挤压温度450 ℃

图 2.14　不同挤压速度、挤压温度下管材的表面质量

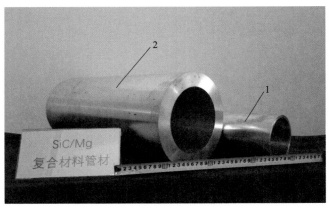

图 2.15　两种尺寸镁基复合材料管材的宏观照片

1—内径 100 mm,外径 130 mm,挤压比 10∶1;2—内径 200mm,外径 260mm,挤压比 2.8∶1

表 2.8　体积分数为 20％的 10 μm SiC/AZ91 复合材料大尺寸铸锭和厚壁管材的拉伸力学性能

材料及状态	屈服强度/MPa	抗拉强度/MPa	弹性模量/GPa	延伸率/％
AZ91 合金	72	183	43	7
铸态复合材料	123	160	68	0.5
挤压态复合材料	261	340	75	1.7

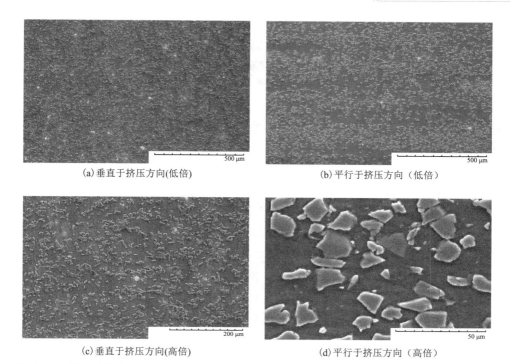

(a) 垂直于挤压方向(低倍)　　　　　　(b) 平行于挤压方向（低倍）

(c) 垂直于挤压方向(高倍)　　　　　　(d) 平行于挤压方向（高倍）

图 2.16　体积分数为 20% 的 10 μm SiC$_p$/AZ91 复合材料较大口径厚壁管材的 SEM 显微组织

由图 2.16(d) 可以看到,有部分颗粒在挤压过程中发生了破碎,这是由于复合材料在挤压过程中发生了大量的变形,颗粒是硬质相,不易发生塑性变形,从而对变形产生阻碍作用,使得颗粒周围基体的变形比材料总体的变形要大得多,这也导致增强颗粒受到非常大的应力集中,再加上颗粒之间的碰撞,于是部分颗粒就会发生破碎,这些颗粒损伤也会一定程度上对材料性能产生影响。

此外,与铸态复合材料相比,挤压态管材断裂韧性大幅提高,且适当提高挤压比有利于提高管材的断裂韧性,以夏式冲击试验标准 V 形缺口试样进行试验,其结果见表 2.9。

表 2.9　不同状态的 SiC/AZ91(体积分数 20%,增强体尺寸 10 μm)复合材料的冲击性能

复合材料状态	载荷极值/N	总吸收功/J	裂纹形成功/J	裂纹扩展功/J	断裂韧性 K_{IC}/(MPa·m$^{1/2}$)
铸态	2 930	3	1.6	1.4	7.6
挤压态(挤压比 2.8:1)	3 270	3.9	2	1.9	10.2
挤压态(挤压比 10:1)	3 420	4.5	2.1	2.4	11.7

对挤压态复合材料而言,通过热处理对其进行固溶与时效,能进一步提高复合材料管材的屈服强度与抗拉强度。以挤压比 2.8:1 的镁基复合材料管材为例,先将其加热至 380 ℃ 保温 2 h,再加热到 415 ℃ 保温 22 h,取出空冷后在 175 ℃ 时效 16 h,此时复合材料中析出大量第二相,复合材料的强度大大提高,但同时由于析出相 Mg$_{17}$Al$_{12}$ 为脆性相,因此材料的断裂韧性有所降低,具体结果见表 2.10 与表 2.11。

表 2.10　挤压比 2.8：1 的 SiC/AZ91(体积分数 20%,增强体尺寸 10 μm)
复合材料管材热处理前后室温拉伸性能

复合材料状态	屈服强度/MPa	抗拉强度/MPa	延伸率/%
热处理前	260	290	0.93
热处理后	310	350	0.8

表 2.11　挤压比 2.8：1 的 SiC/AZ91(体积分数 20%,增强体尺寸 10 μm)
复合材料管材热处理前后断裂韧性

复合材料状态	裂纹室温扩展载荷/N	断裂韧性 K_{IC}/(MPa·m$^{1/2}$)
热处理前	118	10.2
热处理后	90	7.8

2.2.3　镁基复合材料防腐技术

对于提高镁基复合材料耐腐蚀性能方法的研究信息比较少,目前报道的镁基复合材料的腐蚀防护方法以施加保护性涂层为主,主要包括化学转化处理和激光熔覆技术,还有少量关于镁基复合材料激光表面热处理的研究信息。下面对镁基复合材料腐蚀防护处理的研究现状作简单介绍。

1. 化学转化处理

关于采用化学转化技术改善镁基复合材料耐腐蚀性能的报道非常有限。M. A. Gonzalez-Nunez 等采用锡酸盐体系的溶液在 SiC_p/ZC71 镁基复合材料表面成功制备了无铬化学转化膜。研究结果表明,该复合材料中的 SiC 颗粒对于膜层的生长并没有明显的不良影响,而且与 ZC71 合金相比,复合材料表面转化膜的生长速度相对要快,这是因为 SiC 颗粒的存在使复合材料中具有更多的细小而分布均匀的阴极位置,从而加速了转化膜的形成。但是相关文献中并没有说明这种化学转化膜是否提高了复合材料的耐腐蚀性能。

2. 激光表面熔覆和激光表面热处理

关于镁基复合材料激光表面处理的研究工作相对较多,T. M. Yue 等以提高耐腐蚀性能为主要目的,对 SiC_p/ZK60 镁基复合材料的激光表面热处理和激光表面熔覆进行了较为系统的研究。

在 SiC_p/ZK60 镁基复合材料激光表面热处理的研究中,T. M. Yue 等认为,既然已有研究证明合金基体和 SiC 相之间没有电偶腐蚀发生,也不存在基体与增强相之间界面处的优先腐蚀行为,那么激光表面热处理能提高镁基复合材料耐腐蚀性能的原因不是激光改性层覆盖了SiC 颗粒,而是因为激光表面热处理过程中的快速凝固引起了组织的细化,尤其是共晶相的细化。也可能是在镁基复合材料表面形成的非晶结构改善了复合材料的耐腐蚀性能。

T. M. Yue 等还通过包括热喷涂和激光重熔两步的激光熔覆技术,分别采用不锈钢粉、Al-Zn 混合粉,Al-Si 合金粉等在 SiC_p/ZK60 镁基复合材料表面制备了激光覆层,这些均在一定程度上提高了镁基复合材料的耐腐蚀性能。

3. 微弧氧化防腐技术

微弧氧化(microarc oxidation，MAO)也被称为等离子体电解氧化(plasma electrolytic oxidation，PEO)，是一种在金属表面原位生成陶瓷涂层的表面处理技术。微弧氧化技术是由常规的电化学阳极氧化技术发展而来的，但又是对阳极氧化技术的一大改进，它突破了传统的阳极氧化电流、电压法拉第区域的限制，在阳极氧化的基础上，增加工作电压，把阳极电位从几十伏特提高到几百伏特，使电压从普通阳极氧化法拉第区进入到微弧放电区，因此，微弧氧化也是一种特殊的阳极氧化，在其发展初期被称为阳极火花沉积(anodic spark deposition，ASD)和火花放电阳极氧化(anodic oxidation by spark discharge，ANOF)。微弧氧化技术适用于铝、镁、钛、锆、铌、钽等有色金属及其合金的表面处理，这些金属具有一种共性，即在阳极氧化初期金属表面能够形成阻挡层，该阻挡层具有整流作用，只能通过阴极电流，起到类似于阀门的作用，因此这类金属被称为阀金属或整流金属。

镁合金的阳极氧化或微弧氧化已经被广泛研究，并在实际生产中得到应用，在镁基复合材料中也取得良好的防腐效果，是目前镁基复合材料最好的防腐手段。对镁基复合材料微弧氧化涂层的组织结构观测表明：通过改变施加在基底材料上的能量密度来影响涂层的生长速度和组织结构，不同的镁基材料呈现出不同的微弧氧化行为和不同的涂层组织结构。$Al_{18}B_4O_{33w}$/AZ91复合材料具有与AZ91合金相似的电压演变趋势和相近的起弧时间，而SiC_w/AZ91复合材料的电压演变趋势就不理想，起弧时间偏长，涂层相对粗糙。镁基材料的微弧氧化涂层均以晶态的MgO相为主要组成相，但是电解液成分和基底材料成分都会影响涂层的相组成。

微弧氧化处理能够大幅度提高镁基材料的耐腐蚀性能，调整电参数和电解液成分可改变涂层的厚度和组织结构，进而影响涂层的耐腐蚀性能。在电化学加速腐蚀和浸泡腐蚀条件下，AZ91合金、$Al_{18}B_4O_{33w}$/AZ91复合材料和SiC_w/AZ91复合材料的微弧氧化涂层分别表现出不同的腐蚀行为。图2.17所示为AZ91、$Al_{18}B_4O_{33w}$/AZ91、SiC_w/AZ91三种基底材料及其表面微弧氧化涂层在3.5%NaCl溶液中的浸泡腐蚀失重量随浸泡时间的变化曲线。可见，经过微弧氧化处理后，三种镁基材料的腐蚀失重速度均显著降低，尤其是微弧氧化处理后的$Al_{18}B_4O_{33w}$/AZ91，腐蚀失重量的降低幅度很大，表现出极好的耐腐蚀性能。对比图2.17(a)、(b)、(c)发现，虽然微弧氧化涂层对各自的基底材料在NaCl溶液中的腐蚀均能起到延缓的作用，但是各涂层对基底的保护程度并不相同：微弧氧化处理后的AZ91和$Al_{18}B_4O_{33w}$/AZ91在浸泡7 d以内，腐蚀失重量均保持缓慢上升的趋势；而对于微弧氧化处理后的SiC_w/AZ91，在浸泡的4 d之内，涂层以较低的速度溶解，涂层能够保护基底不遭受严重的腐蚀，而浸泡4 d之后，涂层被严重破坏，裸露出的基底发生持续的腐蚀而溶解，腐蚀失重量迅速增加，此时涂层对于SiC_w/AZ91基本上已经失去保护作用。

微弧氧化涂层的弹性模量和硬度均远大于对应镁基材料的弹性模量和硬度。微弧氧化处理显著提高了镁基材料的耐磨性，微弧氧化涂层在与GCr₁₅钢球对磨的过程中发生磨粒磨损和黏着磨损，但AZ91合金、$Al_{18}B_4O_{33w}$/AZ91复合材料和SiC_w/AZ91复合材料的微弧氧化涂层由于具有不同的微观组织结构特征而表现出不同的磨损机制。合理选择电参数可以使微弧氧化处理在满足表面防护要求的同时尽可能避免或减小对镁基材料机械性能的破坏。

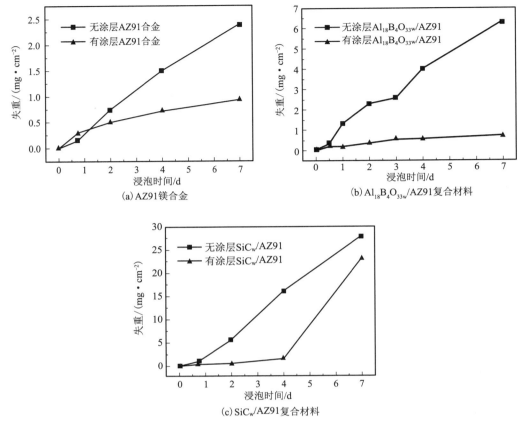

图 2.17　镁基复合材料在 NaCl 溶液中浸泡腐蚀失重量随浸泡时间变化曲线

　　通过对比分析各种镁基材料的微弧氧化行为发现,不同性质的析出相或增强相对镁合金和镁基复合材料微弧氧化涂层形成过程的影响机制不同。AZ91 合金中的 $Mg_{17}Al_{12}$ 相与 Mg-Si 合金中的 Mg_2Si 相本身能够形成阻挡层,因而不会抑制微弧氧化涂层的生长;电绝缘性能良好的 $Al_{18}B_4O_{33}$ 晶须不会阻碍 $Al_{18}B_4O_{33w}$/AZ91 复合材料微弧氧化涂层的生长;SiC 晶须却由于具有一定的导电性而破坏了阻挡层的完整性,延缓了 SiC_w/AZ91 复合材料微弧氧化涂层的生长,SiC 晶须在微弧氧化过程中发生氧化;导电性能良好的碳纤维严重阻碍微弧氧化涂层在镁基复合材料上的形成。

2.3　镁基复合材料国内外研究分析

2.3.1　国内外发展现状

　　镁基复合材料具有低密度、高比强度和比刚度、优良的抗震耐磨、抗冲击、耐高温性能及较低的热膨胀系数等优点。与铝基复合材料相比,镁基复合材料具有更低的密度和更高的比刚度、良好的阻尼性能和电磁屏蔽性能,是航空航天和国防工业的理想材料,在航空航天及军事工业有广泛的应用前景。因此,欧美等军事强国一直重视镁基复合材料研究和在军事方面的应用。早在 20 世纪 90 年代,欧美等国就掌握了高性能微米级镁基复合材料的批量生产技术,材料体系成熟,并开发和制造了一系列镁基复合材料导弹结构件等军用零件。美国 TEX-TRON 公司和陶氏化学公司(Dow Chemical)利用 SiC 增强镁基复合材料制造螺旋桨、导弹尾翼等;美国海军研究所采用 B_4C 增强 Mg-Li 基复合材料、B 增强 Mg-Li 基复合材料制造航天器天线构件;美国海军表面武器中心采用碳化硅和碳化硼增强镁基复合材料制造卫星构件;NASA已采用石墨纤维增强镁基复合材料制作空间动力回收系统构件,如空间站的撑杆、航天飞机转子发动机壳体和空间反射镜架等。该复合材料的弹性模量高达345 GPa,密度小于 2.1 g/cm^3,热膨胀系数可以从负到零、到正,适于制造航空航天工业所需的小型零件,瑞士联邦材料测试与开发研究所(EMPA)报道了哈勃太空望远镜部分构件采用 T300 碳纤维增强镁基复合材料。2004 年位于美国波士顿市的金属基铸造复合材料 LLC 公司(MMCC)开发连续和非连续石墨纤维增强镁基复合材料产品,应用于大气层外杀伤飞行器(EKV)反射镜镜架(mirror bench)和测量用构件(metering structures)。国际知名的镁合金材料企业如美国的 Magnesium Elekron公司等国外研究机构在努力探索非连续增强镁基复合材料大型构件的制备技术,推广镁基复合材料在航天和国防方面的应用。以色列工业大学正在探索 SiC 颗粒增强镁基复合材料在卫星构件上的应用。以上仅是国外公开文献的粗略报道,由于国外军事尖端领域对我国实行严格的情报和技术封锁,其具体的应用型号和更多的关键应用尚不清楚。

进入 21 世纪后,美国、德国、日本、英国、加拿大等军事强国对镁基复合材料的基础研究和应用开发重视程度依然不减,资助力度很大,并已取得一些重大进展。譬如,2007 年,日本新能源和产业开发机构(Nedo)启动了一项镁基复合材料的产学研合作项目,投入经费约20 亿日元(约 3 亿元人民币),开发纳米碳纤维增强镁基复合材料及其在高性能发动机活塞上的应用。无独有偶,2010 年美国国家标准和技术研究所开始启动了一项总经费 1 010 万美元的纳米碳化硅颗粒增强镁基复合材料项目,目标是实现纳米颗粒增强镁基复合材料的商业化生产。总之,欧美等军事强国长期重视镁基复合材料研究,不仅掌握了镁基复合材料批量生产技术,建立了较完善的镁基复合材料体系,实现了国防领域的应用,而且在镁基复合材料的基础研究方面取得了重大突破。

与欧美等军事强国非连续增强铝基复合材料研究相比,我国在非连续增强镁基复合材料的研究和开发方面的投入相对较少,研究和应用的成熟度较低,阻碍了镁基复合材料在国防和航空领域的应用推广。哈尔滨工业大学、上海交通大学、西安交通大学、包头五二所、吉林大学、太原理工大学、西北工业大学、北京工业大学等单位都开展了镁基复合材料方面的研究,其中每个单位的研究重点各不相同。上海交通大学金属基复合材料国家重点实验室较早开展连续增强和非连续增强镁基复合材料方面的基础研究,制备工艺主要为挤压铸造和低压浸渗。包头五二所和西安交通大学采用粉末冶金技术制备颗粒增强镁基复合材料,并开发出镁基复合材料弹托。哈尔滨工业大学自 1990 年以来一直从事镁基复合材料的研究,在长纤维增强和非连续增强复合材料的制备技术、成型加工方面取得重要进展,研发了镁基复合材料压力浸渗和搅拌铸造制备技术,首次在国内制备出 100 kg 级镁基复合材料,制备出了镁基复合材料的导弹和卫星的相关构件,为镁基复合材料在我国国防领域的应用奠定了基础。吉林大学、西北工业大学和北京工业大学等主要在原位自生镁基复合材料方面开展了相关基础研究工作。

与欧美等军事强国对高性能镁基复合材料的可批量化生产和军事应用相比,国内镁基复合材料研究与应用落后很多。国内镁基复合材料的制造还主要停留在实验室阶段,存在成本高、批次质量稳定性差、大尺寸零件制造困难等问题,只能满足小批量生产、小尺寸零件的要求,因此镁基复合材料在我国武器装备中应用较少。同时,欧美等国家在军事高端领域对我国实行严格保密和封锁,因此高端武器装备研发和生产必须靠我们独立自主、自力更生完成。因此,我国必须大力加强镁基复合材料的研究和开发,早日研发出品种齐全、性能优良的镁基复合材料。

2.3.2 发展趋势

根据上述国内外研究现状的分析,可见未来镁基复合材料主要有以下四个趋势。

1. 大尺寸镁基复合材料的低成本制备与成型加工技术

虽然传统的微米级颗粒增强的镁基复合材料相关基础理论研究较成熟,但是与铝基复合材料相比,微米级镁基复合材料的大尺寸构件的低成本制备与成型加工技术仍然差距很大,限制了微米级镁基复合材料在武器装备上的应用。随着未来武器装备进一步减重的需求,微米镁基复合材料成为必然选择之一。因此,低成本微米级镁基复合材料的高品质制备技术和成型技术成为各国目前发展的重要方向之一。

2. 开发高性能纳米镁基复合材料

2015 年美国加州大学洛杉矶分校在国际顶级期刊《自然》上发表镁基复合材料的颠覆性研究成果,首次成功制备出高体积分数纳米 SiC 颗粒增强镁基复合材料(即纳米镁基复合材料),其屈服强度高达 710 MPa、抗拉强度超过 800 MPa、弹性模量高达 86 GPa,同时保持了良好的塑性,颠覆了研究人员对镁基复合材料的传统看法。这表明纳米镁基复合材料是未来镁基复合材料的发展趋势。无独有偶,2017 年 4 月,中国香港城市大学吕坚教授又在《自然》发表镁基复合材料的颠覆性成果,通过制备纳米非晶增强镁合金,获得了 3.3 GPa 的超高强度,达到了近理论值(E/20),再次显示了纳米镁基复合材料的巨大潜能和优势。上述两个突破也是近年来金属基复合材料所取得的巨大突破。因此,高性能纳米镁基复合材料是镁基复合材料发展的重要趋势,是未来新一代镁基复合材料。目前,该方向主要处于基础研究状态,成熟度水平较低,需要加大投入,进行相关应用研究。

3. 研究仿生构型镁基复合材料

自然界中某些生物材料的力学性能超越了目前人工方法所能制备的范畴,颠覆了人们对复合材料的传统认知。例如,贝壳和牙齿等生物材料虽然组元简单,但是不同组元之间的巧妙而精细的"生物结构"使得生物材料表现出远远超越了各个组元的本征性能,实现了生物材料力学性能的巨大飞跃,不仅能显著提升强度,而且显著改善了材料的韧性。因此,利用仿生复合思维,采用人工方法制备出跨尺度、多层次的仿生复合结构,利用仿生结构的强韧化原理,能够显著地优化力学性能,实现强度和韧性的良好匹配。2008 年劳伦斯国家实验室在《科学》发表了采用氧化铝与甲基丙烯酸甲酯(PPMM)仿贝壳"砖—泥"层状结构的颠覆性研究结果,其仿生构型复合材料的断裂韧性是氧化铝的 300 倍,首次体现了仿生复合的巨大优势。因此,仿生复合必将成为未来金属基复合材料发展的重要方向。而且,仿生复合对镁基复合材料尤其重要,因为采用仿生复合能够解决镁基复合材料的强度/刚度和韧性倒置问题,这将极大地扩展镁基复合材料的应用范围。

4. 发展结构功能一体化镁基复合材料

仿生构型不仅能获得颠覆性的力学性能,而且能够大幅提高镁合金基体所特有的功能性能,如阻尼性能和电磁屏蔽性能。例如,将高电磁屏蔽性能功能体(如石墨烯)与镁合金构建仿生构型,综合利用功能体优异的本征性能和仿生结构特征可显著提升镁合金的电磁屏蔽效能,同时力学性能也将获得明显提升,实现力学性能和电磁屏蔽性能的有机统一,有望替代目前密度很大的传统电磁屏蔽材料。因此,利用复合化思想,开发一种高电磁屏蔽轻质镁基复合材料,实现结构和功能一体化,有望满足雷达、通信设备等电子战武器装备升级换代的迫切需求,显著提升武器装备的电磁屏蔽性能,极大地提升武器装备在电子战中的生存能力。

综上所述,开展仿生镁基复合材料的制备和设计的理论与技术研究,解决镁基复合材料韧性差的问题,不仅能够制备出综合力学性能良好的新型镁基复合材料,而且能够实现镁基复合材料的结构-功能一体化,实现镁基复合材料的"一专多能"。因此,仿生镁基复合材料将成为镁基复合材料发展又一重要趋势,符合未来装备发展对材料提出的需求。

2.4 镁基复合材料产业应用与工程应用

颗粒增强镁基复合材料是目前最具潜力大规模生产和应用的镁基复合材料。通过搅拌铸造技术成功制备出直径 350 mm,高 500 mm 的 $SiC_p/AZ91$ 镁基复合材料大尺寸铸锭(见图 2.18),重达 100 kg,成功设计出镁基复合材料较大尺寸铸锭制备设备,优化了制备大尺寸铸锭的搅拌铸造工艺参数,掌握了大尺寸铸锭的生产和制备技术。

管材是应用较为广泛的一种结构件,为此我国开展了颗粒增强镁基复合材料的厚壁管材和薄壁管材挤压成形研究。如图 2.15 所示,我国成功制备出 $SiC_p/AZ91$ 镁基复合材料的较大口径的厚壁管材,目前国内外尚未见到类似的报道。挤压后,复合材料中颗粒分布如图 2.19所示。铸态复合材料和挤压管材的力学性能见表 2.8。

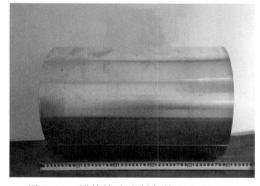

图 2.18　搅拌铸造法制备的 $SiC_p/AZ91$
镁基复合材料大尺寸铸锭照片
(SiC 颗粒尺寸 10 μm,体积分数 20%)

相对于厚壁管材,薄壁管材的挤压成形更为困难。通过研究,我国掌握了颗粒增强镁基复合材料薄壁管材的热挤压成形技术,成功挤压出 $SiC_p/AZ91$ 镁基复合材料的薄壁管材,如图 2.20 所示。

图 2.19 体积分数为 20% 的 10 μm SiC_p/AZ91
复合材料较大口径厚壁管材的 SEM 显微组织

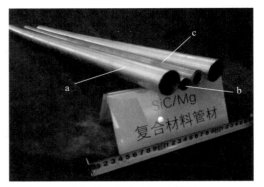

图 2.20 SiC_p/AZ91 镁基
复合材料薄壁管材

a—外径 32 mm,壁厚 1 mm;b—外径 15 mm,
壁厚 1 mm;c—外径 25 mm,壁厚 3 mm

颗粒增强镁基复合材料具有密度小、高比刚度和高比强度等优点,成本相对低廉,在轻量化领域具有重要的应用前景。根据国内外相关研究和报道,其主要应用前景如下:

(1)导弹构件,如导弹尾翼、导弹舱体、仪表舱体和飞行翼片等;

(2)卫星构件,如卫星预埋件、仪表架、天线结构、轴套、支柱、横梁和一些次结构件,主要替代铝合金;

(3)雷达构件,如雷达支架、电磁屏蔽盒等;

(4)无人机构件,主要发挥镁基复合材料绝对密度小、高比刚度和高比强度等优势;

(5)民用领域,如皮带轮、链轮等轻质耐磨构件,汽车和自行车构件等。

2.5 镁基复合材料发展前景

2.5.1 当前我国面临的技术优势、瓶颈和短板

目前,国际上镁基复合材料产业化和应用比较成熟的是微米级镁基复合材料。虽然我国已基本上掌握了微米级镁基复合材料所有的制备技术和成型工艺,但是相比国际同行,我国的微米级镁基复合材料存在制造和成型工艺不成熟、大尺寸零件成型和加工不稳定等问题,成品率较低,导致镁基复合材料构件制造成本高,镁基复合材料冶金质量不稳定,只能满足小批量生产小尺寸零件的要求。这是我国镁基复合材料最大的短板,即镁基复合材料的高品质制备与成型加工技术成为制约其未来应用的瓶颈技术。由于国家经费投入不足,不仅导致镁基复合材料的制备技术未能全流程彻底突破,同样也导致我国缺少适合镁基复合材料的专业生产装备。与铝基和钛基复合材料不同,镁基复合材料成型困难,很多现有的金属基复合材料的技术和装备很难直接应用于镁基复合材料的制备与成型。以目前金属基复合材料生产最成熟的粉末冶金技术和装备为例,镁粉的生产、保存和球磨过程都十分危险,需要特殊和高昂的专门设备,这就导致国内镁基复合材料的粉末冶金制备技术应用一直处

于停滞状态,只能处于研究状态而不能进入实用水平。因此,如何将我国的镁基复合材料从实验室走向应用,最终走向产业化是我们目前最主要的任务与瓶颈。

我国在纳米镁基复合材料方面与国外差距十分巨大,国内目前虽然掌握了纳米颗粒在镁合金中的分散技术,但是距离制备高质量、高体积分数的纳米镁基复合材料还存在技术瓶颈,国内尚未真正突破。但是在仿生镁基复合材料方面,我国是领先于其他国家的,但是能否长期保持领先要看后续发展。

尽管我国在镁基复合材料方面的成熟度和应用情况与国外有较大差距,但是我国在镁基复合材料基础研究方面与国际水平同步。这样我们就可充分利用后发优势,少走弯路,直接进入镁基复合材料的研究和应用的高级阶段。同时,我国巨大的镁合金资源,使我国具有其他国家所不具有的资源优势和成本优势。

2.5.2　镁基复合材料近期发展目标(至 2035)

根据未来装备发展对轻质材料的高性能化、多样化和构件复杂化、大型化趋势,结合材料领域相关前沿理论与技术进展,镁基复合材料的近期发展目标如下。

1. 实现镁基复合材料构件的低成本制造与成型加工

改善现有制备技术,提高成品率;发展制备与成型一体化技术、精密成型加工与高质量焊接技术,提高材料利用率;发展高性能易加工的新型材料,降低加工难度。

2. 实现镁基复合材料设计构型化设计与制备

长期以来,组织和结构组元融合设计一直是发掘 MMCs 潜力的有效手段。以梯度、仿生结构为代表的有序化结构设计,为 MMCs 结构和组织融合提供了新的设计思路。近年来的研究发现,有序化、非均质结构中的局部应力和应变状态对 MMCs 性能影响显著,合理的构型设计可赋予 MMCs 更高强度与塑性。相比传统的均质组织和结构设计理念,多尺度增强、多级结构正成为新一代 MMCs 的发展趋势。通过精细结构设计(仿生微叠层、网状、分级、梯度结构等),可获得均匀分布复合材料所不具有的超高强度与良好塑性。此外,碳纳米管、石墨烯等超高性能增强材料的出现,也为实现 MMCs 的性能超越带来新的契机。

2.5.3　镁基复合材料中长期发展目标(至 2050)

1. 实现镁基复合材料原子尺度的界面研究

作为复合材料的主要特征结构,界面是增强作用得以发挥的核心。对界面细观耦合作用的理解,是先进复合材料设计的关键。从原子尺度表征界面对性能的影响,比单纯研究微观界面反应物、界面晶体取向等因素对性能的影响更可靠,从而能更有效指导界面优化设计。随着球差校正电镜技术发展,可获得更精确的原子级别的界面精细结构信息,结合分子动力学与第一性原理研究,可望建立有效的界面调控途径以提高载荷传递能力,降低界面热阻等,从而获得更优的力学与物理性能。

2. 创新镁基复合材料的研究模式

过去 MMCs 的研发以单因素工艺探索为主,未来将向基于材料基因工程思想的高通量研发模式转换。对种类各异的增强体与基体合金，通过集成计算、高通量样品制备与表征，建立起复合材料体系设计所需的性能数据库，从而构建最优化体系，突破现有复合体系的性能极限。此外，高通量表征与模拟仿真技术为加快研发提供了有效手段。MMCs性能影响因素繁多，实验试错和个案攻关研制周期长、成本高、适用性差。在集成计算技术和高通量表征技术发展的推动下，通过精确把握性能影响因素，以及制备加工全流程的数字化控制，可对性能进行理性优化和精确调控，从而实现复合材料性能的跨越式提高。

3. 建成结构/功能一体化镁基复合材料体系

装备性能提高对机械结构提出高强度、轻量化与功能集成特性需求。通过合理设计，充分发挥增强相和基体合金的优良特性，获得具有良好力学性能和功能特性的结构功能一体化金属基复合材料。

参考文献

[1] 克莱因,威瑟斯.金属基复合材料导论[M].北京:冶金工业出版社,1996.

[2] 王晓军,吴昆.颗粒增强镁基复合材料[M].北京:国防工业出版社,2018.

[3] LAURENT V,JARRY P,REGAZZONI G,et al. Processing-microstructure relationships in compocast magnesium/SiC[J]. Journal of Materials Science,1992,27(16):4447-4459.

[4] INEM B. Dynamic recrystallization in a thermomechanically processed metal matrix composite[J]. Materials Science and Engineering:A,1995,197(1):91-95.

[5] WILKS T E. Cost-effective magnesium MMCs[J]. Advanced Materials and Processes,1992,142(2):27-29.

[6] LLOYD D J. Particle reinforced aluminum and magnesium matrix composites[J]. International Materials Reviews,1994,39(1):1-23.

[7] YE H Z,LIU X Y. Review of recent studies in magnesium matrix composites[J]. Journal of Materials Science,2004,39(20):6153-6171.

[8] 郭峰,罗沛兰,毕秋,等.金属熔体超声细化处理技术的研究进展[J].金属材料与冶金工程,2008,36:59-64.

[9] YE J C,HAN B Q,LEE Z H,et al. Tri-modal aluminum based composite with super-high strength[J]. Scripta Materialia,2005,53:482-486.

[10] CICCO M D,KONISHI H,CAO G,et al. Ductile magnesium-zinc nanocomposites[J]. Metallurgical and Materials Transactions:A,2009,40A:3038-3045.

[11] 王春艳.$Al_{18}B_4O_{33w}$/Mg复合材料热压缩变形行为与微观机制[D].哈尔滨:哈尔滨工业大学,2007.

[12] 郑明毅.SiC_w/AZ91镁基复合材料的界面与断裂行为[D].哈尔滨:哈尔滨工业大学,1999.

[13] ZHANG Z,CHEN D L. Consideration of orowan strengthening effect in particulate-reinforced metal matrix nanocomposites:a model for predicting their yield strength[J]. Scripta Materialia,2006,54:1322-1326.

[14] SHAO I,VEREECKEN P M,CHIEN C L,et al. Synthesis and characterization of particle-reinforced Ni/Al_2O_3 nanocomposites[J]. Journal of Materials Research,2002,17:1412-1418.

[15] HASSAN S F,TAN M J,GUPTA M. High-temperature tensile properties of Mg/Al_2O_3 nanocomposite[J]. Materials Science and Engineering:A,2008,486:56-62.

[16] ZHANG Z,CHEN D L. Contribution of orowan strengthening effect in particulate-reinforced metal matrix nanocomposites[J]. Materials Science and Engineering:A,2008,483/484:148-152.

[17] 聂凯波.多向锻造变形纳米 SiC$_p$/AZ91 镁基复合材料组织与力学性能研究[D].哈尔滨:哈尔滨工业大学,2012.

[18] 李淑波.AZ91 合金和 SiC$_w$/AZ91 复合材料的高温压缩变形行为[D].哈尔滨:哈尔滨工业大学,2004.

[19] CAO G,KOBLISKA J,KONISHI H,et al. Tensile properties and microstructure of SiC nanoparticle-reinforced Mg-4Zn alloy fabricated by ultrasonic cavitation-based solidification processing[J]. Metallurgical and Materials Transactions:A,2008,39:880-886.

[20] KAPOOR R,KUMAR N,MISHRA R S,et al. Influence of fraction of high angle boundaries on the mechanical behavior of an ultrafine grained Al-Mg alloy[J]. Materials Science and Engineering:A,2010,527:5246-5254.

[21] CAO G,CHOI H,OPORTUS J,et al. Study on tensile properties and microstructure of cast AZ91D/AlN nanocomposites[J]. Materials Science and Engineering:A,2008,494:127-131.

[22] 王艳秋.镁基材料微弧氧化涂层的组织性能与生长行为研究[D].哈尔滨:哈尔滨工业大学,2007.

[23] SANATY-ZADEH A. Comparison between current models for the strength of particulate-reinforced metal matrix nanocomposites with emphasis on consideration of hall-petch effect[J]. Materials Science and Engineering:A,2012,531:112-118.

[24] DAI L H,LING Z,BAI Y L. Size-dependent inelastic behavior of particle-reinforced metal-matrix composites[J]. Composites Science and Technology,2001,61:1057-1063.

[25] POLMEARI J. Magnesium alloys and applications[J]. Materials Science and Technology,1994,10:2-14.

[26] REGEV M,AGHION E,ROSEN A,et al. Creep studies of coarse-grained AZ91D magnesium castings[J]. Materials Science and Engineering,1998,A252:6-16.

[27] SPIGARELLIS. Creep of a thixoformed and heat treated AZ91 Mg-Al-Zn alloy[J]. Scripta Materialia,2000,42:397-402.

[28] 王晓军.搅拌铸造 SiC 颗粒增强镁基复合材料高温变形行为研究[D].哈尔滨:哈尔滨工业大学,2008.

[29] WATANABE H,MUKAI T,MABUCHI M,et al. High-strain-rate superplasticity at low temperature in a ZK61 magnesium alloy produced by powder metallurgy[J]. Scripta Materialia,1999,41(2):209-213.

[30] MABUCHI M,AMEYAMA K,IWASAK I H,et al. Low temperature superplasticity of AZ91 magnesium alloy with non-equilibrium grain boundaries[J]. Acta Materialia,1999,47(7):2047-2057.

[31] TANJ C,TAN M J. Superplasticity in a rolled Mg-3Al-1Zn alloy by two-stage deformation method[J]. Scripta Materialia,2002,47:102-106.

[32] WATANABE H,MUKAI T,MABUCHI M. Superplasticity in a ZK60 magnesium alloy at low temperatures[J]. Scripta Materialia,2002,40(4):477-484.

[33] MYSHLYAEV M M,MCQUEEN H J,MWEMBELA A. Twinning,dynamic recovery and recrystallization in hot worked Mg-Al-Zn alloy[J]. Materials Science and Engineering,2002,A337:122-133.

[34] YAMADA Y,SHIMOJIMA K,SAKAGUCHI Y. Compressive properties of open-cellular SG91A Al and AZ91 Mg[J]. Materials Science and Engineering,1999,A272:455-458.

[35] GALIYEV A,KAIBYSHEV R,GOTTSTEIN G. Correlation of plastic deformation and dynamic re-

crystallization in magnesium alloy ZK60[J]. Acta Materialia,2001,49:1199-1207.

[36] SUGIMURA Y. Mechanical response of single-layer tetrahedral trusses under shear loading[J]. Mechanics of Materials,2004,36(8):715-721.

[37] TANJ C,TAN M J. Superplasticity and grain boundary sliding characteristics in two stage deformation of Mg-3Al-1Zn alloy sheet[J]. Materials Science and Engineering,2003,A339:82-89.

[38] 刘正,张奎,曾小勤. 镁基轻质合金理论基础及其应用[M]. 北京:机械工业出版社,2002.

[39] BAKER C G,LORIMOR W,UNSWROTH W. Magnesium Technology[C]//Proc. 49th Conf. International Magnesium Association,1992.

[40] 尤恩,哈森,克雷默. 材料科学技术丛书:第 8 卷[M]. 北京:科学出版社,1999.

[41] 陈振华,夏伟军,严红革,等. 镁合金材料的塑性变形理论及其技术[J]. 化工进展,2004,23(2):127-135.

[42] 吴昆,王晓军. 金属基复合材料研究及应用现状. 复合材料信息与学科进展[M]. 北京:国防工业出版社,2011:205-209.

[43] 董群,陈礼清,赵明久,等. 镁基复合材料制备技术、性能及应用发展概况[J]. 材料导报,2004,18(4):86-94.

[44] 郑明毅,吴昆,赵敏,等. 不连续增强镁基复合材料的制备与应用[J]. 宇航材料工艺,1997(6):6-10.

[45] 田园,靳玉春,赵宇宏,等. SiC 增强镁基复合材料的研究与应用[J]. 热加工工艺,2014,43(22):22-25.

[46] 甘为民. 挤压态 SiC$_w$/AZ91 镁基复合材料高温压缩变形行为研究[D]. 哈尔滨:哈尔滨工业大学,2004.

[47] 金玉亮. 反挤压对 AZ91 和 SiC$_p$/AZ91 复合材料组织及性能的影响[D]. 哈尔滨:哈尔滨工业大学,2009.

[48] 邓坤坤. 锻造工艺对 SiC$_p$/AZ91 镁基复合材料组织与性能的影响[D]. 哈尔滨:哈尔滨工业大学,2008.

[49] 郭强. 镁合金高温单向压缩及变形行为研究[D]. 哈尔滨:哈尔滨工业大学,2006.

[50] 郭强,严红革,陈振华,等. 多向锻造技术研究进展[J]. 材料导报,2007,21(2):106-108.

[51] 董成才. SiC$_p$/AZ91 复合材料薄壁管材的热挤压成型工艺及组织与性能研究[D]. 哈尔滨:哈尔滨工业大学,2010.

[52] 董成才,邓坤坤,牟明川,等. SiC$_p$/AZ91 镁基复合材料管的热挤压成形、组织与性能[A]. 中国复合材料学会. 复合材料:创新与可持续发展,2010.

[53] 张永君,严川伟,王福会,等. 镁的应用及其腐蚀与防护[J]. 材料保护,2002,35(4):4-6.

[54] DECKER R F. The renaissance in magnesium[J]. Advanced Materials and Processes,1998,154(3):32-33.

[55] 宋光铃. 镁合金腐蚀与防护[M]. 北京:化学工业出版社,2006.

[56] HIHARA L H,LATANISION R M. Corrosion of metal matrix composites[J]. International Materials Reviews,1994,39(6):245-264.

[57] POHLMAN S L. Corrosion and electrochemical behavior of boron/aluminum composites[J]. Corrosion,1978,34:156-159.

[58] TRZASKOMA P P,MCCAFFERTY E,CROWE C R. Corrosion behavior of SiC/Al metal matrix composites[J]. Journal of the Electrochemical Society,1983,130(9):1804-1809.

[59] ZHANG Y J,YAN C W,WANG F H,et al. Study on the environmentally friendly anodizing of AZ91D magnesium[J]. Surface and Coatings Technology,2002,161:36-43.

[60] 霍宏伟,李瑛,王福会. AZ91D 镁合金化学镀镍[J]. 中国腐蚀与防护学报,2002,22(1):14-17.

[61] 戴长松,吴宜勇,王殿龙. 镁及镁合金的化学镀镍[J]. 兵器材料科学与工程,1997,20(4):35-38.

[62] SHARMA A K,SURESH M R,BHOJRAJ H. Electroless nickel plating on magnesium alloy[J]. Metal Finishing,1998(4):10-18.

[63] GONZALEZ-NUNEZ M A,NUNEZ-LOPEZ C A,SKELDON P,et al. A non-chromate conversion coating for magnesium alloys and magnesium-based metal matrix composites[J]. Corrosion Science, 1995,37(11):1763-1772.

[64] 王永康,熊仁章,盛磊,等. 铝基复合材料表面微弧氧化涂覆陶瓷膜研究[J]. 兵器材料科学与工程, 1998,21(4):25-27.

[65] 辛世刚,宋力昕,赵荣根,等. 铝基复合材料微弧氧化陶瓷膜的组成与性能[J]. 无机材料学报,2006, 21(1):223-229.

[66] 薛文斌. SiC 颗粒增强体对铝基复合材料微弧氧化膜生长的影响[J]. 金属学报,2006,42(4): 350-354.

[67] XUEW B,WU X L,LI X J,et al. Anti-corrosion film on 2024/SiC aluminum matrix composite fabricated by microarc oxidation in silicate electrolyte[J]. Journal of Alloys and Compounds,2006,425: 302-306.

[68] CUI S H,HAN J M,DU Y P,et al. Corrosion resistance and wear resistance of plasma electrolyte oxidation coating on metal matrix composites[J]. Surface and Coatings Technology,2007,201:5306-5309.

[69] KRISHTAL M M. Effect of structure of aluminum-silicon alloys on the process of formation and characteristics of oxide layer in microarc oxidizing[J]. Metal Science and Heat Treatment,2004,46: 378-384.

[70] MUKHOPADHYAY A K,RAMA RAO V V,CHAKRAVORTY C R. The influence of constituent particles on the quality of hard anodic coating on fully heat treated AA 7075 extrusion products[J]. Materials Science Forum,1996,217-222:1617-1622.

[71] 焦树强,旷亚非,陈金华,等. 镁及其合金的腐蚀与阳极化处理[J]. 电镀与环保,2002,22(3):2-4.

[72] SONG G,ATRENS A,STJOHN D,et al. The electrochemical corrosion of pure magnesium in 1 N NaCl[J]. Corrosion Science,1997,39(5):855-875.

[73] HASSAN S F,TUN K S,GUPTA M. Effect of sintering techniques on the microstructure and tensile properties of nano-yttria particulates reinforced magnesium nanocomposites[J]. Journal of Alloys and Compounds,2011,509:4342-4347.

[74] SRIKANTH N,CALVIN H K F,GUPTA M. Effect of length scale of alumina particles of different sizes on the damping characteristics of an Al-Mg alloy[J]. Materials Science and Engineering:A, 2006,423:189-191.

[75] HASSAN S F,GUPTA M. Development of nano-Y_2O_3 containing magnesium nanocomposites using solidification processing[J]. Journal of Alloys and Compounds,2007,429:176-183.

[76] NGUYEN Q B,GUPTA M. Enhancing compressive response of AZ31B using nano-Al_2O_3 and copper additions[J]. Journal of Alloys and Compounds,2010,490:382-387.

[77] GOH C S,WEI J,LEE L C,et al. Properties and deformation behaviour of Mg-Y_2O_3 nanocomposites [J]. Acta Materialia,2007,55(15):5115-5121.

[78] HASSAN S F,GUPTA M. Enhancing physical and mechanical properties of Mg using nanosized Al_2O_3 par-

ticulates as reinforcement[J]. Metallurgical and Materials Transactions A,2005,36:2253-2258.

[79]　SANKARANARAYANAN S,JAYALAKSHMI S,GUPTA M. Effect of ball milling the hybrid rein-forcements on the microstructure and mechanical properties of Mg-(Ti + n -Al$_2$O$_3$) composites[J]. Journal of Alloys and Compounds,2011,509:7229-7237.

[80]　GOH C S,GUPTA M,WEI J,et al. Characterization of high performance Mg/MgO nanocomposites [J]. Journal of Composite Materials,2007,41:2325-2335.

[81]　LEE C J,HUANG J C,HSIEH P J. Mg based nano-composites fabricated by friction stir processing [J]. Scripta Materialia,2006,54:1415-1420.

[82]　NAKAMA D,KATOH K,TOKISUE H. Effect of probe shape on dispersibility of alumina particle into 6061 aluminum alloy by friction stir processing[J]. Journal of Japan Institute of Light Metals, 2011,61:95-99.

[83]　HSU C J,CHANG C Y,KAO P W,et al. Al-Al$_3$Ti nanocomposites produced in situ by friction stir processing[J]. Acta Materialia,2006,54:5242-5249.

[84]　TJONG S C,MA Z Y. Microstructural and mechanical characteristics of in situ metal matrix compos-ites[J]. Materials Science and Engineering,2000,29:49-113.

[85]　HWANG S,NISHIMURA C,MCCORMICK P G. Compressive mechanical properties of Mg-Ti-C nanocomposite synthesised by mechanical milling[J]. Scripta Materialia,2001,44:2457-2462.

[86]　LAN J,YANG Y,LI X. Microstructure and microhardness of SiC nanoparticles reinforced magnesium composites fabricated by ultrasonic method[J]. Materials Science and Engineering:A, 2004, 386: 284-290.

[87]　YANG Y,LAN J,LI X. Study on bulk aluminum matrix nano-composite fabricated by ultrasonic dis-persion of nano-sized SiC particles in molten aluminum alloy[J]. Materials Science and Engineering: A,2004,380:378-383.

[88]　CAO G,KONISHI H,LI X. Mechanical properties and microstructure of SiC-reinforced Mg-(2,4)Al-1Si nanocomposites fabricated by ultrasonic cavitation based solidification processing[J]. Materials Science and Engineering:A,2008,486:357-362.

[89]　LI X,YANG Y,CHENG X. Ultrasonic-assisted fabrication of metal matrix nanocomposites[J]. Jour-nal of Materials Science,2004,39:3212-3212.

[90]　李文珍,贾秀颖,高飞鹏. 超声分散法制备纳米 SiC 增强镁基复合材料[J]. 特种铸造及有色合金, 2008(S1):287-289.

[91]　SUSLICK K S. Application of ultrasound to materials chemistry[J]. Annual Review of Materials Sci-ence,1999,29:295-326.

[92]　SAMUELA M,GOTMARE A,SAMUEL F H. Effect of solidification rate and metal feedability on porosity and SiC/Al$_2$O$_3$ particle distribution in an Al-Si-Mg(359)alloy[J]. Composites Science Tech-nology,1995,53:302-315.

[93]　TEKMEN C,OZDEMIR I,COCEN U,et al. The mechanical response of Al-Si-Mg/SiC$_p$ composite: influence of porosity[J]. Materials Science and Engineering:A,2003,360:365-371.

[94]　AHMADS N,HASHIM J M. GHAZALI I. The effects of porosity on mechanical properties of cast discontinuous reinforced metal-matrix composite [J]. Computational Materials Science, 2005, 39: 452-466.

[95] PETTERSEN G,OVRELID E,TRANELL G,et al. Characterisation of the surface films formed on molten magnesium in different protective atmospheres[J]. Materials Science and Engineering A, 2002,332:285-294.

[96] MILLER W S,HUMPHREY F J. Strengthening mechanisms in particulate metal matrix composites [J]. Scripta Metallurgica et Materialia,1991,25:33-38.

[97] MILLER W S,HUMPHREY F J. Strengthening mechanisms in particulate metal matrix composites-rely to comments by arsenault[J]. Scripta Metallurgica et Meterialia,1991,25:2623-2626.

[98] MARY V,ARSENAULT R J. FISHER R M. An in-situ HREM study of dislocation generation at Al/SiC interfaces in metal matrix composites[J]. Metallurgical and Materials Transsactions A,1986, 17:379-389.

[99] ARSENAULT R J,SHI N. Dislocation generation due to differences between the coefficients of thermal expansion[J]. Materials Science and Engineering,1986,81:176-187.

[100] MUMMERY P M,DERBY B. In-situ scanning electron microscope studies of fracture in particulate-reinforced metal-matrix composites[J]. Journal of Materials Science,1994,29:5615-5624.

[101] ZHENGM Y,ZHANG W C,WU K,et al. The deformation and fracture behavior of SiC$_w$/AZ91 magnesium matrix composite during in-situ TEM straining[J]. Journal of Materials Science,2003, 38:2647-2654.

[102] MANOHARAN M,LEWANDOWSKI J J. In-situ deformation studies of an metal-matrix composite in a scanning electron microscope[J]. Scripta Materialia,1989,23:1802-1804.

[103] YOUC P,THOMPSON A W,BERNSTEIN I M. Proposed failure mechanism in a discontinuously reinforced aluminum alloy[J]. Scripta Materialia,1987,21:182-815.

[104] SOHN K,EUH K,LEE S,et al. Mechanical property and fracture behavior of squeeze cast Mg matrix composites[J]. Metallurgical and Materials Transactions A,1998,29:2543-2553.

[105] MAZ Y,LIU J,YAO C K. Fracture mechanism in SiC$_w$-6061 Al composite[J]. Journal of Materials Science,1991,26:1972-1976.

[106] VREELING J A,OCELIK V,HAMSTRA G A,et al. In-situ microscopy investigation of failure mechanisms in Al/SiC$_p$ metal matrix composite produced by laser embedding[J]. Scripta Materialia, 2000,42:589-595.

[107] HANDIANFARD M J,HEALY J,MAI Y M. Fracture characteristics of a particulate-reinforcd metal matrix composite[J]. J. Mate. Sc. ,1994,29:2322-2327.

[108] AGRAWAL P,SUN C T. Fracture in metal-ceramic composites[J]. Computer Science and Technology,2004,64:1167-1178.

[109] SRIVATSAN T S. Microstructure,tensile properties and fracture behaviour of Al$_2$O$_3$ particulate-reinforced aluminium alloy metal matrix composites [J]. Journal of Materials Science, 1996, 33: 1375-1388.

[110] INEMB,POLLARD G. Interface structure and fractography of a magnesium-alloy,metal-matrix composite reinforced with SiC particles[J]. Journal of Materials Science,1993,28:4427-4434.

第3章 铝基复合材料

3.1 铝基复合材料研究历史和进展

按增强体的几何形状,铝基复合材料可分为连续增强(长纤维)或非连续增强(颗粒、晶须、短纤维)复合材料(见图 3.1)。

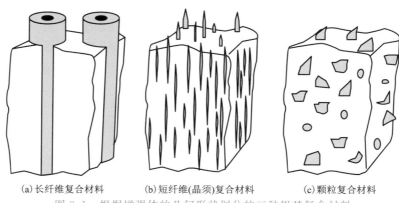

(a)长纤维复合材料   (b)短纤维(晶须)复合材料   (c)颗粒复合材料

图 3.1　根据增强体的几何形状划分的三种铝基复合材料

20 世纪 20 年代,弥散强化理论认为金属中的小粒子可以提高金属的强度,被认为是金属基复合材料发展的现代理论开端。60 年代,对长纤维增强金属基复合材料的兴趣逐渐增大,重点集中在钨、硼长纤维复合材料,基体主要为铝合金。在这些长纤维复合材料中,长纤维的体积分数达 40%～80%,金属基体的主要作用是把载荷传递和分配给纤维,因此复合材料沿纤维长度方向(轴向)的刚度和强度很高。然而由于长纤维原材料成本较高、应用领域有限,仅限于一些航空航天和军事领域,长纤维增强金属复合材料的研究在 70 年代后逐渐减少,而对非连续增强金属复合材料的研究日渐增多。80 年代后,非连续增强金属基复合材料在制备、加工和应用方面得到快速的发展,其中碳化硅增强铝基复合材料尤其受到重视,发展也最成熟。这些非连续增强铝基复合材料可以采用与金属相近的方法进行加工,获得各种型材,应用更为广泛,成本也比较低。

从 20 世纪 90 年代开始,金属基复合材料逐渐从军事国防向民用领域渗透,如今已在机械电子、交通运输、核电和体育等诸多领域实现商业化应用,在世界范围形成年产量近 5 000 t、年产值近 20 亿美元的工业部门,解决了传统金属材料难以满足的特殊应用需求,逐渐成为国民经济中的一种不可替代的基础材料,这种扩张主要归功于非连续增强金属基复合材料的发展。相比于长纤维增强复合材料,颗粒、晶须等非连续增强金属基复合材料虽然在刚度和强度等性能方面稍低,但是却提供了更好的性价比和二次塑性加工性能,满足了复杂形状构件的需求。受商业利益驱动,许多企业参与到非连续增强金属基复合材料的研发中,攻克了一系列具有挑战性的技术难题,其中包括基体与增强体之间的相容性问题、界面表征与控制问题、可调控增强体空间分布的复合技术与二次加工技术等,帮助确立了金属基复合材料作为新材料和新技术的地位。金属基复合材料要进一步扩大应用领域和市场规模,在充分发挥其可设计、结构—功能一体化等传统优势的基础上,还需要克服许多挑战,包括如何实现高可靠工业生产,如何降低成本,如何实现标准化和规模化等。

3.2　铝基复合材料的制备技术

3.2.1　长纤维增强铝基复合材料

为获得纤维损伤小、孔隙低的高性能复合材料,必须考虑增强纤维与铝合金的润湿性、反应热力学和动力学行为、纤维分布状态调控、界面特性及其演化特征等。长纤维增强铝基复合材料的制造方法主要有熔融浸润法、压力铸造法、扩散黏接法和粉末冶金法等。

1. 熔融浸润法

熔融浸润法是利用液态铝合金浸润纤维束,或将纤维束通过液态铝合金熔池,使每根纤维被熔融金属润湿后,再除去多余的金属而得到复合丝,再经挤压而制得复合材料。熔融浸润法已用于 B/Al、SiC/Al、Al_2O_3/Al-Li、Al_2O_3/Al-Mg 等长纤维增强铝基复合材料的制造。其缺点是当纤维表面呈裸露状态时,熔融铝合金容易与纤维发生物理化学作用,造成纤维结构损伤和性能下降。对纤维表面进行涂层处理,可有效地改善纤维与金属间的浸润性、调控界面反应。

2. 压力铸造法

压力铸造法是使熔融铝合金在压力作用下渗入预制件内纤维之间的孔隙,随后在降温过程中铝合金凝固从而实现与增强体的复合。在凝固过程中,需施加压力直到凝固结束。压力铸造法成功地用于制造 SiC/Al、Al_2O_3/Al、C/Al 等铝基复合材料。在压力铸造过程中,施加的压力改善了金属熔体的浸润性,提高了液体金属的凝固速率,所制得复合材料的界面结合较好,物理化学作用容易调控,铝合金晶粒细小,缩松和缩孔等缺陷密度较低。

3. 扩散黏接法

扩散黏接法是指铝箔与经表面处理后的纤维按一定的次序叠层,在真空或惰性气体条件下经高温加压扩散黏接成形,以得到铝基复合材料的制造方法。采用扩散黏接法制造的纤维增强铝基复合材料有 C/Al、B/Al、SiC/Al 等。

4. 粉末冶金法

粉末冶金法是在排列好的纤维上喷涂金属铝粉,或把铝粉分散在丙烯酸树脂(或聚苯乙烯树脂)进行涂敷,制成预浸板,将纤维交替重叠后,在真空或氩气中加压烧结(烧结温度接近铝熔点)以获得纤维增强铝基复合材料。SiC/Al、Al_2O_3/Al 和 C/Al 复合材料均可采用该方法制造。该方法的缺点是纤维损伤大,分布不均匀且含量不高。

3.2.2　晶须增强铝基复合材料

常用的晶须有碳化硅、氮化硅、硼酸铝等。晶须增强铝基复合材料的主要制造方法有挤压铸造法、粉末冶金法和喷射沉积法。

1. 压力铸造法

压力铸造法制造晶须增强铝基复合材料分两部分进行。第一步是晶须预制件的制造：首先将晶须在液体中搅拌及过滤，为了提高晶须的分散性，搅拌过程可以施加超声波处理；其次将分散后的晶须水溶液在模具中沉淀并加压成形；最后烘干，从而制成具有一定强度的预制件。预制件中晶须的含量取决于所加压力，一般晶须体积含量为 15%~25%。第二步是液态铝在高压下渗入预制件的过程，其中主要包括压铸模具和预制件的预热、液态铝浇注以及随后的加压渗透并凝固。

2. 粉末冶金法

粉末冶金法制造晶须增强铝基复合材料是将晶须与筛选后的铝合金粉末均匀混合，然后放入石墨模具里加压，最后再进行高温烧结。这样得到的复合材料通常孔隙率较大、塑性较差，一般需要进行热挤压以提高材料致密性并改善塑性。粉末冶金法的最大优点是可以很方便地控制增强体的含量。但这种方法还存在一些缺点，如设备复杂、成本较高、增强体在基体中很难分布均匀等。

3. 喷射沉积法

喷射沉积法是在一个模腔里放入铝合金，在高温下使铝合金熔化后，在模腔侧面进气口中通入氮气和晶须高压气流。晶须与熔化的铝结合后在高压下被喷射到出口的内壁上，经长时间聚集形成晶须铝复合材料锭。经这种方法制造的复合材料也必须经过热变形来降低孔隙率。这种方法在日本和美国等国家发展较早。我国在 1985 年由哈尔滨工业大学采用这种方法生产 SiC_w/ZL109 铝基复合材料。

3.2.3　颗粒增强铝基复合材料

在颗粒增强铝基复合材料制备过程中，两个重要的问题——界面反应和颗粒分布调控。控制有害界面反应采取的措施有：①根据界面反应热力学，选择合适的基体合金成分，避免有害界面反应发生；②选择合适的涂层，保护增强体颗粒不受基体合金的剥蚀；③选择合适的制备工艺与温度；④减少基体和增强体的热接触时间。针对颗粒分布均匀性问题，采用固相法时主要通过控制球磨过程，使混合粉末中颗粒分布均匀；采用液相法时主要通过控制熔体黏度获得颗粒均匀分布的复合熔体，随后控制凝固条件保障凝固过程增强体不重新偏聚。

1. 搅拌铸造法

搅拌铸造法是将增强体加入铝合金熔液中，通过搅拌使液相和固相混合均匀（经常使用电磁波震荡、机械震荡、超声波震荡等方法分散粉体），然后浇入铸型中凝固得到复合材料铸锭。这种方法的关键问题：一是将增强体均匀分布于金属熔体中，二是控制凝固过程使增强体均匀分布，三是控制基体和增强体之间的界面状态。搅拌铸造法有两种：真空搅拌铸造法和非真空搅拌铸造法。真空搅拌铸造法就是在真空状态下,采用搅拌的方法使基体熔液和增强体混合,之后进行浇注的方法。真空搅拌条件下不会引入气体,复合材料致密度较高。而非真空搅拌铸造时,容易引入气体,致使复合材料内部产生气孔。

搅拌铸造法有很多优点,如成本低、便于形成复杂形状工件、设备相对简单、能够适应批量生产。但是仍然存在一些问题,如增强体的偏聚问题、界面反应问题、增强体的体积分数受限等。

2. 压力铸造法

压力铸造法制备颗粒增强铝基复合材料是将增强体颗粒制成预制件,放入模具,再浇入基体合金熔液,随后加压,使基体熔液渗入预制件,获得复合材料铸锭。日本丰田公司采用挤压铸造法制备了 Al_2O_3 短纤维增强铝基复合材料并将其应用到汽车活塞上,这是铝基复合材料首次在工业上得到大规模应用。研究人员利用挤压铸造的方法还成功制备了碳化硅晶须与碳化硅颗粒混杂增强铝基复合材料,结果发现,晶须与纳米颗粒分布均匀,并与基体合金的界面结合良好,无界面反应物和孔洞。与基体相比,复合材料的抗拉强度和弹性模量都明显得到提高。

挤压铸造法有以下优点:生产周期短,易于批量生产;可以净近成形(制备出形状和最终制品的形状相同或相似的产品);液态金属浸渗的时间短,冷却速度快,可以降低乃至消除颗粒界面反应;增强体的体积分数可调范围大。但是挤压铸造不易制备变截面、形状复杂的制件,当浸渗或凝固压力很大时,预制件可能发生开裂或者模具的完整性遭到损坏。

3. 半固态搅熔复合法

半固态搅熔复合法是在基体铝合金处于半固态的情况下,通过搅拌使增强体颗粒和铝合金液相互碰撞,并进入到金属熔体中,达到颗粒分散的作用。由于半固态合金液具有触变特性,高速运动的 Al 液与颗粒相互碰撞,可以捕获粒子,从而使颗粒可以均匀地分布于熔体中,制备出颗粒增强复合材料。

4. 无压浸渗法

无压浸渗就是不需要外加压力,只要在控制的气氛下,通过助渗剂使合金液体渗入到增强粒子的间隙之中,从而形成复合材料。这种方法适合于制备颗粒体积分数较高的金属基复合材料。无压浸渗法成本低,工艺简单,不需要特殊的设备,也不需要对陶瓷增强粒子进行热处理。总之,和搅拌铸造法相比,熔体无压浸渗法可以制出体积分数大的复合材料,但需要严格地控制气氛和渗流过程,同时解决晶粒尺寸粗大和界面反应难以控制等难题。

5. 粉末冶金法

粉末冶金法制备颗粒增强铝基复合材料是将基体粉末和增强体粉末混合,然后进行球磨,之后在不同的工艺条件下压实并烧结混合粉末。粉末冶金法有三个步骤:粉末混合、压实和烧结。这三个步骤对最终制备的复合材料微观组织和力学性能都有直接的影响。用粉末冶金法制备的纳米 SiC 颗粒增强铝基复合材料,经实验发现,材料的组织均匀而且细小。和纯铝相比,复合材料的布氏硬度提高了 20%,电阻率提高了 456%。粉末冶金法的优点是颗粒含量容易调整,基体合金的来源广泛,允许使用几乎所有种类的增强体,坯料质量稳定。

但是粉末冶金法也存在一些问题,如成本高,一般需要二次塑性加工,工艺程序复杂,制备的周期长等。

20 世纪 60 年代末,美国的 Benjamin 首先用高能球磨法制备出氧化物弥散强化合金(ODS 合金)。高能球磨法是利用球磨机的转动或振动,使研磨介质对原料进行强烈的撞击、研磨和搅拌,将其粉碎为纳米级微粒的方法。采用高能球磨法,适当控制球磨条件可以制备出纯元素、合金或纳米复合粉末,再采用热挤压、热等静压等技术加压可制成各种块体的纳米材料制品。这种方法能制备出常规方法难以获得的高熔点金属或合金的纳米微粒及纳米复合材料。缺点是能耗大、粒度不够细、粒径分布宽、杂质易混入等。运用高能球磨法已成功地制备出多种金属—陶瓷纳米复合材料。

6. 喷射沉积法

喷射沉积法是使金属熔体和陶瓷增强体颗粒在雾化器内混合,然后被雾化喷射到水冷的模具上成形。通过喷射沉积技术制取金属基复合材料,金属熔滴和陶瓷增强体颗粒接触的时间极短,可有效地控制界面化学反应。控制工艺气氛也可以最大限度地控制氧化反应的发生。喷射沉积法应用范围广,几乎可以适用任何基体和陶瓷颗粒增强体。

7. 原位反应技术

原位反应技术是在一定的条件下,通过元素之间或者元素与化合物之间的化学反应,在金属基体内原位生成一种或几种高硬度、高弹性模量的陶瓷增强体,从而达到强化金属基体的目的。因此,原位自生增强铝基复合材料可定义为:通过在铝合金熔体中添加化学试剂,在高温下发生化学反应,生成一些硬质陶瓷相作为增强体的铝基复合材料。用原位反应技术制备的纳米氮化铝颗粒增强铝基复合材料中,原位生成的氮化铝可以为纳米级颗粒,并且均匀分布于基体内。与基体相比,纳米氮化铝颗粒增强铝基复合材料的强度、硬度和耐磨性都有较大的提高。

通过这种方法制备金属基纳米复合材料有以下优点:成本较低,颗粒在金属液的内部生成,颗粒的表面没有污染,基本上没有界面反应发生,颗粒在基体的熔体中热稳定性好,生成颗粒细小,可以获得亚微米级的颗粒。缺点是:工艺过程要求很严格,熔渣上浮难控制,容易造成夹杂,增强体的成分和体积分数不容易控制等。

3.2.4 纳米碳增强铝基复合材料

常用的纳米碳增强材料是碳纳米管和石墨烯。制备纳米相增强铝基复合材料的主要难点在于纳米增强体的充分分散和界面反应控制。纳米增强体巨大的表面积使纳米材料存在极强的团聚倾向,制得的复合材料中增强体的分布容易不均匀,这是合成纳米复合材料必须解决的首要问题。迄今为止对这一问题的研究已经取得了一定的进展,但存在过程复杂、成本较高等问题,尚没有完全实用化。

1. 粉末冶金技术制备纳米碳增强铝基复合材料

粉末冶金法比较适合于制备纳米碳增强铝基复合材料。将增强体和基体粉末混合均匀,经压制、烧结及后续处理等工序制成产品。由于在低于基体熔点的温度下进行烧结,界面反应大大减弱,增强体粒度和体积比可以大范围调整,增强体的选择余地较大,烧结后可经过进一步的挤、锻或热等静压处理提高致密化和复合材料性能。为了提高混合粉末的压制性和烧结收缩率,提高烧结坯的致密性,可以在合金中添加较多的液相烧结组元。采用粉末冶金法制备纳米碳增强铝基复合材料时,需要解决的关键问题是要控制好碳纳增强相与基体铝发生界面反应。如果控制好界面反应,复合材料的综合力学性能将得到很大提升。例如:单壁碳纳米管增强铝基铝复合材料的硬度可以达到 2.89 GPa,比相同工艺条件下制备的纳米铝合金提高了 178%。

2. 原位反应技术制备纳米碳增强铝基复合材料

用原位反应技术制备纳米碳增强铝基复合材料包括:利用液—固、固—固之间的化学反应原位生成金属基复合材料的反应机械合金化(RMA)原位复合技术、反应热压法(RHP)和内氧化工艺(IO)等。原位复合的原理是:根据材料设计的要求选择适当的反应剂(气相、液相或固相),在适当的温度下借助于基材之间的物理化学反应,原位生成分布均匀的第二相(或称增强体)。由于原位复合技术基本上能克服其他工艺通常出现的一系列问题,如克服基体与第二相或与增强体浸润不良,界面反应产生脆性层,第二相或增强体分布不均匀,特别是微小的(亚微米级和纳米级)第二相或增强体极难进行复合问题等,因而在开发新型金属基纳米复合材料方面具有巨大的潜力。例如一种简单易行的碳纳米管增强金属基复合材料的原位反应合成方法过程是:先将碳纳米管在水中超声分散,然后添加线性聚乙烯胺(PEI),利用机械搅拌加超声波处理使它们均匀混合,最后添加 $HAuCl_4$ 溶液,将得到的混合溶液在 60 ℃加热 20 min,再利用水洗和离心处理得到反应产物,最后对得到的粉体致密化形成复合材料。这个过程中 PEI 对碳纳米管起到了活性剂的作用,而对 Au 纳米粒子的形成又充当了反应剂。

3. 快速凝固技术制备纳米碳增强铝基复合材料

快速凝固对细化金属晶粒有着显著的效果,可以获得与传统材料性能迥异的新型材料,有望能解决材料科学中的某些难题。国内外学者采用快速凝固技术制备了一些高性能纳米金属基复合材料。有研究表明,利用粒度 200 μm 左右的金属细粉,将碳纳米管和金属细粉均匀混合后,在真空炉内干燥 5 h 后压制成块体坯料,将坯料放入石英管中,在高纯氩气保护下感应加热使其熔化,最后在铜模中快速凝固铸成一个铸锭,得到碳纳米管增强金属复合材料。

4. 其他制备方法

如采用离子喷射成型制备碳纳米管增强 6061 铝基复合材料。该方法的特点是碳纳米增强相与铝合金基体保持良好的界面结合状态,碳纳米增强相和铝之间没有发生化学反应形成铝碳碳化物,复合材料的硬度比基体明显提高。哈尔滨工业大学采用湿法成型制备了碳纳米管与铝粉混合粉末,通过冷等静压、热挤压制备了不同体积分数的碳纳米管增强 2024 铝基复合材料。随着碳纳米管含量的增加,复合材料的硬度、抗拉强度、弹性模量和屈服强度升高;当碳纳米管的体积分数为 2.1% 时,上述性能达到最大值。碳纳米管体积分数小于 2.1% 时,复合材料的断裂主要是碳纳米管的拔出或断裂,拔出长度很短,伴有碳纳米管的桥接现象;碳纳米管含量增加,拔出或断裂数量增加;碳纳米管体积分数达到 4.2% 时,断裂主要以碳纳米管的脱粘和拔出为主,拔出长度很长。研究表明,碳纳米管在铝基复合材料中的强化机制中,对第二相强化和细晶强化贡献较大,而对位错强化贡献较少。

3.3 铝基复合材料的塑性成形

相对于长纤维增强铝基复合材料,非连续增强铝基复合材料具有成本较低、制备工艺简单灵活、各向同性等优点,而且所添加的颗粒或晶须等增强体可以在不发生损伤的情况下协同基体合金的塑性变形,使得非连续增强铝基复合材料在一定条件下可进行塑性成形。对颗粒增强铝基复合材料,通常在颗粒体积分数不大于 40% 时可以进行挤压、轧制和锻造等传统的热塑性变形加工。然而,在热加工过程中,添加的增强体导致材料变形抗力增大,增强体与基体之间的载荷分布不均匀,导致在应力集中位置易于形成孔洞、界面脱粘、增强体断裂和基体萌生裂纹等内部损伤。因此,非连续增强铝基复合材料相对于铝合金,可加工性能显著下降。若热加工工艺选择不当,复合材料制品中很容易产生缺陷,如锻件内部和表面裂纹、轧制板材和挤压棒材的开裂、增强体颗粒带偏聚等。

热变形行为一直是非连续增强铝基复合材料研究关注的重点问题。除了避免开裂、孔洞等缺陷形成外,通过塑性变形调控复合材料中的增强体分布和晶粒形态等,是获得高性能复合材料产品的基础。20 世纪 80 年代开始,对非连续增强复合材料的热变形行为开展了大量研究,为复合材料的成形加工提供了基础指导。但复合材料在变形过程中的组织演化行为复杂,因此对其热变形行为的研究方法仍在不断改进中,以提高复合材料的性能。

非连续增强复合材料在热加工后增强体分布和基体合金组织结构都会发生改变,导致物理、力学性能变化。在复合材料的塑性流动过程中,增强体与基体之间的载荷分布极不均匀,同一增强体周围不同位置的基体应力状态也有可能差异很大,而塑性变形在应力最大的位置优先发生,这将导致复合材料热加工过程中很容易在应力集中的位置发生界面脱粘、增强体断裂,并在基体中形成孔洞、裂纹等损伤。因此控制金属基体不发生快速加工硬化,可以避免过早在增强体附近形成损伤,而且能降低基体流变应力来减小对增强体本身的损伤。

3.3.1 铝基复合材料塑性成形的特点

前面已经说明,非连续增强铝基复合材料可进行塑性成形;而连续增强铝基复合材料在塑性成形时长纤维的断裂会严重降低材料性能,一般净近成形,不进行塑性成形。与铝合金相比,铝基复合材料具有更高的比强度、比刚度、耐磨性和低的热膨胀系数等优异性能。然而,增强体的加入限制了复合材料变形过程中位错的滑移,进而降低了复合材料的延伸率和塑性变形能力。此外,由于铝合金基体与陶瓷增强体变形能力不同,铝基复合材料变形过程中金属基体与增强体变形协调性差,从而在增强体周围特别是棱角处易出现应力集中诱发的微裂纹,导致复合材料在应变量低的情况下就发生断裂。

挤压、轧制、锻造是常见的塑性成形方式。与铝合金的塑性变形相比,铝基复合材料的塑性变形有其自身的特点,主要表现在:铝基复合材料的塑性变形抗力较大,需要更高的变形温度,回复和再结晶行为有较大差异,此外还应考虑塑性变形对铝基复合材料中增强体分布及界面状态的影响。

对铝基复合材料来讲,塑性成形是消除缺陷以及材料加工成形的手段,更是一种调控增强体分布状态、增强体/基体界面状态以及基体显微组织的有效手段。因此,铝基复合材料塑性成形工艺的制定,应全面考虑增强体对复合材料变形过程的影响,以期获得理想的复合材料显微组织和性能。一般认为,增强体的加入可显著提高复合材料的变形抗力,并降低复合材料的塑性。因此,铝基复合材料塑性成形工艺应采用相比于铝合金更高的温度及更低的应变速率。此外,增强体的存在可促进变形过程中动态再结晶形核,有利于细化组织,有望在低应变速率下获得铝合金在高应变速率下才能获得的细小组织。

一般情况下,复合材料变形后材料中存在锻造流线。若变形量过大,复合材料中的增强体易在锻造流线处聚集,形成聚集带,从而导致材料力学性能的降低。塑性变形过程有利于改善增强体与基体间的界面结合,但当变形量过大时,有可能会造成增强体/基体界面脱粘或者增强体严重破碎,从而在复合材料中引入新的缺陷,反而降低材料的性能。因此,在制定铝基复合材料塑性成形工艺参数时需充分考虑复合材料中增强体的尺寸和含量等对复合材料变形抗力及动态再结晶行为的影响等因素,保证获得合适的显微组织并避免在材料中引入新的缺陷。

3.3.2 不同种类铝基复合材料的塑性成形性能

对非连续增强铝基复合材料,按照增强体添加方式可将铝基复合材料分为外加复合材料和原位自生复合材料;按照增强体尺寸可将铝基复合材料分为微米、亚微米及纳米铝基复合材料。一般来讲,与外加式复合材料相比,原位自生铝基复合材料往往具有更好的界面结合,从而可有效抑制复合材料塑性加工过程中增强体与铝合金基体的界面开裂,提高复合材料的塑性成形性能。此外,增强体尺寸对复合材料塑性成形性能的影响也比较明显。随着增强体尺寸的增大,复合材料变形能力逐渐降低。因此,这里着重介绍不同增强体尺寸的铝基复合材料及塑性成形性能。

1. 含微米尺寸增强体的铝基复合材料塑性成形性能

微米尺寸增强体铝基复合材料是最先开展相关研究的铝基复合材料。常见的微米增强体包括碳化硅、氧化铝、氧化钛、碳化钨、硼化钛及碳化硼等。在微米尺寸增强体铝基复合材料中,变形过程中易发生增强体断裂及增强体/界面脱粘现象,导致复合材料的失效。为此,与铝合金相比,往往需要采用更高的塑性成形温度、更低的应变速率及更小的变形量。

微米尺寸增强体铝基复合材料塑性成形过程中应避免产生严重的增强体富集现象。塑性变形量的大小将影响变形流线的分布以及微米级增强体在变形流线的聚集情况。为保证塑性变形后铝基复合材料具有优异的力学性能,应依据变形后的显微组织,对复合材料的最终变形量进行优化调控,确保塑性变形后材料中不出现严重的微米增强体团聚。

2. 含亚微米尺寸增强体的铝基复合材料塑性成形性能

与微米级增强体相比,亚微米颗粒增强铝基复合材料能在获得弹性模量及强度提升的基础上,保证复合材料具有较好的延伸率。但由于亚微米尺寸增强体拥有更大的比表面积,制备过程中更易发生团聚,团聚的形成往往使复合材料性能急剧降低,因此很难制备高体积分数的亚微米复合材料。

仍然以锻造塑性成形为例进行说明。从锻造工艺而言,亚微米级颗粒或晶须增强铝基复合材料的锻造工艺更接近于铝合金,拥有比微米级颗粒或纤维增强铝基复合材料更宽的安全加工区间。此外,随着增强体尺寸的减小,锻造过程中颗粒的破碎现象也随之减少。考虑到锻造后复合材料中亚微米颗粒或晶须团聚的问题,锻造的变形量应结合锻后显微组织进行优化设计。

3. 含纳米尺寸增强体的铝基复合材料塑性成形性能

随着纳米颗粒、碳纳米管、石墨烯等一系列纳米尺寸增强体制备技术的发展和制备成本的降低,采用纳米尺寸增强体的铝基复合材料发展迅速。与微米级和亚微米级增强体相比,纳米尺寸增强体的添加能更有效地发挥弥散强化作用,显著提高复合材料的屈服强度。另外,由于纳米尺寸增强体颗粒的尺寸较小,不会明显降低复合材料的塑性,因此,纳米尺寸增强体铝基复合材料往往可获得良好的强度与塑性匹配。

就塑性成形工艺来讲,由于复合材料拥有与合金相当的塑性变形能力,但强度显著提高。因此,纳米增强体铝基复合材料应采用与铝合金相比更高的变形应力、相当的变形速率及稍高的变形温度。

4. 原位自生铝基复合材料的塑性成形性能

采用原位反应技术制备的铝基复合材料也被称为原位自生铝基复合材料。与外加增强体铝基复合材料相比,原位自生铝基复合材料中,增强体的尺寸、分布和数量可通过改变合成原料加入量、合成温度和时间等条件进行调控,因此增强体分布相比外加增强体更加均匀,并且增强体/基体间往往具有更好的界面结合。

在塑性变形工艺上,原位自生铝基复合材料在变形时要考虑增强体尺寸、分布及与基体的界面结合状态。值得注意的是,鉴于原位自生复合材料中的增强体是通过化学试剂与铝合金基体反应获得的,在变形前的加热和变形过程中,增强体颗粒在高温、高应力状态下有可能会与基体发生二次化学反应;另外变形过程中破碎的增强体还可能发生球化,进而减小棱角造成的应力集中,这对变形后复合材料性能的提升是有利的。

3.3.3 铝基复合材料典型加工成形技术

上面给出了铝基复合材料的成形加工性能情况,这里就研究和生产中常见的成形加工技术进行简要描述。众所周知,铝基复合材料中增强体具有高强度、高刚度、高硬度的特点,因此复合材料的塑性往往低于基体合金,二次加工性能比基体合金困难许多,其二次成形加工要考虑以下因素:①增强体在金属基体中非均匀分布形成的团聚现象,会造成加工过程中在团聚区域的应力集中,致使复合材料发生损伤;②加工过程不能造成各组分的性能下降或失效,例如基体合金过烧、增强体开裂和界面脱粘等;③避免不利化学反应的发生,如合金氧化、强界面反应等;④加工方法需要适合批量生产,提高材料利用率,直接净近成形,充分利用传统的二次加工设备,并降低加工成本。

1. 热挤压和热轧制

非连续增强金属基复合材料的优势之一是可以利用常规的热加工方法进行二次加工,包括热挤压、热轧制等,其中以热挤压加工型材最为普遍。但是由于复合材料的塑性相对较低,热挤压和热轧制工艺参数需要严格控制。比如复合材料轧制板材的边缘易产生裂纹,挤压棒材的表面易产生裂纹,需要通过工艺参数或纯铝包覆挤压加以解决。

2. 等温锻造

铝基复合材料的锻造工艺核心是变形温度、变形速率及变形量。锻造工艺决定铝基复合材料的基体组织和增强体分布状态。在等温锻造过程中,复合材料在恒温条件下加热,基体合金的晶粒持续长大。在同样的变形速率下,变形量越小加热时间越短,反之变形量越大加热时间越长。因此变形量大的工艺,加热持续时间更长,这促使晶粒更粗大。不同温度等温锻造后,基体合金的晶粒尺寸变化不明显。对于纯金属而言,锻造温度越高,晶粒将会越粗大。但是,铝基复合材料的锻造温度区间狭窄,并且由于复合材料中引入的硬质增强体可以阻碍基体金属晶粒长大,因此铝基复合材料晶粒尺寸随锻造温度提高增加不明显。变形速率对基体合金晶粒尺寸存在明显的影响:变形速率越大晶粒越小。在加工过程中,金属基体发生了动态回复、动态再结晶,增强体可成为动态再结晶晶粒的形核点。因此,在变形速率较大时,发生动态再结晶过程,形成很多细小的晶粒,由于整个加工过程迅速完成,形成的小晶粒被保留下来。在变形速率较小时,加工过程缓慢,再结晶发生了晶粒长大现象,容易形成粗大晶粒。此外锻造可弥合复合材料中的孔洞、缩松等缺陷,提高复合材料致密度及力学性能。

3. 高应变速率超塑性成形

金属的高应变速率超塑性现象的研究始于1920年。超塑性是材料在拉伸条件下,表现出异常高的延伸率而不产生颈缩断裂的现象。一般认为当延伸率大于200%并且应变速率敏感指数 $m>0.3$ 时,材料即具有超塑性。铝基复合材料超塑性的研究始于20世纪80年代。在其后的三十多年间,美国、日本、中国等国家不断丰富和发展铝基复合材料的超塑性研究理论和工业应用技术,特别是开发了高应变速率超塑性(HSRS)的铝基复合材料的成形工艺技术。

4. 铝基复合材料的焊接

由于陶瓷增强体与基体合金性能的巨大差异,给铝基复合材料的焊接带来了很大困难,限制了复杂形状构件的设计,成为其应用的严重障碍。20世纪80年代以来,各种焊接技术被尝试用于焊接铝基复合材料。在氩弧焊过程中,增强体与基体会发生剧烈反应,形成有害的脆性相,并在焊缝区产生增强体偏聚、气孔等缺陷,导致接头性能降低。在激光焊接过程中,虽然其加热区很小,但是仍然会出现氩弧焊中类似的问题,导致焊缝质量较差。其他焊接技术如摩擦焊、钎焊、瞬间液相扩散焊等也被用于铝基复合材料的焊接,也发现存在一些问题需要解决,比如摩擦焊接时,增强体颗粒的破碎会降低焊缝的强度。

进入21世纪后,一些新的焊接技术,如电子束焊、液相冲击扩散焊、搅拌摩擦焊(FSW)

等被用于焊接铝基复合材料。特别是 FSW 作为一种新型固态焊接技术,可以获得性能良好的接头,成为近年来研究的热点,并在工业领域开始应用推广。相比于铝基复合材料比较成熟的制备和塑性成形技术,其焊接技术仍需取得更大突破。今后需进一步研制复合材料专用焊接工艺与技术装备,实现铝基复合材料的高质量焊接。

5. 半固态成形

半固态金属成形技术是一种固液共存的加工成形方法。它是利用金属在凝固过程中或在固体熔化成液态的过程中都要经历既存在固态又存在液态的状态(即半固态),而这种半固态浆料由于液相的存在,在压力下流动性好,因此可进行压力加工获得所需的复杂形状的制件。半固态成形技术具有对模具磨损减轻,凝固时收缩少,可近终成形,机加工量小,生产成本低等优点。但是,半固态成形技术难以实现机械化及自动化,对技术要求较高;增强体在加工过程中的均匀分布也需要控制。

半固态成形技术中,半固态区间的固-液熔体的黏度对成形和最终材料的性能有很大影响。与基体合金相比,在相同温度下,增强体的加入增加了总固相率,提高了熔体的黏度。温度是影响固相率的主要因素,此外在确定固-液加工工艺时,还需要考虑成形速度、压力等参数。

6. 机械加工

因为陶瓷增强体的硬度高,致使刀具磨损快、切削力大,增强体的加入导致铝基复合材料的切削加工变得困难,特别是精密和超精密切削更困难。

通过聚晶金刚石刀具对晶须增强铝基复合材料的超精密切削试验,并用原子力显微镜对加工表面的微观形貌进行检测分析证明,铝基复合材料的加工表面粗糙度值可以达到超精密级 $Ra0.01~\mu m$,但仍然比铝基体材料的表面粗糙度值大一级。对 SiC_w/Al 复合材料的精密切削研究表明,采用单晶金刚石刀具可以实现铝基复合材料的镜面加工。随切削速度的提高和进给速度的降低,复合材料切削表面粗糙度下降。切削深度对复合材料切削表面粗糙度影响不大。随切削速度的提高,进给速度的下降以及切削深度的增加,复合材料切削表面残余应力值下降。

采用高速钢钻头、氮化钛涂层钻头、硬质合金钻头和深冷处理高速钢钻头,分别对铝基复合材料进行钻削试验,发现钻头磨损主要发生在后刀面,磨损原因是磨料磨损;通过扫描电镜可以看到,钻头后刀面上存在与切削速度方向一致的磨损沟,钻头横刃、外缘处也有磨损。钻削晶须增强铝基复合材料的孔表面粗糙度值比颗粒增强铝基复合材料的要低很多。刀具耐用度以硬质合金钻头较好,氮化钛涂层、深冷处理钻头次之,高速钢钻头最差。在一般孔加工质量的技术要求条件下,修磨横刃的硬质合金钻头完全能替代金刚石钻头。钻削晶须复合材料时,为避免轴向力过大而引起大面积掉渣,损伤被加工孔的质量,可采用金属垫板的方法或者在孔快钻透时减小进给量。

3.4　铝基复合材料的工程应用

铝基复合材料由于具有轻质、高模量、高强度、低热膨胀等优点,特别是具有可设计性,早期率先在航天国防等领域取得了应用突破。1979 年美国采用铝基复合材料制造航天飞机主梁。1983 年丰田汽车公司成功应用氧化铝短纤维制造柴油发动机活塞内衬套,减重近10%,耐磨性和热疲劳寿命显著提高,年产量超过百万件。2000 年我国实现了晶须增强铝基复合材料在超高频(UHF)卫星天线展开机构方面的成功应用,满足了卫星结构件对轻质、高刚度、高尺寸稳定性材料的需求;随后国内铝基复合材料的应用领域和规模不断扩大。

根据美国商业资讯公司(BCC)的调查结果,2008 年世界金属基复合材料市场总量达到4 400 t,形成了上百家各具特色的公司,如 DWA 公司的粉末冶金铝基复合材料、Alcan 公司的铸造铝基复合材料和 CPS 公司的热封装基板复合材料等。2000 年以来全球市场保持 5%左右的年增长率。根据应用领域不同,应用市场可细分为陆上运输、电子/热控、航空航天、工业、消费产品等 5 个部分。其中,陆上运输(包括汽车和轨道车辆)和电子/热控(高附加值散热组件)占主导地位,用量占比分别超过 60%和 30%。预计 2025 年全球铝基复合材料应用规模超过 10 000 t。

随着能源和环境问题日益严峻,世界各国实行越来越严格的燃油效率标准和尾气排放标准,这迫使各汽车生产商采用轻质的金属基复合材料取代铸铁和钢,以实现汽车轻量化的目标。一般认为,汽车质量每降低 10%,燃油经济性就提高 5%。而对于成本极端计较的汽车市场,唯一能接受的只有铝基复合材料。无论传统的燃油汽车,还是混合动力车,铝基复合材料主要被用于那些需要耐热耐磨的发动机和刹车部件,如活塞、缸套、刹车盘和刹车鼓等;或者被用于那些需要高强高模量运动部件,如驱动轴、连杆等。在陆上运输领域消耗的复合材料中,驱动轴的用量超过 50%,汽车和列车刹车件的用量超过 30%。

与传统的钢或铝合金驱动轴相比,铝基复合材料驱动轴可承受更高的转速,同时产生较小的振动噪声。典型的 $Al_2O_{3p}/6061Al$ 复合材料的比模量明显高于钢或铝,因此大型客车和卡车可采用较长的单根复合材料驱动轴而无须增大轴径和质量。事实上,用单根复合材料驱动轴取代传统的二件式钢轴总成及所必需的支撑附件,减重效益高达 9 kg。刹车件是铝基复合材料用量增长最快的部分,年增长率超过 10%。相对于铸铁和钢,Al_2O_3 或 SiC 颗粒增强铝基复合材料用作刹车材料的优势在于高达 50%~60%的减重效益及高耐磨、高导热等性能特点,可使惯性力、油耗和噪声都得到下降。美国汽车三巨头克莱斯勒、福特、通用均在新车型中采用铝基复合材料刹车盘和刹车鼓,例如通用在 2000 年发布的混合动力车Precept,前后轮均装配采用 Alcan 公司铝基复合材料制造的通风式刹车盘,该刹车盘质量不到原来铸铁刹车盘的一半,而热传导率却是原来的 3 倍多,并消除了刹车盘和刹车鼓之间的腐蚀问题。德国 ICE 列车也采用铝基复合材料刹车盘。ICE 列车的刹车系统原来采用的是4 个铸铁刹车盘,每个质量达 126 kg。替换为 $SiC_p/AlSi7Mg$ 颗粒增强铝基复合材料刹车盘后,每个质量仅为 76 kg,带来很好的减重效益。

电子/热控领域也是重要的铝基复合材料市场。Cu-W 和 Cu-Mo 等第一代热管理材料仍然占据着市场主导地位。但是,微波电子、微电子、光电子和功率半导体器件的微型化及多功能化对热管理特性提出了更高要求,需要低密度、高导热、与半导体及芯片材料膨胀匹配、能够达到最优功率密度的新型基板和热沉材料。以 SiC/Al 复合材料为代表的第二代热管理材料,密度仅为 Cu-W 和 Cu-Mo 的 1/5,可提供高热导率[180~200 W/(m·K)]及可调的低热膨胀系数,为电子封装提供了高度可靠且成本经济的热管理解决方案。SiC/Al 复合材料主要用作微处理器盖板/热沉、倒装焊盖板、微波及光电器件外壳/基座、高功率衬底、IGBT 基板、柱状散热鳍片等。在电子/热控领域中,SiC/Al 复合材料用量最大的是无线通信与雷达系统中的射频与微波器件封装,其次是高端微处理器的各种热管理组件,包括功率放大器热沉、集成电路热沉、印刷电路板芯板和冷却板、芯片载体、散热器、整流器封装等。

用于军机和民机的金属基复合材料主要是铝基和钛基复合材料。DWA 公司采用挤压态 SiC_p/6061Al 复合材料,替代原有的 7075T6 态铝合金挤压件,用于机载电气设备支架,减重达 17%。此外,SiC 铝基复合材料在航天领域也已经过实用验证,例如波导天线、支撑框架及配件、热沉等。此外,Saffil 纤维增强铝基输电线缆、B_4C 颗粒增强铝基复合材料作为中子吸收材料等也成为重要应用增长点。据报道,3M 公司开发的氧化铝纤维增强铝基复合材料(Saffil/Al)导线,可用于取代现有铝绞线的钢芯,经测试比强度提高 2~3 倍,电导提高 4 倍,热膨胀降低一半,腐蚀性也降低。虽然新型导线的价格较贵,但是支撑塔成本可降低 15%~20%、输电能力提高、电耗降低。B_4C_p/Al 复合材料具有优异的中子吸收性能,是唯一可用于废核燃料贮存和运输的金属基复合材料。多种 B_4C_p/Al 复合材料获得美国核能管理委员会(NRC)核准,可以用于制造核废料贮存桶的中子吸收内胆和废燃料棒贮存水池的隔板等。

3.5　铝基复合材料的发展预测

以用量计算,美国、欧洲、日本是位列前三的消费大国,超过总量的 2/3 为其所用。我国少数单位也具有小批量的配套能力,为国防、军工和经济建设提供有力的支撑,然而需要尽快完善产业及行业标准体系,方能快速提升工业部门对铝基复合材料的认可度和信任度。随着我国在空间技术、航天航空、高速交通、通信电子等领域的综合实力提升,对高性能金属基复合材料的需求日益增加。由于金属基复合材料特殊的国防应用背景,国外对核心技术和产品严格保密。为了避免受制于人,必须尽快提升我国创新科研水平以及自主生产和应用水平。

3.5.1　构型化结构设计和制造技术

在金属结构材料中,强度是衡量金属材料性能的重要指标。然而大多数情况下,随着金属材料强度的提高,塑性和韧性下降,强度与塑性(或韧性)呈现明显的倒置关系,这种倒置关系在铝基复合材料中非常明显。复合化可以充分发挥各组元的分布、含量等的可设计性,有望在金属结构材料的高强韧化上取得突破。国内外材料科学家在复合材料构型设计强韧化金属结构材料方面做了一些探索研究,发现增强体在复合材料中呈现网状、双连通、层状、梯度等分布时,复合材料能够充分发挥金属复合材料(包括金属基复合材料和金属/金属复合材料)的性能潜力,实现性能指标的优化配置。其中,层状结构的金属复合材料由于构型相对简单,制备方法多样而备受关注。从层间厚度尺寸上分,主要包括纳米层状结构复合材料和微米层状结构材料。20 世纪 80 年代末 90 年代初微米层状结构金属/金属复合材料被广泛地研究,在复合材料的强化机制上获得了较为明确的结果,但塑性方面的数据较为分散,缺乏塑性变形行为的细致研究。2000 年以来,随着材料制备加工与表征技术的发展,层状金属复合材料的研究又成为研究热点。受仿生贝壳结构启发,美国加州大学采用冰冻铸造法,利用陶瓷浆料的定向凝固预先制备陶瓷骨架,然后浸渗 Al-Si 共晶合金,制备了 Al_2O_3/Al-Si 微米层状复合材料,展示出层状复合构型设计的优势。德国埃朗根纽伦堡大学、中科院金属所通过轧制复合或叠轧法制备微米层状铝合金或铜复合材料,获得了高强韧性复合材料,证实层状结构设计能够避免复合材料塑性失稳。上海交通大学提出控制各组元(基体、增强体等)的分布状态进行复合构型设计,实现了金属结构材料的"构型强韧化",并利用层片粉末冶金方法制备了较大尺寸的高强韧纳米层状铝基复合材料,有望将纳米层状复合材料推向实用化。哈尔滨工业大学也通过粉末冶金制备了高韧性的 Ti-(SiC_p/Al)层状复合材料。

构型复合材料研究还需要强有力的制备技术配合。制备特殊构型复合材料基本沿用传统金属工艺,制备流程较长。此外,相比自然界某些特殊构型复合材料的高强韧特点,人造构型所获得的改善效果还有待提升。如果能发展新型的一体化制备成形技术,在实现高性能复合构型同时成形为器件,必将给复合材料发展带来里程碑意义的突破。

3.5.2　结构功能一体化的铝基复合材料

随着科学技术的发展,对金属材料的使用要求不再局限于机械性能,而是要求在多场合服役条件下具有结构功能一体化和多功能响应的特性。在金属基体中引入的颗粒、晶须、纤维等异质材料,既可以作为增强体提高金属材料的机械性能,也可以作为功能体赋予金属材料本身不具备的物理和功能特性。典型的结构功能一体化铝基复合材料有以下几种:

(1)高效热管理铝基复合材料。随着微电子技术的高速发展,微处理器及半导体器件的最高功率密度已经逼近 1 000 W/cm^2,在应用中常常因为过热而无法正常工作。散热问题已成为电子信息产业发展的技术瓶颈之一。新一代电子封装材料的研发主要以高热导率的碳纳米管、金刚石、高定向热解石墨作增强体。其中,金刚石可以人工合成且不存在各向异性,将金刚石与 Cu、Al 等高导热金属复合可以克服各自的不足,可望获得高导热、低膨胀、低密度的理想电子封装材料。

(2)低膨胀铝基复合材料。低热膨胀复合材料具有优异的抗热冲击性能,在变温场合使用时能够保持尺寸稳定性,因此在航天结构件、测量仪表、光学器件、卫星天线等工程领域具有重要的应用价值。据研究报道,在金属基体中添加具有较低热膨胀系数、甚至负热膨胀系数的增强体作为调节热膨胀系数的功能组元,例如 β-锂霞石($Li_2O \cdot Al_2O_3 \cdot 2SiO_2$)、钨酸锆($ZrW_2O_8$)、准晶($Al_{65}Cu_{20}Cr_{15}$)等,可以有效地降低复合材料的热膨胀系数。相信随着研究的逐渐深入和完善,这种近零膨胀的金属基复合材料很快将成功应用于实践。

(3)高阻尼铝基复合材料。在实际应用中,不但要求高阻尼材料具有优异的减振与降噪性能,而且要求轻质、高强等结构性能。然而,二者在金属及其合金中通常是不兼容的。因此复合化成为发展高阻尼材料的重要途径,即通过引入具有高阻尼性能的增强体,使增强体和金属基体分别承担提供阻尼与强度的任务。目前关注较多的高阻尼增强体有:粉煤灰空心微球、形状记忆合金(TiNi,Cu-Al-Ni)、铁磁性合金、压电陶瓷、高阻尼多元氧化物($Li_5La_3Ta_2O_{12}$)、碳纳米管等。

3.5.3 铝基复合材料的绿色制造

铝基复合材料的再生与回收问题尚未完全解决。受资源可回收利用和环境保护意识等可持续发展目标的影响,铝基复合材料的再生与分离研究备受关注,是复合材料大规模实用化进程中必须解决的问题。

参考文献

[1] 克莱因,威瑟斯. 金属基复合材料导论[M]. 余永宁,房志刚,译. 北京:冶金工业出版社,1996:1-10.

[2] 魏少华. 15%SiC_p/2009Al 复合材料的热变形行为及加工图[J]. 稀有金属,2016(8):770-775.

[3] NARAYANA MURTY S. On the hot working characteristics of 6061Al-SiC and 6061-Al_2O_3 particulate reinforced metal matrix composites[J]. Composites Science and Technology,2003,63:119-135.

[4] 张建平. TiB_2/7055Al 原位合成铝基复合材料高温变形行为与热加工性能[J]. 稀有金属材料与工程,2009(S1):19-24.

[5] 焦雷. 锻压对原位 Al_3Ti/6063Al 复合材料微结构及摩擦磨损性能的影响[J]. 稀有金属材料与工程,2016(9):2391-2396.

[6] CESCHINI L,MINAK G,MORRI A. Forging of the AA2618/20vol% Al_2O_{3p} composite:Effects on microstructure and tensile properties[J]. Composites Science and Technology,2009,69:1783-1789.

[7] BHARATHESH T P. Effect of hot forging on mechanical characteristics of Al6061-TiO_2 metal matrix composite[J]. Materials Today:Proceedings,2015(2):2005-2012.

[8] CESCHINI L. Forging of the AA6061/23vol% Al_2O_{3p} composite:Effects on microstructure and tensile properties[J]. Materials Science and Engineering:A,2009,513/514:176-184.

[9] 朱敏华,热处理与锻造对原位 Mg_2Si/Al 复合材料组织及性能的影响[J]. 热加工工艺,2014,24:125-128.

[10] BADINI C. Forging of 2124/SiC_p composite:preliminary studies of the effects on microstructure and strength[J]. Journal of Materials Processing Technology,2001,116(2/3):289-297.

[11] 陈雷. (W+CeO_2)$_p$/2024Al 复合材料锻造性能研究[J]. 兵器材料科学与工程,2008(06):24-27.

[12] 王宏坤,黄洁雯,吴锵. SiC_p/ZL102 复合材料的半固态流动变形性能[J]. 中国有色金属学报,2002(4):774-778.

[13] JIANG J. Large cold plastic deformation of metal-matrix composites reinforced by SiC particles[J]. Journal of Materials Science Letters,1993,12:1519-1521.

[14] HE W. Microstructure and mechanical properties of an Al/SiC_p composite cold die forged gear[J]. Materials and Design,1996,17:97-102.

[15] 范同祥,施忠良,张荻,等. 金属基复合材料再生与回收研究现状[J]. 材料导报,1999(5):49-51.

[16] 许晓静. SiC 晶须增强纯铝基复合材料的高应变速率超塑性[J]. 江苏理工大学学报(自然科学版),1999(2):55-58.

[17] 祝汉良.高应变速率超塑性研究的新进展[J].航空制造技术,2000(05):11-14.

[18] 胡会娥.金属基复合材料的高应变速率超塑性[J].材料科学与工艺,2003(11):406-409.

[19] 谢贤清,张荻,范同祥.网络互穿结构复合材料的研究进展[J].功能材料,2002(1):22-25.

[20] 邓春锋,马艳霞,薛旭斌,等.碳纳米管增强2024铝基复合材料的力学性能及断裂特性[J].材料科学与工艺,2010(18):229-232.

[21] 张学习,崔宝江,王德尊.SiC$_w$/Al复合材料力学性能分散性[J].稀有金属材料与工程,2007(S3):146-149.

[22] 张学习,王德尊,姚忠凯.铝基复合材料凝固成核的差示扫描量热法(DSC)研究[J].复合材料学报,2003(4):18-22.

[23] 刘瑞锋,李爱滨,耿林.晶须增强铝基复合材料的热压缩变形行为研究[J].材料科学与工艺,2005(5):35-37.

[24] 耿林,李爱滨,范学嘉.晶须转动对铝基复合材料热压缩变形行为的影响[J].材料科学与工艺,2004(1):61-63.

[25] 张雪囡,耿林,王桂松.热挤压对SiC$_w$·SiC$_p$/2024Al组织与性能的影响[J].材料科学与工艺,2004(5):482-485.

[26] 王桂松,耿林,王德尊,等.反应热压(Al$_2$O$_3$+TiB$_2$+Al$_3$Ti)/Al复合材料的低周疲劳行为[J].复合材料学报,2004(4):118-123.

[27] 张雪囡,耿林,郑镇洙,等.SiC$_w$和纳米SiC$_p$混杂增强铝基复合材料的制备与评价[J].中国有色金属学报,2004(7):1101-1105.

[28] 耿林,王桂松,孟庆昌,等.SiC$_w$/LD2Al复合材料超塑变形协调机制的研究[J].材料科学与工艺,2001(3):225-228.

[29] 王桂松,张杰,耿林,等.金属基复合材料的高速超塑性[J].宇航材料工艺,2001(2):13-18.

[30] 王桂松,耿林,郑镇洙,等.液-固两相区压缩变形对SiC$_w$/6061Al复合材料组织和性能的影响[J].复合材料学报,2000(4):58-62.

[31] 王桂松,耿林,郑镇洙,等.液-固两相区压缩变形速率对SiC$_w$/6061Al复合材料组织和性能的影响[J].材料工程,2000(7):37-39.

[32] ZHANG X X,WANG D Z,DING D Y. Numerical simulation of unidirectional infiltration of silicon carbide preforms[J]. Journal of Materials Science & Technology,2001,17(1):11-12.

[33] DING D Y,WANG D Z,ZHANG X X. Mechanical properties of the alumina-coated Al$_{18}$B$_4$O$_{33w}$/6061Al composites[J]. Materials Science and Engineering A,2001,308(1/2):19-24.

[34] DENG C F,WANG D Z,ZHANG X X. Processing and properties of carbon nanotubes reinforced aluminum composites[J]. Materials Science and Engineering A,2007,444(1/2):138-145.

[35] ZHANG X X,DENG C F,SHEN Y B. Mechanical properties of ABO$_w$+MWNTs/Al hybrid composites made by squeeze cast technique[J]. Materials Letters,2007,61(16):3504-3506.

[36] DENG C F,ZHANG X X,WANG D Z. Preparation and characterization of carbon nanotubes/aluminum matrix composites[J]. Materials Letters,2007,61(8/9):1725-1728.

[37] DENG C F,ZHANG P,MA Y X. Dispersion ofmultiwalled carbon nanotubes in aluminum powders[J]. Rare Metals,2009,28(2):175-180.

[38] DENG C F,WANG D Z,ZHANG X X. Damping characteristics of carbon nanotube reinforced aluminum composite[J]. Materials Letters,2007,61(14/15):3229-3231.

[39] LI J C,ZHANG X X,GENG L. Effect of heat treatment on interfacial bonding and strengthening effi-

ciency of graphene in GNP/Al composites[J]. Composites Part A,2019,121:487-498.

[40] GAO X,ZHANG X X,QIAN M F. Effect of reinforcement shape on fracture behaviour of SiC/Al composites with network architecture[J]. Composite Structures,2019,215:411-420.

[41] ZHANG X X,ZHENG Z,GAO Y,GENG L. Progress in high throughput fabrication and characterization of metal matrix composites[J]. Acta Metallurgica Sinica,2019,55(1):109-125.

[42] GAO X,ZHANG X X,GENG L. Strengthening and fracture behaviors in SiC$_p$/Al composites with network particle distribution architecture[J]. Materials Science and Engineering A,2019,740:353-362.

[43] LI J C,ZHANG X X,GENG L. Improving graphene distribution and mechanical properties of GNP/Al composites by cold drawing[J]. Materials and Design,2018,144:159-168.

[44] 张荻,谭占秋,熊定邦,等. 热管理用金属基复合材料的应用现状及发展趋势[J]. 中国材料进展,2018,37(12):994-1001.

[45] 肖伯律,黄治冶,马凯,等. 非连续增强铝基复合材料的热变形行为研究进展[J]. 金属学报,2019,55(1):59-72.

[46] 薛鹏,张星星,吴利辉,等. 搅拌摩擦焊接与加工研究进展[J]. 金属学报,2016,52(10):1222-1238.

[47] 肖伯律,刘振宇,张星星,等. 面向未来应用的金属基复合材料[J]. 中国材料进展,2016,35(9):666-673.

[48] 焦雷,赵玉涛,王晓路,等. 铝基复合材料高应变速率及低温超塑性的研究进展[J]. 材料导报,2013,27(3):119-123.

[49] 欧阳求保,张国定,张荻. 非连续增强铝基复合材料的研究与应用进展[J]. 中国材料进展,2010,29(4):36-40.

[50] 张荻,张国定,李志强. 金属基复合材料的现状与发展趋势[J]. 中国材料进展,2010,29(4):1-7.

[51] 马宗义,肖伯律,王东,等. 铝基复合材料焊接的研究现状与展望[J]. 中国材料进展,2010,29(4):8-16.

[52] 韩荣第,王大镇,李刚. SiC 晶须增强铝基复合材料超精密切削试验研究[J]. 航空精密制造技术,2002(1):5-8.

[53] 韩荣第,李汉国,米晓晶. SiC 晶须增强铝复合材料 SiC$_w$/Al 的钻削加工[J]. 航空工艺技术,1995(4):42-43.

[54] 韩荣第. SiC 晶须增强铝复合材料的超精切削[J]. 航空制造工程,1994(5):26-27.

[55] 耿林,董申,袁哲俊,等. 碳化硅晶须增强铝复合材料的精密切削研究[J]. 金属科学与工艺,1992(Z1):47-51.

[56] 姚忠凯,耿林. SiC 晶须增强铝复合材料研究进展[J]. 兵器材料科学与工程,1989(8):65-73.

第4章 钛基复合材料

4.1 钛基复合材料进展与分析

钛基复合材料(titanium matrix composites,TMCs),作为金属基复合材料的重要分支,因具有高比刚度、高比强度、优良的高温性能及耐磨性能、较低的热膨胀系数,在许多领域都具有非常大的应用潜力,替代传统高温合金或钢铁材料可以带来40%～50%的减重,在航空、航天、国防、汽车及民用等行业中是提高力学性能、降低质量、提高效能的最佳候选材料之一。钛基复合材料按照增强体种类可以分为连续纤维增强钛基复合材料(continuously reinforced TMCs,CRTMCs)与非连续短纤维/晶须与颗粒增强钛基复合材料(discontinuously reinforced TMCs,DRTMCs)两大类(见图4.1),其中DRTMCs按照增强相的形态又可分为增强相均匀分布钛基复合材料和增强相非均匀分布钛基复合材料。

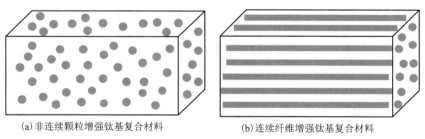

(a)非连续颗粒增强钛基复合材料　　　(b)连续纤维增强钛基复合材料

图4.1　钛基复合材料示意图

4.1.1 连续纤维增强钛基复合材料

作为最早开始研究的一类钛基复合材料,CRTMCs具有比强度高、比刚度高、耐疲劳性能好等优点。对于CRTMCs的研究最早始于20世纪70年代的美国,随后在英国、日本等发达国家开始较多研究,多数研究成果均已达到实际应用阶段。CRTMCs增强相的选择有SiC纤维(SiC fiber,SiC_f)和Borosic纤维(SiC涂层B纤维),其中Borosic纤维由于其极高的成本而被放弃应用,因此CRTMCs的研究多集中在SiC_f/Ti复合材料(见图4.2)。

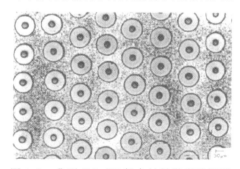

图4.2　典型SiC_f/Ti复合材料微观组织图

为了将 SiC_f/Ti 投入实际应用,美国先后开展了多个研究项目,在 IHPTET 计划中,成功研制出了 $SiC_f/Ti6Al4V$ 复合材料以及 $SiC_f/Ti1100$ 复合材料发动机叶环,使其结构整体减重高达 78%,并在满足性能要求的基础上大大降低了制备成本。研制出的 SiC_f/Ti 复合材料发动机传动轴与采用镍基合金相比,发动机减重 30%。在 NASP(national aero-space plan)计划中,研制出了 SiC_f/Ti 复合材料单级入轨器高温蒙皮。惠普公司和通用电气公司合作完成了 TMCTECC(titanium matrix composites turbine engine component consortium)计划,并在 SiC_f/Ti 复合材料构件的研发中取得了丰硕的成果,大大降低了 SiC_f/Ti 复合材料的制备与加工成本,进一步推进了 SiC_f/Ti 复合材料在涡轮发动机中的应用,其中该计划研制出了 F22 战机上 F119 发动机扩散喷管的 SiC_f/Ti 复合材料活塞构件,成为历史上第一个投入应用的 SiC_f/Ti 复合材料构件。Textron 公司利用高温性能优异的 TiAl 金属间化合物作为基体,研制出了 $SiC_f/TiAl$ 复合材料,用于涡轮发动机不仅使其工作温度提升了 200 ℃,同时实现了 50% 的减重效果。在美国取得众多研究成果的同时,欧洲也在积极进行 SiC_f/Ti 复合材料的研究以及构件开发。德国宇航中心开展了多年 SiC_f/Ti 复合材料的研究,成功研发了一种磁控溅射沉积法制备钛基复合材料的方法,并制备了 SiC_f/Ti 复合材料空心叶片和整体叶环构件。以英国的罗·罗公司为代表的多个欧洲公司发起了欧共体防御合作(euclid)计划,该计划成功研制出并成功试车了 SiC_f/Ti 复合材料压气机整体叶环,试车最高转速达到 50 000 r/min,并实现最高减重高达 70% 以上。

相对于国外,国内对于 CRTMCs 的研究开展较晚,且绝大多数研究均停留在实验室阶段,尚未投入应用。主要研究机构有:中国科学院金属研究所、北京航空材料研究院、西北工业大学、西北有色金属研究院等单位。其中中科院金属所在制备 SiC 纤维和制备 SiC_f/Ti 复合材料方面均为国内的先驱单位,其首先采用射频加热化学气相沉积工艺制备 SiC 纤维,不仅提高了 SiC 纤维的质量与性能,同时改善后的工艺环境更加友好,该制备 SiC 纤维的方法随即在国内被广泛采用。金属所采用 TC17 作为基体,利用磁控溅射的方法成功制备了 SiC_f/Ti 复合材料,相对于基体钛合金实现了强度的大幅提升。北京航空材料研究院采用一种箔—纤维—箔的方法进行了 SiC_f/Ti 复合材料的研究开发,开发出的多种基体 SiC_f/Ti 复合材料均实现了强度提升,其中 $SiC_f/TC4$ 复合材料在 600 ℃ 时的强度超过 900 MPa,并已经成功利用超塑性成型结合箔—纤维—箔的方法制备出了 SiC_f/Ti 复合材料宽弦风扇叶片模拟件。然而,由于受 SiC_f 制备技术的限制,我国 CRTMCs 使用的都是 W 芯 SiC_f,相比于国外的 C 芯 SiC_f 制备的 CRTMCs,韧性较低、脆性较大,严重限制了其推广与应用。

国内外对于长纤维 SiC_f/Ti 复合材料的基础研究和实际应用均取得了显著的成果,在平行于纤维方向上具有较高的强度水平,且易于制备大尺寸构件,但由于其具有严重的性能各向异性、界面反应、较大的残余应力、不可二次加工、塑性较差以及制备成本较高等缺点,限制了其应用前景及发展。

4.1.2 非连续增强相增强钛基复合材料

由于长纤维连续增强钛基复合材料具有诸多不可克服的缺点,研究者们又把研究的目光集中在非连续颗粒或晶须增强钛基复合材料上。初期开展了外加法制备 DRTMCs,但由于钛具有非常高的高温活性,外加法制备 DRTMCs 的发展受到了极大的限制。直至 1990 年前后,原位自生制备非连续钛基复合材料开始逐渐受到人们的关注。DRTMCs 的力学性能主要取决于钛基体、增强体的性能、增强体与基体之间界面的特性及增强体的分布状态,而增强体与钛基体之间的界面结构又主要由基体和增强体的种类决定,因此增强体与钛基体的选择决定着制备的 DRTMCs 的性能。选择合适的 DRTMCs 基体和增强体,要从最初开发钛基复合材料的目的出发。

虽然碳纳米管、石墨烯、纳米金刚石等作为新的增强相被追捧,但 DRTMCs 经过 30 多年的研究,原位自生反应形成的 TiB 晶须(TiB$_w$)和 TiC 颗粒(TiC$_p$)始终被认为是 DRTMCs 的最佳增强相。如图 4.3 所示,因为 TiB 晶须尺寸大多是微米尺度,所以,对位错很容易产生塞积作用,位错无法绕过也无法切过。增强相塞积很容易产生微裂纹,如果微裂纹之间间隙小,微裂纹就容易聚集长大直至扩展断裂。因此,DRTMCs 中,除了增强相种类、含量、尺寸对其力学性能具有重要影响之外,增强相的分布方式对位错的开动、运动、塞积都会产生较大影响,进而影响力学性能。

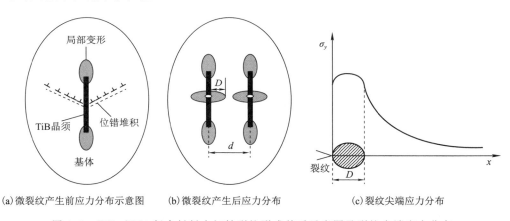

(a)微裂纹产生前应力分布示意图　　(b)微裂纹产生后应力分布　　(c)裂纹尖端应力分布

图 4.3　TiB$_w$/TC4 复合材料中初始裂纹形成前后示意图及裂纹尖端应力分布

4.1.3　增强相均匀分布钛基复合材料

在 DRTMCs 的研究初期,人们总是在追求制备增强体在基体中均匀分布的复合材料,制备出的钛基复合材料与钛合金基体相比,强度、弹性模量、耐磨性都有一定的提升。丰田发动机公司于 1998 年首次将非连续增强的 TiB$_w$/Ti 合金基复合材料用于发动机进气阀与排气阀,由于采用粉末冶金技术,与原来使用的 21-4N 热强钢相比,不仅提高了强度还大大降低了成本。2000 年前后原位合成的 TiB 晶须与 TiC 颗粒被广泛认为是钛基复合材料最优的增强体。较多的报道显示,TiB 晶须与 TiC 颗粒混杂增强钛基复合材料较单一增强钛基复合材料具有更加优异的力学性能。随着增强相的确定,近几年更多研究重点逐渐转向高温钛合金基体的使用方面。主要是熔铸法制备的非连续及长纤维增强的连续增强高温钛合金基复合材料,如以 Ti6242、Ti1100、IMI834 为基体的钛基复合材料。

国内在钛基复合材料研究方面,上海交通大学张荻、吕维洁等利用传统的自耗电弧炉熔炼钛合金的方法制得了 TiC/Ti、TiB/Ti、(TiB + TiC)/Ti、(TiB + Nd$_2$O$_3$)/Ti、(TiB + Y$_2$O$_3$)/Ti 及(TiB+TiC+L$_2$O$_3$)/Ti 复合材料,并详细研究了增强相的形态及生长机制,并在此基础上制备了(TiB+TiC)/Ti6242,(TiB+TiC)/Ti1100 等高温钛合金基复合材料,通过锻造加工获得了强度为 1 330 MPa,延伸率为 2.7% 的较好综合力学性能。中科院金属研究所马宗义及香港城市大学 Tjong 等采用反应热压法(RHP),以 Ti-B、Ti-TiB$_2$、Ti-B$_4$C 和 Ti-BN 四种原料体系制备了系列钛基复合材料,结果表明在各个体系中都有 TiB 相生成;而在 Ti-B$_4$C 体系中还有 TiC 相生成。并对部分材料体系进行了高温压缩试验,获得了具有优异高温性能的钛基复合材料。另外还通过外加法结合热压烧结及热挤压制备了 TiC$_p$/TC4 复合材料,并对组织及高温蠕变性能进行了详细研究,测得不同温度下的应力指数及基体激活能。

哈尔滨工业大学的冯海波、周玉等利用 SPS 技术制备了 TiB/Ti-4.0Fe-7.3Mo 复合材料,研究了烧结温度对组织及力学性能的影响,并深入研究了 TiB 晶须的生长机制及其与钛的界面结构。另外曾松岩、魏尊杰等多年来一直致力于熔铸法制备钛基复合材料方面的研究。张幸红、韩杰才等采用自蔓延高温合成技术制备了体积分数为 40%~80% 的 TiB$_w$/Ti 复合材料,并进行组织观察及力学性能测试。耿林、倪丁瑞、黄陆军等深入研究了应用原位反应热压技术制备基于 Ti-B$_4$C-C、TC4-B$_4$C-C 体系的(TiB+TiC)/Ti(见图 4.4)、(TiB+TiC)/TC4 复合材料,并深入研究了制备工艺、组织结构及性能变化规律。中南大学粉末冶金国家重点实验室、西北有色金属研究院、西北工业大学、北京有色金属研究院、北京航空材料研究院、北京理工大学、北京航空航天大学等也都在钛基复合材料方面开展了卓有成效的研究工作。

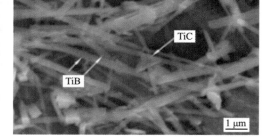

（a）低倍　　　　　　　　　　　　　　　　　（b）高倍

图 4.4　采用 0.5 μm B$_4$C 时烧结态复合材料(TiB+TiC)/Ti 的 SEM 形貌照片

在国外钛基复合材料研究方面,德国 Antonio 等利用球磨＋冷等静压＋真空烧结和热等静压方法制备了系列 TiC$_p$/Ti-6Al-4V 复合材料,并进行了组织分析与性能测试,最高抗拉强度达到 967 MPa,延伸率为 0.3%。日本宇航研究所 Kawabata 等通过粉末冶金技术,采用冷等静压、烧结、锻造等工艺制备了 TiB 晶须定向分布的体积分数为 5%、15%、20% 的 TiB$_w$/Ti 复合材料,并对其蠕变性能进行测试及表征,发现 TiB$_w$/Ti 复合材料高温蠕变性能较纯基体有较大程度的提高。日本东京大学 Yamamoto 等研究了制备工艺对 TiB$_w$/Ti 致密度的影响,Kuzumaki 等研究了碳纳米管增强钛基复合材料的制备工艺。另外日本机械工程研究所、国家材料科学研究所等也都开展了深入的研究。美国 Panda 与 Chandran 通过设计在较大钛合金颗粒周围填 TiB_w-β-Ti 以改善钛基复合材料的塑韧性,从而提高钛基复合材料的强度,获得了非常好的效果,这是最早通过优化结构来改善钛基复合材料力学性能的探索,并通过理论计算得到斜方晶系的单晶体 TiB 各向异性的弹性模量值,以及多晶体 TiB 的理论弹性模量值,对后续 TiB-Ti 复合材料力学性能研究起到了很好的理论指导作用。另外美国的 Gorsse 等利用机械合金化及粉末冶金法制备了体积分数为 20% 和 40% 的烧结态及挤压态复合材料,并进行了组织观察及性能测试,体积分数为 20% 的 TiB/Ti6Al4V 烧结态复合材料的抗拉强度为 1 018 MPa,延伸率只有 0.1%,挤压态的抗拉强度为 1 215 MPa,延伸率为 0.5%,他们研究了热处理对 TiB 形貌及尺寸的影响。密西根州立大学 Boehlert 与 Chen 等在 TiB 晶须增强钛基复合材料高温蠕变及疲劳断裂方面做了深入研究。美国西北大学、Dynamet 公司、俄亥俄州立大学等都在钛基复合材料方面做了深入研究。此外,英国、印度、韩国、荷兰、乌克兰等国家的高校及研究所都在非连续增强钛基复合材料方面开展了大量的研究工作。

4. 1. 4　增强相非均匀分布钛基复合材料

1. 增强相分布设计及探索

随着研究的不断深入开展,增强相非均匀分布对复合材料力学性能的影响受到越来越多的关注,特别是对于颗粒增强铝基复合材料,被广泛地研究。鉴于增强相空间分布调控对铝基复合材料带来的增强效果提升,增强相非均匀分布钛基复合材料逐渐成为一个新的研究热点。根据 Yin 的总结,在非均匀复合材料中,增强相团聚可以分为如图 4.5 所示的四种情况。其中图(a)所示为增强体团聚区在基体中被基体分开,相互孤立。图(b)所示为增强体团聚区域是连续的,可以层状或棒状存在,形成一维或二维连通。图(c)所示为增强体团聚区形成三维连通,而增强体贫化区被孤立。图(d)所示为在三维方向上,增强体贫化区与增强体团聚区都形成了内连通结构。对于图(a)、(c)与(d)所示的三种情况,虽然微观上是非均匀的,但宏观上属于均匀的。对于图(b)所对应的组织,宏观与微观都属于非均匀结构。值得指出的是图(c)的结构与 Hashin-Shtrikman(H-S)模型上限结构类似,即硬相增强体包围软相基体,可以达到弹性性能的上限。在增强体团聚区体积分数相同的情况下,可以通过调整内部球形基体尺寸与增强体团聚区尺寸来调整复合材料整体增强体含量。

事实上,在 21 世纪初,钛基复合材料中就出现过非均匀分布的组织结构。Panda 等针对粉末冶金 DRTMCs 塑性低的问题,使用大尺寸高塑性 β-Ti 作为基体制备体积分数为 20% 的 TiB_w/β-21S 复合材料,如图 4.6 所示。由于增强相含量较高,加上非均匀分布,致使 β-21S 基体颗粒周围形成网状的类陶瓷层,以及大尺寸的陶瓷聚集区,使裂纹极易形核与扩展,以致 β-21S 基体的高塑性难以发挥。事实上,使用大尺寸高塑性 β-Ti 作为基体只是希望利用 β-Ti 的高塑性,并没有考虑设计增强相的分布状态,最终没能解决粉末冶金

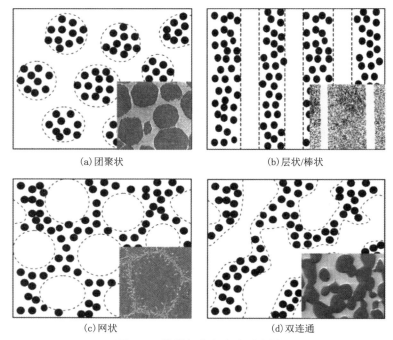

(a)团聚状   (b)层状/棒状

(c)网状   (d)双连通

图 4.5　增强相分布方式示意图

DRTMCs 塑性低的瓶颈问题。由于粉末冶金 DRTMCs 研究工作的停滞，直到 2008 年，Patel 等利用纯 Ti 与 TiB₂ 粉在球磨过程中的冷焊效应获得较大尺寸的 Ti-TiB₂ 颗粒，然后与等体积的纯 Ti 再进行低能球磨混粉，制备双基体 TiB$_w$/Ti-Ti 复合材料，呈现与传统非均匀分布不同的分布状态，如图 4.7 所示。这一工作虽然考虑到设计增强相的分布状态，但没能避免传统粉末冶金过程中的高能球磨过程，并且增强相聚集区呈离散分布被纯 Ti 基体包围，这种结构仍然与 H-S 理论下限模型对应。因此，也没有解决粉末冶金 DRT-MCs 的瓶颈问题。

(a)　低倍背散射照片   (b)　高倍二次电子照片

图 4.6　使用大尺寸 β-Ti 粉原料制备的体积分数为 20% 的 TiB$_w$/β-21S 复合材料组织照片

2. 三维准连续网状结构钛基复合材料

经过对大量金属基复合材料研究工作总结，哈尔滨工业大学耿林、黄陆军以反其道而行

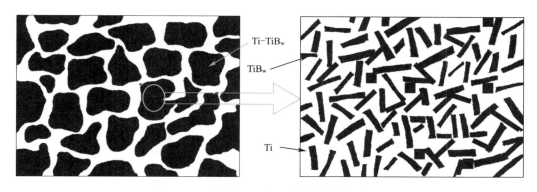

图 4.7　双基体 TiB_w/Ti-Ti 复合材料示意图

之的思路,采用大尺寸球形钛粉为原料,以及低能球磨结合原位反应自生技术,于 2008 年首次根据钛基复合材料塑性改善需求,基于晶界强化理论与 Hashin-Shtrikman 理论,结合构型设计思想,成功设计了增强相呈三维准连续网状分布结构。图 4.8 所示为网状结构 TiB_w/Ti 复合材料的设计和制备基本原理,大尺寸钛粉与细小 TiB_2 粉的选择是前提,低能球磨是关键,固相热压烧结是保障,而原位自生形成 TiB 晶须增强相则是网状结构具有优异性能的关键。在复合材料制备过程中,首先通过低能球磨技术使小尺寸的 TiB_2 颗粒均匀镶嵌在大尺寸的钛颗粒表面,再通过真空热压烧结使复合材料致密化,并在高温保压过程中发生 $Ti+TiB_2 \rightarrow 2TiB$ 原位自生反应,消耗掉原始 TiB_2 颗粒,原位生成的 TiB 晶须增强相呈三维空间网状分布在复合材料中,从而形成三维网状结构,如图 4.9 所示。网状结构将钛材分割成规则的细小单元,每个单元又可分为 TiB 晶须富集的网状界面区与 TiB 晶须贫瘠的内部基体区。①三维网状结构符合 H-S 理论上限结构的硬相包围软相结构。②增强相网状分布,相当于在晶界处引入陶瓷增强相,可进一步提高晶界强化效果,有效抑制高温晶界弱化效果。③网状结构的存在可以有效抑制在高温热处理与高温服役时的晶粒长大。④晶须状 TiB 增强相像销钉一样有效连接相邻基体颗粒,增加细小单元之间的协调变形能力,有效抑制颈缩,改善复合材料塑性与变形能力。⑤在热压烧结制备的冷却过程中,由于 TiB 晶须富集的网状界面区域对 TiB 晶须贫瘠区域具有各向同性的拉应力作用,所以在 TiB 晶须贫瘠区域形成了近似等轴状组织(见图 4.9 右下角放大图),取代了钛合金的魏氏组织,使网状结构钛基复合材料的性能得到提升。另外,TiB 晶须与钛基体之间由于原位自生形成了强共格界面结合,而 TiB 晶须富集的网状界面与 TiB 晶须贫瘠的内部区域之间由于 TiB 晶须的各向同性分布呈强的梯度界面,这里两级尺度上的强界面结合是其具有优异的增强效果与塑性改善效果的保障。因此,网状结构 TiB_w/Ti 复合材料表现出更高的塑性,以及更高的室温与高温增强效果,解决了粉末冶金法制备钛基复合材料室温脆性大、增强效果低的瓶颈问题。调控网状结构参数(局部与整体增强相含量、网状尺寸)可获得具有不同性能特点(高强度、高塑性、高强韧性、高耐热性)的复合材料。

三维网状结构钛基复合材料的结构参数分别为网状尺寸和界面处局部增强相含量,网状尺寸取决于原始钛粉尺寸,局部增强相含量由整体增强相含量与网状尺寸共同决定。

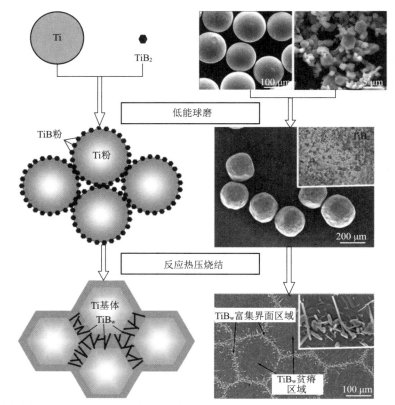

图 4.8　网状结构 TiB$_w$/Ti 复合材料的设计和制备基本原理图(流程及对应的材料 SEM 照片)

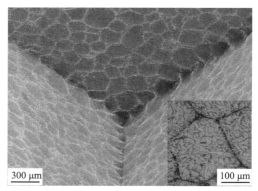

图 4.9　TiB$_w$/Ti 复合材料三维网状 SEM
结构与基体等轴组织金相(右下角照片)

如图 4.10 所示为具有不同网状结构参数的烧结态 TiB$_w$/TC4 复合材料 SEM 组织照片,从图中可以看出,不同结构参数不影响三维网状分布。当整体增强相含量一定时,局部增强相含量随网状尺寸的增大而增大;当网状尺寸一定时,随整体增强相含量增加局部增强相含量增加。需要指出的是,局部增强相含量增加对弹性模量与屈服强度是有利的,但对塑性是不利的,而网状尺寸增加对塑性是有利的。

通过对不同烧结参数下制备的钛基复合材料组织与性能的分析,发现了烧结参数对其组织与性能的影响规律,优化了烧结参数,其中 TC4 基复合材料最佳烧结温度为 1 200 ℃,Ti60 基复合材料最佳烧结温度为 1 300 ℃,同时还揭示了 TiB 晶须的形成机理。另外,网状结构的普适性还表现在也适合于其他基体合金。如图 4.11 所示为烧结态网状结构 Ti60 基复合材料 SEM 照片,从图中可以看出,改变基体种类,并没有改变网状分布状态,近期研制的 TA15 基复合材料组织也表现出一样的结

(a)增强体含量为8.5 %，网状尺寸为65 μm

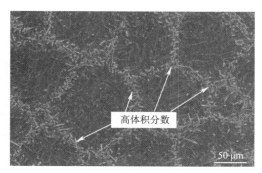

(b)增强体含量为8.5 %，网状尺寸为110 μm

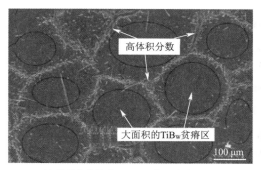

(c)增强体含量为8.5 %，网状尺寸为200 μm

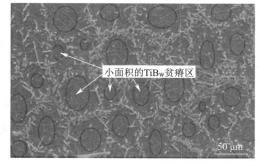

(d)增强体含量为12 %，网状尺寸为65 μm

图 4.10 具有不同网状结构参数的烧结态 TiB$_w$/TC4 复合材料 SEM 组织照片

果。因此，网状结构钛基复合材料具有网状尺寸、基体种类、整体增强相含量/局部增强相含量可设计与可调控特点。

如图 4.12(a)所示，采用相同的原料与相同的烧结工艺，只是不同的球磨工艺，制备得到的增强相均匀分布与网状分布 TiB$_w$/Ti 复合材料拉伸性能对比。从图中可以看出，增强相均匀分布的 TiB$_w$/Ti 复合材料虽然较纯 Ti 的强度有所提高，但塑性大幅下降，而网状结构的 TiB$_w$/Ti 复合材料不仅强度大幅提高，远

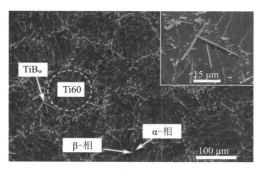

图 4.11 烧结态 TiB$_w$/Ti60
复合材料 SEM 组织照片

高于增强相均匀分布强度水平，而且塑性降低不多。如图 4.12(b)所示，采用 TC4 钛合金作为基体制备的网状结构 TiB$_w$/TC4 复合材料则表现出更高的强度，并且其强度与塑性均可以通过调控网状结构参数（网状尺寸与增强相含量）实现。传统粉末冶金法制备的增强相均匀分布的 TiB$_w$/TC4 烧结态复合材料，由于较大的脆性，难以表现出拉伸塑性变形。

从力学性能对比可以发现，通过增强相的引入以及空间网状分布调控，TiB$_w$/Ti 复合材料强度可以达到甚至超过相同状态 TC4 钛合金强度水平，在某些特殊服役环境下可以替代钛合金使用，以提高弹性模量和耐磨性。另外，替代医用 TC4 钛合金则可以排除 Al 与 V 元

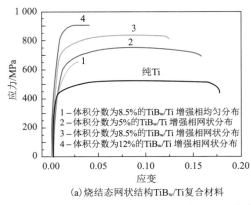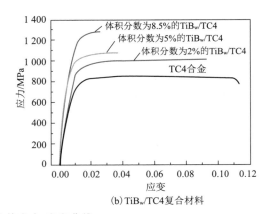

图 4.12　室温拉伸应力-应变曲线

素带来的毒副作用。烧结态 $TiB_w/TC4$ 复合材料强度可以达到甚至超过锻造态 TC4 钛合金水平,因此可以实现近净成形,提高原料利用率等。而进一步通过后续热处理可以大幅提高强度,通过后续变形可以同时提高其强度与塑性水平,从而大幅扩展其应用范围。

在网状结构 TiB_w/Ti 复合材料的基础上:①可以调整网状结构参数(网状尺寸与局部增强相含量)实现力学性能的调控,不仅强度而且塑性都可以通过调整网状结构参数实现调控。②可以设计与选择不同钛合金基体种类,已经成功研制了系列 TiB_w/Ti、$TiB_w/TC4$、$TiB_w/TA15$、$TiB_w/Ti60$ 复合材料,表现出不同的性能特点。③可以设计与调控增强相种类,已经研制成功 $TiC_p/TC4$、$(TiB_w + TiC_p)/TC4$、$(Ti_2C + Ti_5Si_3)/Ti$、$(TiC + Ti_3SiC_2 + Ti_5Si_3)/TC4$、$(TiB_w + Ti_5Si_3)/Ti$ 复合材料系列。通过增强相种类的调控还可以实现多级结构与多尺度增强相的精确调控。另外,按照使用性能,还可以将研制的系列复合材料分为高硬度高耐磨系列、高强韧系列、耐高温系列、抗氧化系列、抗蠕变系列等复合材料。其中耐高温系列复合材料 600 ℃抗拉强度超过 950 MPa,700 ℃抗拉强度最高超过 750 MPa。近期成功研制的多级多尺度 $(TiB_w + Ti_5Si_3)/TC4$ 复合材料,较 $TiB_w/TC4$ 复合材料不仅具有更加优异的室温强度与塑性,而且具有更高的高温强度,高温抗氧化能力与高温抗蠕变性能大幅提升。因此,在网状结构钛基复合材料的基础上,结合结构参数、增强相与基体种类、多级多尺度构型设计,有望实现钛基复合材料综合性能的大幅改善。

3. 两级层状—网状结构钛基复合材料

基于上述粉末冶金网状结构钛基复合材料优异的综合性能及可调控性与可设计性,提出了将具有优异强韧性的仿贝壳层状结构引入网状结构 DRTMCs 的思路,构建了以纯 Ti/钛合金和网状结构 DRTMCs 为层状单元的两级层状—网状结构 DRTMCs,宏观呈层状结构,微观呈网状结构,如图 4.13 所示。研究表明,反应热压法制备的层状 Ti-(TiB_w/Ti)复合材料存在界面及层厚不易精确控制的问题,而叠层热压法通过预先制备 TiB_w/Ti 复合材料坯料的方法,可以精确调控层状复合材料的界面、层厚及增强相含量。可通过调整网状结构 TiB_w/Ti 复合材料与纯 Ti 层厚度、力学性能与增强相含量,可实现整体层状钛基复合材料力学性能的可调控性。与网状结构 DRTMCs 相比,当强度相当时,层状复合材料的塑韧性提高约 1 倍,抗冲击性能提高约 5 倍,实现了力学性能更大范围可调控。对层状复合材料的研究揭示了纯 Ti 层和梯度界面抑制 DRTMCs 层裂纹萌生与扩展,宏观层状结构和微观网状结构抑制颈缩的作用机理,并通过隧道裂纹、裂纹偏转和压应力增韧等方式,降低裂纹尖端应力因子和三向应力集中水平,从而大幅提高韧性和抗冲击性能的强韧化机理。

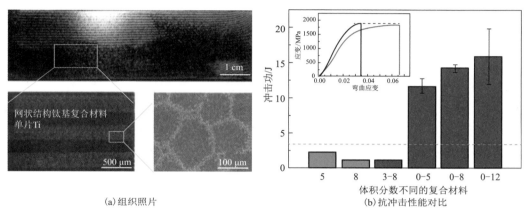

(a)组织照片
(b)抗冲击性能对比

图 4.13 两级层状—网状 Ti-(TiB$_w$/Ti)复合材料

  图(b)中横坐标"5"代表体积分数为 5% 的 TiB/TC4 网状结构复合材料;"3-8"代表体积分数为 3% 的 TiB/TC4-体积分数为 8% 的 TiB/TC4 层状-网状结构复合材料;"0-5"代表TC4-体积分数为 5% 的 TiB/TC4 层状-网状结构复合材料,其余相同。

  4. 两级网状结构钛基复合材料

  基于自然界多级多尺度结构的认识,Jiao 和 Huang 等提出并实现了利用钛合金高温α/β相变、固溶与脱溶相结合引入纳米增强相的方法,在不破坏钛颗粒的情况下,在钛颗粒内部的 α/β 相界处靶向引入纳米增强相,在一级网状结构内部成功构建了微小二级网状结构,共同构成了两级网状结构,如图 4.14 所示。两级网状结构较一级网状结构 DRTMCs 表现出更高的强塑性、特别优异的高温抗蠕变与抗氧化能力,较钛合金基体蠕变持久断裂时间最长

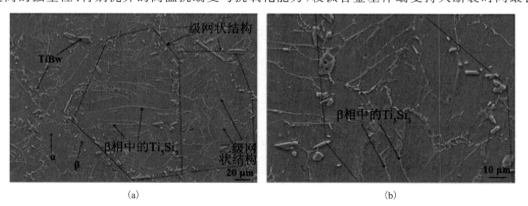

(a)
(b)

图 4.14 两级网状结构(Ti$_5$Si$_3$+体积分数为 3.4% 的 TiB$_w$)/Ti6Al4V 复合材料的微观组织

提高约 20 倍(550 ℃/300 MPa)。两级网状结构是在热压烧结条件下固溶与脱溶析出的纳米针状 Ti_5Si_3 分布在近等轴 α 相周围所形成的。研究进一步揭示了通过提高协调变形能力进一步提高塑韧性的机理,以及一级网状结构抑制"晶界"滑动而两级网状结构抑制相界滑移实现大幅提高蠕变抗力的机理,还发现 Si 与 Al 元素共同形成了 $SiO_2 + Al_2O_3$ 致密氧化层,该氧化层被网状结构钉扎不易脱落,从而提高了高温抗氧化能力。

4.2 钛基复合材料的制备技术

钛合金以其较高的比强度、耐热性和优异的耐腐蚀性能,在航空航天、交通运输、医疗器械等领域具有广泛的应用。然而,传统的钛合金面临难以突破航天飞行器飞行速度进一步提高与航空发动机推重比进一步提升的瓶颈。与传统钛合金相比,TMCs 具有相似的密度,通过增强体的强化作用可使 TMCs 具有更为优异的综合性能,在模量、强度、硬度、耐磨性及服役温度等性能方面都有较大幅度的提升。因此,钛基复合材料在航空航天方面受到了广泛的关注,对于进一步提升飞行器性能和服役寿命具有重要的意义。根据 TMCs 中增强体引入的方式可分为外加法和原位合成法,其中原位合成法包含了气-固反应法,固-液反应法,固-固反应法。常见的制备工艺主要包括熔铸法、粉末冶金法、熔覆法以及 3D 打印技术。

4.2.1 熔铸法

熔铸法主要指以金属合金熔炼技术为基础的制备法,即在熔融状态的海绵钛、纯钛或钛合金中加入反应物原料,如 B 源或 C 源粉末,通过反应物与熔融状态下 Ti 之间的反应原位生成 TiB、TiC 等增强相。由于增强体是原位反应合成的,避免了外加法制备非连续增强钛基复合材料的界面反应与界面润湿问题,且增强相分布均匀,特别是可以结合 Ti 合金冶炼同时进行。因此,此方法简单、经济、灵活,可以实现复合材料的批量生产,具有较大的应用前景。此外,在传统熔铸法基础之上,人们又开发出真空电弧熔炼技术和感应熔炼技术。

上海交通大学金属基复合材料国家重点实验室吕维洁等对熔铸法制备钛基复合材料做了大量的研究与探索,制备出了 TiC 颗粒增强、TiB 晶须增强、混杂增强,以及添加稀土元素增强的各种钛合金基复合材料,对经过后续锻造加工后的钛基复合材料进行了深入的组织分析与性能测试,取得了较多的成果。该课题组肖旅运用真空自耗电弧炉熔炼以及热加工、热处理技术,简洁、低成本地原位合成了以近 α 合金为基体,TiB、TiC 和 La_2O_3 多元强化的耐热钛基复合材料。经热加工和热处理后,复合材料和基体合金以层片组织为主。复合材料中的增强体为 TiB 短纤维、TiC 颗粒以及细小 La_2O_3 颗粒,室温和高温拉伸性能相对基体合金有大幅度的提高。该组李九霄利用 Ti 与 LaB_6 之间的反应,采用熔铸法成功制备了以 IMI834 为基体,增强体 TiB 体积分数为 1.26%,La_2O_3 体积分数为 0.582% 的原位自生的钛基复合材料。他们以 B_4C 粉末原位合成 TiB + TiC 强化的钛基复合材料,发现铸造过程中增强体显著细化了基体组织,并且有效阻碍位错运动,从而使复合材料强度提升。哈尔滨工业大学国防重点实验室魏尊杰课题组长期以来一直致力于熔铸法制备钛基复合材料工艺的探索与研究,并成功制备了 TiC 颗粒增强、TiB 晶须增强与混杂增强的钛合金基复合材料,在后续锻造加工后进行了性能测试及组织分析,获得了优异的效果。通过铸造工艺研究了合金元素与 TiC 增强体对复合材料组织性能的影响。该组曹磊采用熔铸法制备了不同含量的 TiC/Ti-6A1-4V 复合材料,详细分析研究了复合材料中 TiC 的形态形成及生长机理,探讨了 TiC 形态的控制和改善手段,分析了热处理对复合材料组织和性能的影响,并对感应凝壳熔炼制备的复合材料的组织及室温和高温拉伸性能进行了分析,讨论了熔铸法制备 TiC/Ti-6A1-4V 复合材料的强化和断裂机理。巴西 Vitor V. Rielli 等通过铸造工艺研究了 B₄C 的含量对 TiB＋TiC 增强 β 型钛合金基体复合材料组织性能的影响,并详细报道了增强相与基体的取向关系。

在熔铸法制备的钛基复合材料中,由于在冷却过程中基体组织形核长大对增强相具有推挤效应,也容易形成网状结构,如图 4.15 所示。但这种网状结构的形成受冷却速率及增强相含量的控制,只有当冷却速率较慢,增强相含量较低时才容易形成。而且,随增强相含量增高,形成的网状尺寸降低,直到呈均匀分布。另外,在这种网状结构中,由于 TiB 晶须的分布是由基体的推挤效应形成的,而不是原位自生决定的,因此,TiB 晶须往往平行于网状界面分布,而不像粉末冶金网状结构钛基复合材料中的销钉状 TiB 晶须一样,能有效连接相邻基体颗粒。

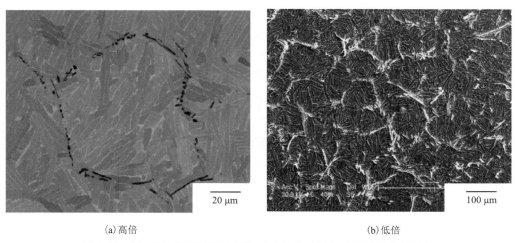

(a)高倍　　　　　　　　　　　　　　　(b)低倍

图 4.15　固-液反应法制备的 TiB_w/Ti 复合材料形成的网状组织结构

4.2.2　粉末冶金法

粉末冶金法是利用金属粉末(或金属粉末与非金属粉末的混合物)作为原料,经过成形和烧结,制造金属材料、复合材料以及各种类型制品的工艺技术。根据后续烧结工艺的差别又分为热压烧结、冷等静压、热等静压、放电等离子烧结等方法。对于 TMCs 而言,粉末冶金是经常采用的一种近净成形制备工艺,材料利用率高,并且可以通过调整工艺达到增强体的尺寸与空间分布可控的目的,粉末冶金法在有关钛基复合材料的报道中占有很高的比例。北京理工大学报道了采用放电等离子烧结的粉末冶金法制备了多层石墨烯均匀分布增强钛基复合材料,屈服强度大幅提升。澳大利亚 Cuie Wen 利用球磨混粉、冷压成块再热压烧结的方式制备出多壁碳纳米管增强的钛基复合材料。

在众多烧结工艺中,反应热压法(reactive hot pressing,RHP)是将基体与增强体原料粉末混合均匀,然后对混合物进行真空除气、冷等静压成型、热压烧结等工序,使得混合物粉末基体中的 Ti 与增强体原料之间在烧结过程中发生化学反应生成增强体,同时进行致密化压制。反应热压法把放热反应和随后的致密化过程相结合,在一个工序中完成了非连续增强钛基复合材料的制备。与其他固-固反应法相比,具有工艺简单,易于操作等优点;而与熔铸法相比,具有烧结温度低、组织可控、可以实现近净成型等优点。因此反应热压法制备非连续增强钛基复合材料的研究最多,也是发展前景最好的方法。中国科学院金属研究所马宗义等、香港城市大学 Tjong 等、哈尔滨工业大学倪丁瑞和耿林等、中南大学黄伯云等都是采用反应热压法制备各种非连续增强钛基复合材料,并在复合材料组织与成分设计、制备工艺以及复合材料力学性能方面有较深的研究。美国、印度等国的研究机构也都大量采用反应热压技术制备非连续增强钛基复合材料。国内外在反应热压制备非连续增强钛基复合材料方面已经开展了大量研究工作,取得了优异的成果。然而,传统的反应热压烧结追求增强体在钛基体中的均匀分布,需采用高能球磨,但高能球磨易引入杂质,导致制备出的复合材料脆性大,限制了应用。哈尔滨工业大学黄陆军、耿林在多年研究钛基复合材料的基础上,突破传统思维,利用低能球磨结合反应热压烧结技术成功研制出原位自生的增强体呈网状结构分布的新型钛基复合材料,工艺如图 4.16 所示,增强体网状结构特征改善了传统钛基复合材料脆性大的问题。同时该工艺可通过调控网状结构钛基复合材料的结构参数从而获得不同的力学性能组合,并且通过网状结构改善塑形以后还可进行后续的变形加工,结合热处理使得性能进一步提升。目前已经开发出以单一 TiB_w、单一 TiC_p 或 $TiB_w + TiC_p$ 混杂相为增强体,以纯钛、TC4、TA15、Ti60 为基体的网状结构钛基复合材料,以满足不同的室温及高温力学性能要求。不仅如此,他们通过低能球磨与反应热压烧结工艺进一步在网状结构的网格内部 α/β 相界面处定向引入原位自生的纳米级尺度的 Ti_5Si_3 颗粒,从而制备出两级尺度网状结构 $TiB_w + Ti_5Si_3$ 强化 TC4 和 TA15 合金基体复合材料(见图 4.14),该复合材料具

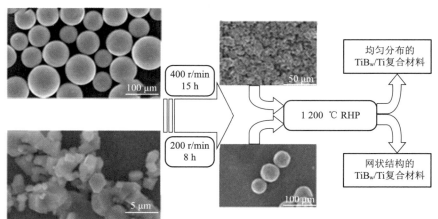

图 4.16　热压烧结制备传统增强体均匀分布和网状结构分布钛基复合材料的工艺对比

备优异的抗蠕变性能。另外,依据该工艺出色的可设计性,黄陆军等进一步通过铺粉反应热压烧结工艺制备出了同时具有层状网状复合结构的复合材料(网状结构 TiB$_w$/TC4 层与钛合金层复合如图 4.13 所示),该种特殊的层状材料大幅改善了复合材料的冲击韧性。总而言之,网状结构钛基复合材料结构性能优异并且可调控,改善了传统钛基复合材料的脆性缺点,可变性加工,可焊接,在航空航天领域具有重要的应用价值。

黄陆军等在前述热压烧结方法制备网状结构钛基复合材料的基础上,采用放电等离子烧结(SPS)技术,通过颗粒之间放电局部快速升温熔化,降低烧结温度,缩短烧结时间,成功制备出了 TiB 增强相呈纳米纤维状并分布在钛颗粒周围的网状结构(见图 4.17),有效提高了 TiB 增强相的强韧化效果。细小的纳米纤维状 TiB 增强相,可能和 SPS 烧结时局部出现的液相有关,但是也可能是受烧结温度控制,因为 SPS 烧结温度达到 1 200 ℃时 TiB 增强相不再是细长的纳米针状,而是短棒状。然而采用热压烧结的方法,当温度为 1 000~1 100 ℃时,也能获得细长的纳米针状 TiB 相,这可能是由于烧结温度控制着 TiB 增强相沿不同方向的生长速度比。

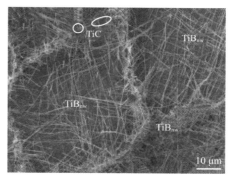

(a)组合金相照片3D图　　　　(b)深腐蚀后网状单元SEM组织

图 4.17 SPS 烧结制备的体积分数为 5% 的(TiB+TiC)/TC4 复合材料组织

4.2.3 熔覆法

熔覆法是指利用瞬时热源(激光束、电子束、电弧、离子束等)将一定厚度的金属材料或复合材料(粉末材料、丝材、块体材料)熔化并快速冷却附着在基底材料表面,主要用于制备涂层材料。钛基复合材料以其高硬耐磨耐热的特性经常用于钛合金的表面改性研究,因此经常采用熔覆法制备钛基复合材料涂层,图 4.18 给出了激光熔覆工艺的示意图。

1. 熔覆法制备低含量钛基复合材料

(1)国外研究现状

21 世纪初荷兰科学家 De Hosson 等在 Ti 合金表面用激光熔覆一层 Ti-TiB$_2$ 混合粉末,低功率熔覆时制备出的耐磨层包含初生 TiB 和共晶 TiB 形貌,他们详细地分析

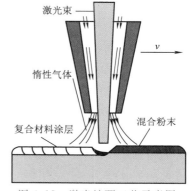

图 4.18 激光熔覆工艺示意图

并报道了其组织转变机理,TiB 体积分数约为 40%;通过增加激光功率使得复合材料涂层中原位自生 TiB 晶须体积分数降低至 33% 并呈现出共晶形态,表面硬度达到 800 HV。2009 年美国 Nag 和 Samuel 采用激光净成形技术(laser engineereed net shaping,LENS)在 Ti 合金表面制备了一层硼化物增强 Ti-35Nb-7Zr-5Ta 合金的复合材料涂层,发现初生和共晶硼化物都呈现出正交晶系的 B27 结构,且初生硼化物表层和心部成分不同;并且通过 EBSD 技术,分析了 TiB 与基体的取向关系为:$[001]_{TiB} // [110]_{\beta}$,$[010]_{TiB} // [111]_{\beta}$。澳大利亚埃迪斯科文大学 Attar 和 Zhang 等对球磨后的 TiB$_2$/Ti 混合粉末进行了选区激光熔化(selective laster melting,SLM)处理,制备出了近乎完全致密的体积分数为 8.5% 的 TiB$_w$/Ti 复合材料。由于凝固速度快且存在 B 元素,会显著减小 Ti 基体的晶粒尺寸;又由于 TiB 的强化作用和 α-Ti 基体的细晶强化作用,维氏显微硬度与 SLM 纯钛相比显著增加。波兰波兹南工业大学材料科学与工程学院 Makuch 和 Kulka 等以 10 μm 无定形 B 粉与石墨粉为原料,在纯钛表面通过激光合金化的方式分别加入了 B、B+C、C 合金元素,在重熔区域中分别生成了硬质陶瓷相(TiB+TiB$_2$、TiB+TiB$_2$+TiC、TiC)以及针状 α'-Ti,渗 B 粉的激光合金层在搭接率为 86% 的多道熔覆条件下无微裂纹和气孔缺陷;表面硬度与耐磨损性能得以显著提升,耐磨层顶部硬度达到 1 500~1 750 HV,并沿厚度方向逐渐降低至 900 HV,明显高于基体 200 HV。随着功率的增加涂层更厚,组织与显微硬度分布更均匀,耐磨损性能明显优于基体。研究表明磨损机制与测试时长有关,磨损时间长会发生黏着磨损(4 h),而磨损时间短则易发生磨粒磨损(2h)。加拿大滑铁卢大学 Alhammad 和 Esmaeili 等在 Ti-6Al-4V 合金表面用激光熔覆了一层质量分数为 80%Ti-20%Si 的混合粉末,研究了不同扫描速度下涂层组织形成机制和性能的变化。他们发现预置粉末厚度为 1 mm 时,涂层内部容易出现宏观的裂纹缺陷,随后改为预置厚度为 0.6 mm,在相同的热输入条件下仅出现微观的裂纹缺陷,最后再通过逐渐减小熔覆速度就可消除涂层中的裂纹缺陷。印度理工学院卡哈拉格普尔理工学院的 Das 和 Shariff 研究了质量分数为 1% Y$_2$O$_3$ 含量对 Ti-6Al-4V 合金表面激光熔覆 Ti+SiC+h-BN 涂层的影响,研究表明添加稀土氧化物以后耐磨损性能更优异,这是因为 Y$_2$O$_3$ 细化了晶粒并且使涂层更均匀。印度马德拉斯理工学院的 Das 等以细小 BN 粉末 (0.5~2 μm)和大尺寸 Ti6Al4V 颗粒(50~150 μm)为原料,采用激光净成形技术(LENS)在纯 Ti 表面制备了 TiB-TiN 增强 Ti6Al4V 的耐磨涂层,研究了 BN 的质量分数以及激光热输入对涂层组织与性能的影响,发现热输入小的时候涂层组织更加细小;并且认为涂层硬度和弹性模量明显高于基体是因为生成了硬质的 TiB 和 TiN,含量越高硬度和弹性模量就越高;2016 年他们又采用 1~4 μm 金刚石粉末和 50~150 μm 的纯钛粉末作为原料,以激光熔化的方式制备了金刚石增强钛基复合材料。华盛顿州立大学 Balla 等将 50~150 μm Ti-6Al-4V 粉末与 45~75 μm TiN 粉末混合后,直接采用送粉的方式进行激光净成形 LENS 技术制备出了质量分数为 40% 的 TiN/Ti-6Al-4V 耐磨涂层,涂层中包含了粗大的 TiN 颗粒以及再次析出的包裹在 Ti-6Al-4V 基体中的细小 TiN 颗粒,表面硬度由 394 HV 增加至 1 138 HV,而摩擦磨损速率为 3.74×10^{-6} mm^3/(N·m),明显低于基体,达到了设计目标。该校 Sahasrabudhe 等在氮气氛围下采用 425 W 和 475 W 功率进行了纯钛表面激光重熔研究,得到了原位合成的富 N 分级涂层:单道处理的顶部区域是 α-Ti 基体并分布着富 N 枝晶,沿厚度方向组织逐渐变化,枝晶减少而 α-Ti 增多,界面光滑;随着激光能量的增加,枝晶尺寸增大,并且激光重熔两道后枝晶不连续,α-Ti 含量增加。该材料可应用于人造骨(臀部以及膝盖等)的关节部位,以提高耐磨性来延长使用寿命。

(2)国内研究现状

浙江科技大学研究人员在 Ti-8Al-1Mo-1V 合金上采用激光熔覆了一层质量分数为 2.5% 的 10~30 μm B_4C 粉末和质量分数为 97.5% 的 100 μm Ti-8Al-1Mo-1V 粉末,预置粉的厚度约为 0.8 mm,经过原位合成定向生长的 TiB 晶须从而形成一种新型的坚硬的钛基复合材料表面涂层;涂层主要由等轴结构和柱状结构组成,定向生长的 TiB 晶须主要位于柱状结构中并且拥有大的长径比。涂层顶部是一层薄的等轴结构,而底部则是柱状结构,增强相均匀分布,无明显缺陷;激光扫描速率变化时,涂层的组成与增强相分布不同,使得涂层硬度均值为 460 HV 较基体 310 HV 高出了 150 HV。上海工程技术大学 Diao 和 Zhang 在 TC2 钛合金表面用激光熔覆一层 Ti/TiC/TiB$_2$ 粉末(质量比为 1:1:2),预置粉末厚度约 500 μm,在激光束扫描速度低的时候,所得涂层硬度更高,耐腐蚀性能更优,原因在于涂层吸收更多的能量导致相变区域更宽并且有利于组织的细化。上海工程技术大学 Li 等在 Ti-6Al-4V 表面用激光熔覆制备耐磨层方面开展了大量研究工作,制备出的 TiB+TiC 增强钛基复合材料涂层,该涂层由 α-Ti、针状 TiB、等轴状 TiC 组成,耐磨损性能显著增加;随后在 Ti-6Al-4V 合金表面用激光熔覆了一层质量分数为 87%Ti+质量分数为 9%B_4C+质量分数为 4%Al 的混合粉末,制备出了 TiB(粗棒或细针状)和少量 TiC(等轴状)增强的复合材料涂层,涂层中的硬度呈现梯度分布,顶部 876 HV$_{0.2}$,到底部 660 HV$_{0.2}$;他们也研究了加入质量分数为 0.2% 的 Y$_2$O$_3$ 对激光熔覆 TiB-TiC 复合材料涂层组织、硬度、耐磨损性能以及断裂韧性的影响。Y$_2$O$_3$ 可细化初生相,提高组织均匀性和 TiC 含量;显微硬度从 725.3 HV 增加到 812.9 HV,断裂韧性从 8.32 MPa·m$^{1/2}$ 增加到 17.36 MPa·m$^{1/2}$,耐磨性提升。北京科技大学 Lin 和 Lei 等以此为出发点,在 Ti-6Al-4V 合金表面用激光熔覆一层 Ni 粉、Ti 粉和 TiB$_2$ 粉(摩尔比为 1:1:2),涂层横截面的 XRD 显示,该涂层主要由 NiTi、NiTi$_2$、TiB、TiB$_2$、α-Ti 和 β-Ti 组成,发现从涂层顶部到基体随着深度的增加网状结构越来越明显,而粗晶 TiB$_2$ 的数量和尺寸则在减小;又因为粗晶 TiB$_2$ 硬度高于网状结构,所以涂层硬度从顶部到底部是逐渐降低的。山东大学 Tian 在 Ti-6Al-4V 基体上用激光熔覆了一层石墨与硼的混合粉末,研究了不同工艺参数与 C/B 质量比对涂层组织与耐磨损性能的影响,发现涂层中主要包含了 TiB 与 TiC 化合物,从而使显微硬度能够达到 1 600~1 700 HV$_{0.1}$,并且提升耐磨损性能;TiB 与 TiC 交替生长相互约束,抑制了粗针 TiB 与树枝晶 TiC 的形成,可以减少裂纹;随后通过进一步在该涂层中添加稀土氧化物 Ce$_2$O$_3$ 以及 Y$_2$O$_3$,发现化合物和涂层的组织均得以有效细化;Tian 等将 Ti 与 B 的混合粉末用激光熔覆在 Ti-6Al-4V 基体上形成 0.3 mm 厚的激光渗 B 层,不同的激光扫描速度得到的硼化物形态与尺寸不同。哈尔滨工业大学 Liu 和 Chen 等采用单晶 WC 颗粒与激光熔化注射工艺在 Ti-6Al-4V 表面制备了一层颗粒增强的钛基复合材料涂层,在 WC 与 α-Ti 基体之间发生了界面反应,靠近 WC 一侧是 W$_2$C,而靠近基体一侧则是 TiC,界面结合良好,并

且发现了在 W_2C 与 TiC 之间形成 $100\sim200$ nm 厚度的 W 层;采用相同的方法制备了 WC_p/Ti-6Al-4V 梯度金属基复合材料,沿着深度方向 WC 颗粒的含量呈现梯度分布,并且生成了 TiC 和 W_2C 物相,其中 TiC 是主要的物相,从表面到底部 TiC 尺寸和数量均连续减少,硬度分布从顶部 550 $HV_{0.2}$ 逐渐减少至底部 430 $HV_{0.2}$。杭州科技大学 Wu 和 Wang 等采用激光熔覆的方式在 Ti-6Al-4V 合金表面制备了一层 $200\sim300$ mm 厚的不同配比的 Ti-Si 化合物涂层——Ti-石墨涂层和 Ti-B 涂层。为了进一步降低生产成本,哈尔滨工业大学黄陆军等采用低成本的电弧热源,分别以预烧结块体材料和药芯焊丝制备出了高硬度高耐磨的 TiB/Ti-6Al-4V 和(TiB+TiC)/Ti-6Al-4V 涂层,通过调控工艺参数可减少气孔缺陷数量。在他们通过预制块体熔覆的方式得到的 TiB/Ti-6Al-4V 涂层中,TiB 增强体呈现出两级尺寸特征,其中大尺寸 TiB 体现出较高的耐磨性。而在(TiB+TiC)/Ti-6Al-4V 涂层中,TiB 增强体和 TiC 增强体还呈现出独特的共生结构特征,使其耐磨性能更优异。开发的药芯焊丝熔覆技术可用于制备曲面构件的表面涂层。

2. 熔覆法制备高含量钛基复合材料

(1)国外研究现状

近年来,材料研究者试图在钛合金表面通过熔覆的方法制备高硬度钛基复合材料来满足高耐磨性能的要求。如荷兰的 Kooi 等采用激光熔覆增材的方法在 TC4 钛合金上制备了一层体积分数为 65%Ti$+35\%$TiB$_2$ 的硬质钛基复合材料。Galvan 等在 Ti 合金表面涂覆一层 Ti-TiB$_2$ 粉末,通过激光熔覆增材获得 TiB 晶须体积分数为 33% 的共晶结构钛基复合材料,表面硬度增加至 800 HV。波兰 Makuch 和 Kulka 等在纯钛表面通过激光增材的方法,经熔化凝固以后获得硬质陶瓷相(TiB+TiB$_2$,TiB+TiB$_2$+TiC,TiC)以及 α'-Ti 组成的共晶混合物钛基复合材料,表面硬度与耐磨损性能得以显著提升。印度 Chandrasekar 与美国 Ravi Chandran 等对体积分数为 34% 的 TiB 晶须高体积分数钛基复合材料进行表面激光处理,显著细化并提升表面晶须体积分数至 67%,表面显微硬度增加至 1 050 HV。马来西亚 Mridha 与 Ong 等采用 TIG 熔覆增材技术在纯 Ti 表面成功制备出 Ti-N 涂层与 Ti-Al 化合物涂层。Monfared 和 Kokab 采用 Ti/TiC 带芯线管,通过 TIG 熔覆制备了 α'-Ti 和球形以及树枝形 TiC 颗粒组成的耐磨钛基复合材料,表面硬度最大可达到 1 100 HV,同时发现受 TiC 颗粒的影响,耐磨损性能得以提升。

(2)国内研究现状

Lin 和 Lei 等在 TC4 钛合金表面采用激光熔覆了一层直径 5 μm 的 TiB$_2$ 粉末,通过工艺优化,获得了硬度最高可达 720 $HV_{0.3}$ 的钛基复合材料。Tian 等研究了 TC4 钛合金基底表面激光熔覆 B 粉与 C 粉的混合粉末时,涂层中主要包含了 TiB 与 TiC 化合物,从而使显微硬度能够达到 1 600$\sim$1 700 $HV_{0.1}$,并且提升耐磨损性能。Yu 和 Weng 等采用激光熔覆方法在 TC4 钛合金表面熔覆了一层 Co 基复合材料以增加表面硬度从而提高耐磨性,表面硬度可达 1 314 $HV_{0.2}$,明显高于基体,同时耐磨损性能得以提升。An 和 Huang 等采用 TIG 电弧熔覆的方式在网状结构钛基复合材料表面成功制备了不同增强相含量的高含量 TiB/Ti 钛基复合材料,一次成形致密度达到 98% 以上,如图 4.19 所示。随增强相含量变化,组织和缺陷形式发生变化,表面硬度大幅提升,不同熔覆层的最大硬度达到 HRC50～HRC63,摩擦系数与磨损量较钛合金都大幅降低,耐磨性能大幅提升。

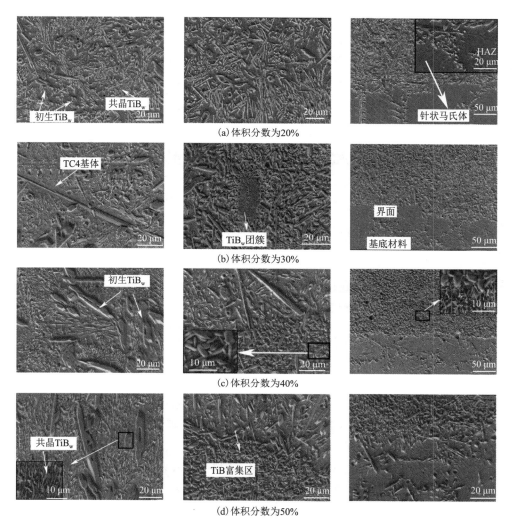

图 4.19　采用 TIG 电弧熔覆方法在网状结构钛基复合材料表面制备的不同增强相含量的 TiB/Ti 复合材料

4.2.4　3D 打印技术

　　3D 打印技术是一种新型的以数字模型文件为基础,运用粉末状金属或塑料等可粘合材料,通过高能热源(激光束、电子束、离子束)逐层打印的方式来构造物体的增材制造技术。由于粉末原料利用率高,零件开发周期短,加工精度高,可适应复杂形状构件的生产,在国防、航空航天、医疗器械等领域应用前景广阔。按照粉末原料进入熔池的方式可分为选区激光熔化(selective laser melting,SLM)技术(见图 4.20)和直接能量沉积(directed energy deposition,DED)技术(见图 4.21),其中选区激光熔化是指逐层铺粉以粉床的形式熔化成形,铺粉与打印交替进行,一般要求粉末粒径小于 50 μm;而直接能量沉积则是指通过同轴送粉工艺进行熔化成形,送粉与打印同时进行,对粉末流动性要求较高,一般选用球形粉末。3D 打印技术在制备钛合金方面的报道较多,打印的钛合金的微观组织主要由细小针状 α′ 马氏体和粗大的初始 β 柱状晶组成。自 2008 年以来,逐步有研究者将 3D 打印技术用于钛基复合材料的制备,随着增强体的引入可显著细化基体组织。

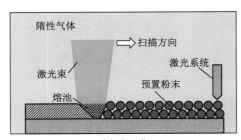

(a)打印工艺

(b)试样宏观形貌

图 4.20　SLM 3D 打印

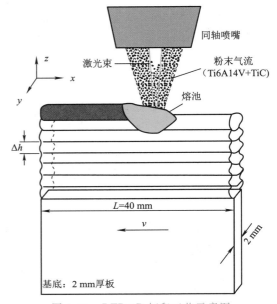

图 4.21　DED 3D 打印工艺示意图

2008 年英国伯明翰大学 Wang 以 TiB$_2$ 和 Ti6Al4V 粉末为原料,采用激光 DED 技术制备出了 TiB/Ti-6Al-4V 复合材料,其室温拉伸强度、显微硬度、耐磨性较相同工艺下的合金而言都有明显提升。北京航空航天大学王华明团队在 2009—2010 年期间报道了采用外加法集合激光 DED 技术制备不同含量的 TiC/TA15 复合材料,TiC 呈现等轴或近等轴特征,其中体积分数为 5% 的 TiC 的复合材料呈现出优异的力学性能,抗拉强度较基体高出 150 MPa,此外还研究了蠕变行为和高温力学性能。南京航空航天大学顾冬冬于 2011 年首次采用 SLM 技术,制备出高含量的 TiC/Ti 复合材料,发现纳米尺寸的 TiC 粉末经熔化以后会显著长大为枝晶形貌,该材料的硬度、弹性模量、耐磨性较纯钛大幅提升。随后澳大利亚伊迪斯科文大学 Hooyar Attar 等采用 SLM 技术制备出原位自生 TiB 增强纯钛的复合材料,TiB 起到了明显的强化作用并且有效细化了基体组织;并且发现球磨后待熔化粉末的球形度越高,打印出来的复合材料致密度就越高。Nan Kang 利用 SLM 技术分别制备出 TiB/Ti 复合材料和纯钛,比较了二者的磨损性能;Chang Kun 进一步利用 SLM 技术制备出纳米 TiC 增强的钛基复合材料,致密度达到 98.2%。S. Pouzet 和 Mujian Xia 利用激光 DED 技术和 B$_4$C 陶瓷粉末作为增强体源,分别制备出 TiB+TiC 二元强化 Ti-6Al-4V 和 TiB+TiC 强化纯钛的钛基复合材料。2017—2018 年,德州理工大学 Yingbin Hu 等人利用激光 DED 技术,通过调整激光功率,制备出微米网状结构 TiB 增强的钛基复合材料,基体组织得以细化,并详细分析了组织演变机理和复合材料中的强化机制。2018 年哈尔滨工业大学李俐群团队也报道了利用激光 DED 技术增材制造 TiC/

Ti-6Al-4V复合材料,并研究了原始 TiC 尺寸和体积分数对复合材料组织与性能的影响,进而制备出 TiC 含量呈梯度分布的梯度钛基复合材料。

近年来随着增材制造技术的不断发展与完善,通过增材制造技术制备钛基复合材料的研究逐渐兴起。Hu 等采用激光增材制造技术,以 TiB_2-Ti 混合粉末为原料,通过制备参数优化,成功制备出了基体组织细小,TiB 呈细小晶须状且网状分布的 TiB/Ti 复合材料,如图 4.22 所示。Wang 等以不同尺寸 TiC 与 TC4 混合粉末为原料,采用激光增材制造技术制备了 TiC_p/TC4 复合材料,获得了优异的综合性能。于翔天与王华明项目组采用激光熔化沉积(TiB+TiC)/TA15 制备了原位钛基复合材料,获得了优异的组织与力学性能。该项目组通过激光增材制造成功制备出了组织细小、高强韧性的钛合金与钛基复合材料,并通过对比研究,明确了激光增材制造铺粉与送粉对钛合金及钛基复合材料表面粗糙度和力学性能的影响机理,为获得高强度、低粗糙度、低摩擦系数钛基复合材料奠定了基础。

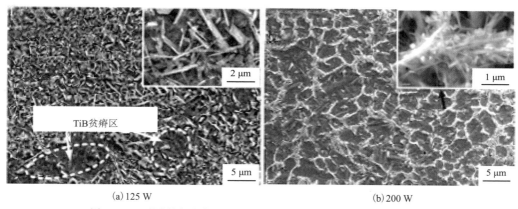

(a) 125 W　　　　　　　　　　　　　(b) 200 W

图 4.22　不同激光功率增材制造 TiB/Ti 钛基复合材料 SEM 组织

4.3　钛基复合材料的加工技术

锻造、挤压和轧制等加工技术具有近净成形的特点,而工业构件对微观组织调控及性能改善的需要又使得体成形过程中的塑性变形不可或缺。因此加工技术对钛基复合材具有重要意义。钛基复合材料中,基体的弹性模量一般都较低,σ_s/σ_b 比值大,在冷成形时回弹较大,而材料中的增强相在冷成形过程中易于开裂或与基体脱粘,在材料中形成裂纹,因此钛基复合材料通常使用热变形工艺进行成形。热变形加工一方面使钛基复合材料更加致密,消除烧结或铸造态复合材料中的各类缺陷并均匀组织;另一方面可以细化晶粒,实现细晶强化的目的,并通过塑性变形位错的引入实现加工硬化的目的。因此通过铸造或粉末冶金法制备钛基复合材料后往往会附加热变形过程。常用于钛基复合材料的热变形工艺有热锻造、热挤压和热轧制,根据热加工时温度的不同,又可分为在 α+β 相区或 β 相区加工。在不同相区进行加工时,材料对热变形的抗力及热变形后的组织均有显著不同。在热加工过程中,材料发生的动态回复和再结晶行为将显著改变材料热加工后的组织及性能,且材料组织对热加工工艺非常敏感,因此对材料进行热加工前常需要对材料的热变形行为进行研究,以此制定材料的热加工工艺。在高温下的变形往往会带来材料氧化的问题,通过材料表面包套或涂抹抗氧化剂,可以在一定程度上阻止氧化。此外,在可以实现热变形的基础上选择较低的变形温度,也可以缓解氧化带来的问题。

4.3.1 钛基复合材料压缩变形行为

在钛基复合材料的热变形过程中,有两个方面的因素互相制约影响材料对热变形的抗力。一方面,材料在变形过程中将发生位错增殖,导致加工硬化,可提高材料的变形抗力。另一方面,材料在高温变形过程中将发生动态回复及再结晶过程,使材料软化,降低材料的变形抗力。而材料中增强相的存在将影响材料中的位错运动规律及动态回复和再结晶过程,从而影响材料的热变形行为。当变形过程中,硬化及软化机制平衡时,材料在恒定的温度及变形速率下将存在一个相对稳定的流变应力。

高温压缩试验常被用于研究材料的热变形行为。通过对材料在恒定温度及应变速率下进行压缩试验,所得的真应力-真应变曲线可以很好地反映出材料中加工硬化及流变软化行为。钛基复合材料的热变形行为可通过两个方面分析:钛合金基体对热变形的贡献以及材料中增强相对基体热变形行为的影响。钛基复合材料在高温变形中的软化现象主要归因于钛合金基体,其流变软化机制包括动态回复、动态再结晶、片层球化等。而金属动态再结晶的两种机制,即连续动态再结晶(即亚晶界吸收位错转变为大角晶界)和非连续动态再结晶(即大角晶界的迁移实现形核长大)在钛合金的热变形中都有体现。材料中增强相的作用主要包括:对位错运动的阻碍、对晶界迁移的阻碍和为动态再结晶提供形核部位等。

1. 钛基复合材料压缩变形应力-应变行为

典型钛基复合材料的高温压缩真应力-真应变曲线如图 4.23 所示。可见钛基复合材料的热变形行为同时受应变速率及温度的影响。应变速率越高,材料对热变形的抗力越高;变形温度越低,材料对热变形的抗力越高。在图中可见,材料的高温变形可被分为三个阶段:

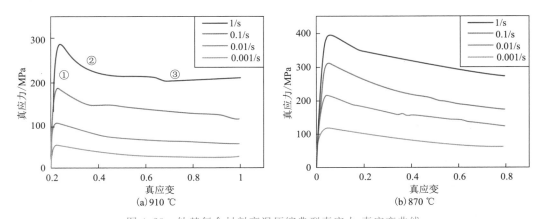

图 4.23　钛基复合材料高温压缩典型真应力-真应变曲线

①—加工硬化阶段;②—流变软化阶段;③—稳态流变阶段

第一阶段为加工硬化阶段,材料内的应力随着变形量的提高而迅速增长至峰值。在此阶段中,材料内的位错迅速增殖并形成位错缠结及亚结构等,材料得到显著的加工硬化,材料内部储存大量畸变能。第二阶段为流变软化阶段,材料内的应力开始下降。此阶段中,基体中储存的畸变能导致动态再结晶开始发生。基体中的动态再结晶与动态回复、片状 α 相球化过程共同导致材料中的位错密度迅速下降,从而软化材料。第三阶段为稳态流变阶段,基体中的位错增殖速率与位错在动态回复、再结晶等过程中的消耗速率相平衡,基体的加工硬化与流变软化效应互相抵消,使得材料内的应力达到稳定,材料开始发生稳态流变。根据材料特性和变形温度的不同,流变应力曲线也可能不出现峰值,直接由第一阶段进入第三阶段。

一般而言,材料流变应力曲线出现峰值意味着动态再结晶开始。当材料在高温、低应变速率发生变形时,由于动态回复的影响较为显著,这一峰值点往往并不明显甚至并不存在,此时可以通过曲线中的拐点判断基体中动态再结晶的发生。表 4.1 列出了几种钛基复合材料于 950 ℃进行热压缩时,不同变形速率下的峰值应力。

表 4.1　钛基复合材料于 950 ℃,不同应变速率下峰值应力

材料体系	增强体含量(体积分数)	应变速率/s^{-1}			
		1	0.1	0.01	0.001
TiB$_w$/TC4	8%		135 MPa	118 MPa	72 MPa
TiB$_w$/TA15	3.5%	175 MPa	155 MPa	90 MPa	40 MPa
TiB$_w$/Ti60	3%	120 MPa	107 MPa	77 MPa	58 MPa
TiC/Ti1100	4.6%	140 MPa	90 MPa	35 MPa	10 MPa

2. 钛基复合材料压缩变形本构方程

对于大多数金属材料,恒应变条件下的高温压缩、超塑性高温变形以及高温蠕变过程,都属于热激活的变形过程,可用热变形本构方程加以描述。研究表明,钛合金的流变应力与应变速率以及高温变形速率之间的函数关系可用典型的双曲正弦模型来表示。具体形式如下:

$$\dot{\varepsilon} = A_3 [\sinh(\alpha\sigma)]^{n_3} \exp\left(-\frac{Q}{RT}\right) \qquad (4.1)$$

$$\dot{\varepsilon} = A_2 \exp(n_1\sigma) \exp\left(-\frac{Q}{RT}\right) \qquad (4.2)$$

$$\dot{\varepsilon} = A_1 \sigma^{n_2} \exp\left(-\frac{Q}{RT}\right) \qquad (4.3)$$

$$\alpha = n_1/n_2 \qquad (4.4)$$

在上述关系式中,A_1,A_2,A_3,n_1,n_2,n_3 和 α 均为与材料自身相关的常数,或称材料常数。Q 表示变形激活能(kJ/mol),R 表示气体常数[8.314 J/(mol·K)],$\dot{\varepsilon}$ 为应变速率(s^{-1}),T 表示变形温度(K)。通过将每个变形速率及变形温度下的流变应力值代入上式中,经由线性回归可得到材料常数的值,将材料常数代回方程中即可得到材料的热变形本构方程。热变形本构方程可以反映出在不同温度及应变速率下材料对热变形的抗力,同时其中的材料常数也可以间接反映出材料的热变形机制,并且热变形本构方程本身也可作为数值

模拟时的基本参数使用,并为实际热变形提供依据。经过计算,TiB$_w$/TC4 复合材料与 TiB$_w$/TA15 复合材料的热变形本构方程可归纳如下。

（1）TiB$_w$/TC4 复合材料

①α＋β 双相区,令 $Z＝\dot{\epsilon}\exp(822.3/RT)$

$$\sigma＝84.423\times\ln\{[Z/(9.1879\times10^{33})]^{1/4.5563}+[[Z/(9.1879\times10^{33})]^{2/4.5563}+1]^{1/2}\} \quad (4.5)$$

②β 单相区,令 $Z＝\dot{\epsilon}\exp(209.4/RT)$

$$\sigma＝44.949\times\ln\{[Z/(8.8471\times10^{6})]^{1/3.957}+[[Z/(8.8471\times10^{6})]^{2/3.957}+1]^{1/2}\} \quad (4.6)$$

（2）TiB$_w$/TA15 复合材料

①α＋β 双相区,令 $Z＝\dot{\epsilon}\exp(593.69/RT)$

$$\sigma＝129.87\times\ln\{[Z/(4.12\times10^{25})]^{1/3.22}+[[Z/(4.12\times10^{25})]^{2/3.22}+1]^{1/2}\} \quad (4.7)$$

②β 单相区,令 $Z＝\dot{\epsilon}\exp(338.13/RT)$

$$\sigma＝35.59\times\ln\{[Z/(2.37\times10^{12})]^{1/2.74}+[[Z/(2.37\times10^{12})]^{2/2.74}+1]^{1/2}\} \quad (4.8)$$

在高温压缩试验中,增强相的影响主要体现在应力-应变曲线及热变形激活能上。大量研究显示,增强相的加入会提高材料在各个温度及应变速率下的流变应力,同时热变形激活能 Q 也会得到提高,说明增强体对材料的热变形起显著的阻碍作用。增强相对材料热变形的阻碍作用主要归因于增强相对材料加工硬化率的提升。这可能有两方面原因:一方面,增强体的加入将细化材料在铸造及烧结状态下的晶粒尺寸,并阻碍了加热过程中 β 相的长大。另一方面,增强体的存在阻碍了热加工过程中晶界或位错的运动,使位错在 α 相中更多地形成了位错缠结及胞状结构。由于在不同相区中控制热变形的相不同,因此增强体在不同的变形过程中也扮演着不同的作用。一般而言,增强体对材料激活能的影响在 α＋β 双相区较大,而在 β 单相区较小。

在钛基复合材料的热变形过程中,位错的产生及消失、增强体的重新分布、织构的产生等均会导致材料内组织的改变,而增强体的存在会使得材料在热变形后的组织与钛合金有所区别。在钛基复合材料中,变形温度、变形速率、增强体分布、变形量等因素均会对热变形后的组织产生影响。

3. 钛基复合材料压缩变形组织演变

图 4.24 为网状结 TiB$_w$/TC4 复合材料的圆柱试样经由热变形后,纵截面上的显微组织。根据截面状态,可将材料分为几个区域:无变形区（Ⅰ）、过渡变形区（Ⅱ）、均匀大变形区（Ⅲ）及圆周变形区（Ⅳ）。由于受压头摩擦作用及三维压缩作用,区域Ⅰ内的材料将不发生显著变形,从图中三维网状的形状及尺寸可印证这一点。区域Ⅲ与区域Ⅰ、Ⅱ、Ⅳ均有接触,且变形量随着靠近区域Ⅲ而增加。区域Ⅲ代表了最重要的材料均匀变形区,在区域Ⅲ中,等轴的三维网状单元被压扁,成为垂直于压缩方向的盘状结构,并且晶须也随着变形而垂直于压缩方向出现定向分布。区域Ⅳ中三维网格沿圆周方向被拉长,成为长条状结构。由于拉应力的存在,当变形速率较快或变形温度过低时,区域Ⅳ中较易出现晶须断裂、孔洞等缺陷,是材料在热变形过程中的薄弱部分。

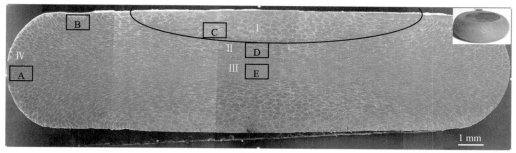

整体界面

(a) A区域放大 (b) B区域放大 (c) C区域放大 (d) D区域放大 (e) E区域放大

图 4.24 网状结构 $TiB_w/TC4$ 复合材料压缩试样纵截面 SEM 组织照片(右上角为压缩试样宏观照片)

在 $\alpha+\beta$ 相区内进行热变形时,基体内的组织变化主要由宏观变形、动态再结晶及片状 α 相的球化引起,变形速率会很大程度上影响材料变形后的组织。在高应变速率下,材料中动态再结晶形成的晶核来不及长大,动态再结晶不充分,高密度的位错将会形成位错墙分隔细长的 α 相,使 α 相发生球化。而在低应变速率下,材料中因位错缠结形成的亚结构将最终形成新的晶界,新的晶界将有充分的时间吞并周围的位错并逐渐长大。

当在 β 相区进行热变形时,材料中的 α 相将完全消失。由于 β 钛拥有很高的自扩散系数,在发生 β 转变后材料内的 β 晶粒会迅速长大合并,形成等轴状的 β 晶粒。在钛合金中,β 转变后往往会迅速形成大尺寸的晶粒。在钛基复合材料中,增强体的存在可以显著限制 β 晶界的迁移,阻止 β 晶粒的过度长大,在热变形过程中产生的动态再结晶行为则可以进一步细化 β 晶粒。对 $(TiB_w+La_2O_3)/Ti$ 复合材料的热变形研究发现,在 β 单相区进行热变形时,β 晶粒将沿变形方向被压扁,并随着动态再结晶过程,由晶界处项链状析出再结晶 β 晶粒,形成典型的不完全动态再结晶组织,如图 4.25 所示。

对网状结构 $TiB_w/TC4$ 复合材料的热变形组织研究发现,网状结构 $TiB_w/TC4$ 复合材料在各个变形参数下的低倍组织均很类似,区别主要体现在各个变形区域的比例和高倍组织中,在各参数下均不存在宏观裂纹或试样弯曲变形现象。复合材料甚至可在 $10\ s^{-1}$ 的高应变速率下保持变形的稳定性,优于部分钛合金。通过对 $940\ ℃/0.01\ s^{-1}$ 条件下变形的材料进行组织(见图 4.26)观察发现,增强相的存在明显促进了材料动态再结晶的发生:TiB 晶须增强相作为硬相阻碍基体的塑性变形,这就导致了在硬相的 TiB 晶须增强相附近产生大量的位错塞积。也就是说,在 TiB 晶须增强相附近的基体内位错密度要明显高于远离增强相区域基体内的位错密度,或者说能量更高。因此,在增强相附近更容易发生动态再结晶。

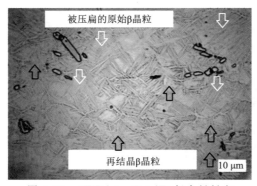

图 4.25 （TiB+La₂O₃）/Ti 复合材料在
1 100 ℃/1 s⁻¹ 变形条件下的微观组织

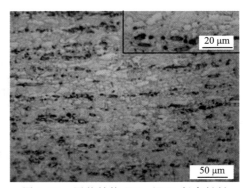

图 4.26 网状结构 TiBₓ/TC4 复合材料
变形后动态再结晶金相组织照片

网状结构 TiBₓ/TC4 复合材料失稳变形的特征主要为晶须与基体之间的分离，或在晶须交汇处产生裂纹。裂纹的产生可归结于热变形过程中基体材料与晶须之间变形不匹配所致的应力集中。在高应力水平的变形过程中，应力集中将引起增强体的断裂或增强体与基体界面的脱粘，在材料内部形成裂纹或孔洞。在变形速率过高的试样中还可发现 α 晶粒被严重拉长的局部流变带。这种局部流变带的形成主要归结于钛基复合材料较低的热导率导致的局部过热。过低的变形温度和过高的应变速率是引起界面脱粘的主要因素。因此，为了避免失稳变形的出现，应选择应变速率低于 1.0 s⁻¹，而变形温度高于 920 ℃。

4.3.2　钛基复合材料的热锻造

热锻造是在高温下利用锻压设备对金属坯料施加一定压力，从而实现材料塑性变形的加工手段。通过不同方向的载荷施加，可以实现对钛基复合材料的大变形，所得成品一般为板材或块体材料。

贝尔戈罗德州立大学的 Ozerov 等通过放电等离子烧结（SPS）工艺，制备了 TiB/Ti 复合材料，并对其分别进行了 α 相区内的 700 ℃ 和 850 ℃ 的多向锻造。图 4.27(a) 的室温拉伸结果表明，未进行锻造的烧结态材料在拉伸过程中呈现脆性，而锻造后的材料则出现了屈服现象。锻造后的复合材料在 300～500 ℃ 下的拉伸性能也较烧结态材料有大幅度的提升，这与锻造过程导致的晶粒细化有关。此外，α 相区的变形也促进了基体的动态再结晶过程，从而提高了材料的加工硬化能力。在锻造过程中，TiB 晶须会产生破碎现象，晶须碎片会作为韧窝核心韧化材料，从而为 TiB/Ti 复合材料提供更好的变形能力。

对钛基复合材料进行锻造除了使材料成形外，还具有改变复合材料中基体组织、改变增强体取向及分布的作用。与钛合金不同，钛基复合材料中的增强体可以有效限制 β 相晶界的迁移，即便在 β 相区中保温也不会导致晶粒过分长大，因而可方便地进行 β 温度区锻造。对自耗电弧熔炼铸造态增强体的体积分数为 0%、1.2% 及 1.5% 的 TiBₓ/VT18U 复合材料进行 2D 锻造（见图 4.28），复合材料锻造温度为 1 050 ℃（β 温度区），VT18U 合金锻造温度为 950 ℃（α+β 温度区），锻造在液压机上完成，锻速为 10⁻³～10⁻² s⁻¹，总变形量约为 300%。

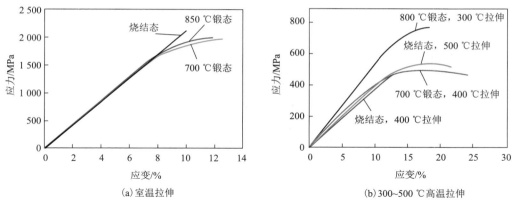

图 4.27　TiB/Ti 复合材料室温及高温性能 MAF700:700 ℃锻造,MAF850:850 ℃锻造

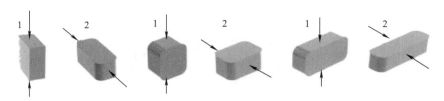

图 4.28　二维锻造流程示意图

锻造后的热处理工艺为:1 050 ℃—0.5 h—AC(TiB_w/VT18U)或 980 ℃—1 h—AC(VT18U),之后均进行 550 ℃—5 h—AC,650 ℃—2 h—AC 两步退火。合金材料在双相区进行退火的目的是防止 β 晶粒过分长大使材料的蠕变性能受损。经热处理后的材料组织如图 4.29 所示。

图 4.29 中的两种复合材料中的晶须均发生了明显的定向分布。EBSD 分析结果发现,晶须的{010}晶面沿锻件的长度方向分布密集,α 相中并无显著织构,这表示经 β 锻造后的 TiB_w/Ti 复合材料内主要发生晶须的定向排布,而 α 相的位向不受显著影响。经过锻造的复合材料,各个温度下的拉伸强度较钛合金均有提升,延伸率则均有下降。室温下,复合材料的断裂强度可接近 1 300 MPa,而 700 ℃下的抗拉强度接近 550 MPa。

在增强相均匀分布的铸造态钛基复合材料中,锻造所致的增强体定向分布可以改善材料在特定方向的力学性能。而在增强体网状分布的材料中,大变形量会导致材料中的网状结构消失,这在某些情况下是不理想的。而通过多向锻造(多步热墩拔),则可以在保留复合材料网状结构的同时实现对基体组织的调控。哈尔滨工业大学的张瑞等对粉末冶金制备的网状结构 Ti-6.5Al-2Zr-1Mo-1V(TA15)基的 TiB/TA15 复合材料进行了多向锻造,如采用 φ65 mm×60 mm 圆柱进行试验,加热到 1 000 ℃,保温 1 h 后在液压机上进行锻造。锻造流程如图 4.30 所示:第一次镦粗,在高度方向上下压 30 mm(50%工程应变),得到 φ95 mm×30 mm 的试样;第一次拔长是在径向上压平,所得尺寸为 75 mm×105 mm×30 mm;第二次拔长是在第一次拔长 90 ℃方向上压平,所得尺寸为 87 mm×72 mm×37 mm,此时试样已基本成为长方形。第三次拔长是在初次拔长方向上压缩,随后平整试样,得到尺寸是 82 mm×87 mm×35 mm 的试样;第四次是在三个方向上压下,得到尺寸为 82 mm×87 mm×35 mm

的试样;最后一道次在三个方向进行平整,平整结束后试样直接进行淬火。在每道次变形之间,都将模具及试样放回炉中保温 30 min。

(a) VT18U 合金

(b) 1.2B-TiB$_w$/VT18U 复合材料

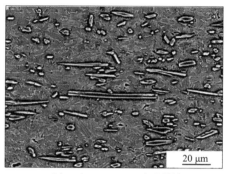

(c) 1.5B-TiB$_w$/VT18U 复合材料

图 4.29　材料经锻造及热处理后的背散射电子照片

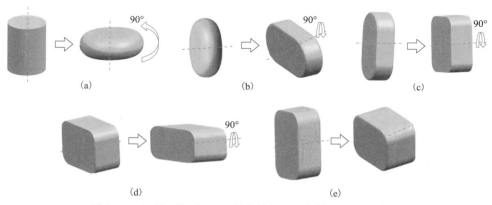

(a)　　　　　　　　　(b)　　　　　　　　　(c)

(d)　　　　　　　　　(e)

图 4.30　网状 TiB$_w$/TA15 复合材料的多向锻造流程示意图

　　通过多步热锻造在保留复合材料网状结构的同时实现对基体组织的调控。图 4.31 为多步热变形后材料的显微组织。从图中可看出:网状组织的形状及尺寸基本一致,网状组织的形状有拉长取向,但是拉长不明显,基本保持了烧结态材料的微观组织特征。上述实验结果说明,采用适当的变形步骤及条件参数,可以在获得所需形状的条件下,同时实现对增强体分布及基体组织的调控。

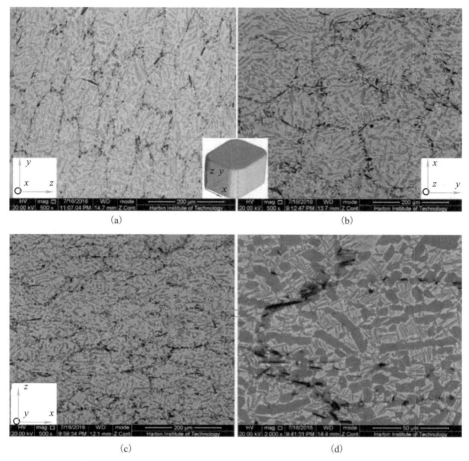

图 4.31　网状结构的 TiB_w/TA15 钛基复合材料热镦拔组织演变 SEM 组织

在锻件的不同部位取拉伸试样进行测试之后发现,室温下材料的拉伸应力—应变曲线略有不同。贴近于表面的试样具有更高的屈服及断裂强度,其断裂强度略高于 1 100 MPa;而处于锻件芯部的试样断裂强度略低于 1 100 MPa。不同部位材料的室温延伸率均在 8.5% 左右。在高温下,各个部位试样的应力—应变曲线较为接近,可近似认为一致。锻态材料在 600 ℃、650 ℃ 及 700 ℃ 下的强度分别约为 600 MPa、430 MPa 及 300 MPa。将材料的烧结态及锻造态性能进行对比,可发现锻造态材料的室温强度及延伸率均有不同程度改善。其中,室温强度从约 1 020 MPa 提升至约 1 100 MPa,延伸率从约 3.7% 提升至约 8.5%。锻态材料的高温强度仅有轻微提升,但延伸率得到了显著改善,600 ℃ 下延伸率由 10% 提升至 35%。

对于 TiB_w/Ti60 复合材料,经过热锻造等加工变形与热处理改性后,室温抗拉强度达到 1 300~1 600 MPa,600 ℃ 抗拉强度达到 1 000 MPa,700 ℃ 抗拉强度达到 800 MPa 水平,较钛合金强度大幅提升。

太原理工大学曲建平等对基体为 Ti-6Al-2.5Sn-4Zr-0.7Mo-0.3Si 合金的(TiB$_w$＋TiC$_p$)/Ti 复合材料进行 α＋β 双相区的热锻造。通过对锻造组织的观察,发现热锻造过程明显降低了增强体的长径比,且增强体的分布更为均匀。室温拉伸结果显示,锻造后的钛基复合材料抗拉强度可达 1 217 MPa。Imayev 等以 VT18U 近 α 钛合金为基体,制备了 TiB 增强的复合材料,进行了 800 ℃和 950 ℃的锻造。对合金来说,锻造后呈现明显的等轴 α＋β 组织,如图 4.32 所示,说明在变形过程中基体合金发生了充分的再结晶。但是对复合材料来说,基体的再结晶过程并不充分,这与晶须阻碍作用造成的材料初始组织的差异有关。与合金相比,锻造后的复合材料在蠕变性能上有很大的提升,这与晶须的强化作用有关。

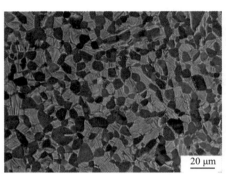 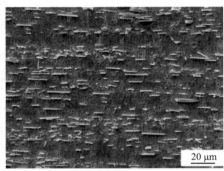

(a)VT18U合金   (b)TiB/VT18U复合材料

图 4.32   钛合金与钛基复合材料锻造后的组织

上海交通大学马凤仓等通过真空电弧熔炼的方法,以一种名为 Ti-1100 的合金(Ti-6Al-2.75Sn-0.4Mo-0.45Si)为基体,TiC 为增强体,制备了 TiC/Ti-1100 钛基复合材料,并分别进行了 α＋β 相区和 β 相区的热锻造。通过组织分析,发现在 β 相区进行热锻造后,材料内部观察到明显的魏氏组织;而在 α＋β 相区热锻造得到的组织呈片层结构。在变形过程中,TiC 颗粒阻碍了 α 相内部位错的运动,这促进了 α 相内部亚结构的形成。拉伸性能表明,在 α＋β 相区锻造的钛基复合材料具有最高的强度和最优异的变形能力,其抗拉强度可达 782 MPa,延伸率为 22.6%。

4.3.3 钛基复合材料的热挤压

热挤压是在高温下对放在挤压筒内的金属施加外力,使之从模孔中流出,从而实现塑性变形的方法。通过控制模孔的尺寸,可以改变材料的挤压比,从而对材料施加不同的变形量,获得具有不同尺寸的圆柱棒材。钛基复合材料的挤压温度一般为再结晶温度以上。

西安交通大学李树丰等对粉末冶金法制备的(TiC-TiB)/Ti 复合材料进行 1 000 ℃的热挤压,挤压比选择 37∶1。挤压态钛基复合材料的强度较基体 Ti 的强度(600 MPa 左右)提高了将近一倍(1 138 MPa),但是塑性急剧下降。如图 4.33 所示,通过原位拉伸观察,可以发现在塑性变形阶段 TiB 晶须已经发生开裂,而 TiC 的破坏则更早。这一方面说明增强体与基体之间存在性能差异;另一方面也证明了由于原位反应,增强体与基体界面结合良好,应力可以从基体向增强体的转移。

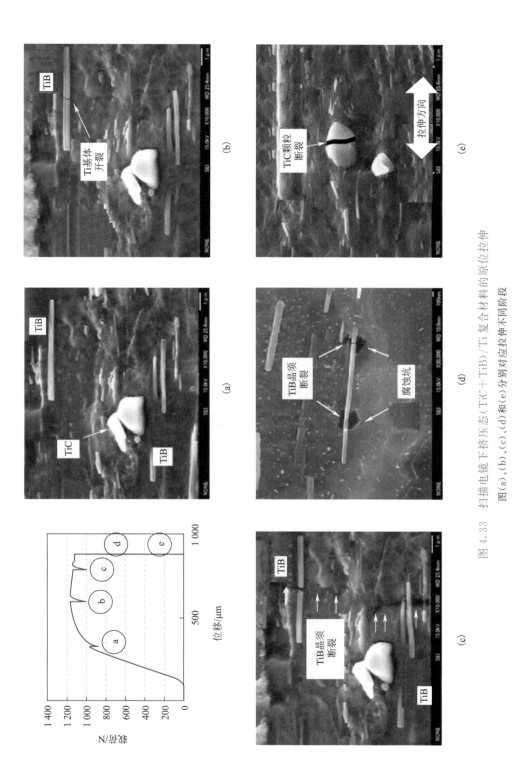

图 4.33 扫描电镜下挤压态（TiC＋TiB）/Ti复合材料的原位拉伸

图（a）、（b）、（c）、（d）和（e）分别对应拉伸不同阶段上海交通大学韩远飞课题组制备了以 Ti-6Al-4V(TC4)为基体的(TiB+TiC)/TC4 复合材料,通过 1 100 ℃热挤压获得钛基复合材料棒材,结果表明挤压后的材料在强度和韧性方面均较挤压前有一定程度的提高,这与晶粒细化以及动态再结晶的作用有关。此外,实验结果也表明挤压角对材料的组织有很大影响。如图 4.34 所示,随着挤压角的增大,晶须破碎越发严重。而拉伸结果表明,挤压角的增大会导致钛基复合材料强度和塑性的下降。这表明 TiB 晶须的长径比对强化钛基复合材料尤为重要。大挤压角带来的材料内增强体长径比的降低,会导致材料内部孔洞等缺陷的增加,也削弱了增强体的强化作用。

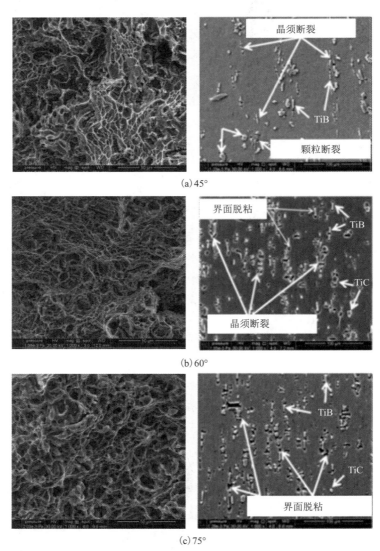

(a) 45°

(b) 60°

(c) 75°

图 4.34　不同挤压角挤压后的(TiB+TiC)/TC4 微观组织与断口

哈尔滨工业大学张文丛课题组对 TiB/TA15 网状结构钛基复合材料进行了 1 100 ℃下,挤压比为 10∶1 的热挤压,所得到挤压态材料具有明显的丝织构。挤压过后,TiB 晶须明显沿挤压方向偏转,且存在由于晶须偏转留下的孔洞。在随后的高温拉伸测试中发现,挤压态的材料发生了球化作用,这也带来了材料力学性能的提升。哈尔滨工业大学黄陆军等对不同增强相含量的 TiB/Ti60 复合材料进行 1 200 ℃的热挤压。由于晶须的阻碍作用,与挤压态合金相比,复合材料中挤压后的 α 相明显尺寸更小。在高温拉伸的过程中,也发现了明显的基体与增强相之间的脱粘。在不同体型的网状结构钛基复合材料的研究中,经过热挤压的 TiB/TC4 复合材料的室温强度和塑性同时提升。强度的提高主要是由于形变及热处理强化的效果。一方面,形变过程中产生了形变及热处理强化,细化了晶粒;另一方面,由于变形后直接空冷,较高的冷却速度形成了较多的马氏体组织。这些都会明显提高材料的强度。塑性的提升一方面与晶粒尺寸降低有关;另一方面,挤压变形使界面处增强相局部体积分数大大降低,提高了基体之间的连通度,导致断裂机制发生变化。高温下,挤压态钛基复合材料在 600 ℃下的抗拉强度可达 578 MPa。

图 4.35 为体积分数为 5% 的网状结构 TiB$_w$/TC4 复合材料经过热挤压变形后的 SEM 组织照片。从图中可以看出,由于原有 TC4 颗粒尺寸较大,挤压变形后,复合材料中 TiB 晶须增强相仍然分布在 TC4 基体周围。只是原本等轴的网状结构经过挤压变形后被拉长,仍然是按照准连续网状分布。TiB 晶须增强相由原来三维方向分布变成沿挤压方向的定向分布。然而局部增强相含量大大降低,或基体连通程度大大增加,且界面区宽度降低。这是由于经过挤压变形后,原本具有较小比表面积的近似球状的等轴基体颗粒,沿挤压方向被拉长,这样钛基体表面积大大增加,因此在网状界面处局部增强相含量降低,且沿挤压方向排列。这将提高沿挤压方向复合材料的强度与弹性模量。从另外一方面来看,由于基体连通度增加,这必定会提高复合材料的塑性指标。

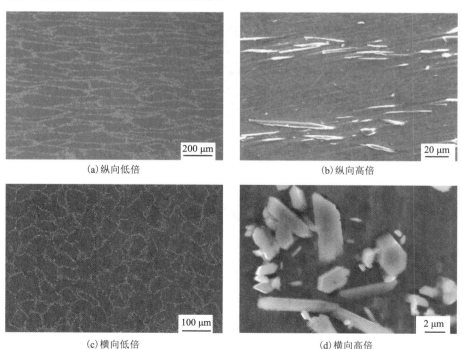

(a)纵向低倍　　　　　　　　　　　(b)纵向高倍

(c)横向低倍　　　　　　　　　　　(d)横向高倍

图 4.35　体积分数为 5% 的挤压态 TiB$_w$/TC4 复合材料纵截面与横截面 SEM 组织

　　另外,通过对比观察发现,在烧结态 TiB$_w$/TC4 复合材料基体中,呈现的是近似等轴状组织,而在变形后的基体中为马氏体组织 α′ 或 β 转变组织。这一转变主要是由于高温变形温度 1 100 ℃ 超过了基体 β 相变点以及变形后迅速冷却造成的,这对 TiB$_w$/TC4 复合材料的强度是有利的。综合以上可知,热挤压对复合材料组织与性能的影响是复杂的,其中沿挤压方向,塑性水平由于基体连通度增加必然得到提高,抗拉强度由于基体形变及热处理强化及晶须定向排列也必然得到提高。在横截面上,增强相分布仍然近似等轴状,只是由于变形发生了一定的扭曲,且尺寸大大降低。

　　体积分数为 8.5% 的网状结构 TiB$_w$/TC4(200 μm)复合材料挤压后的 SEM 组织分析结果显示,烧结态材料中形成的增强相团聚现象,在挤压变形过程中可以得到一定程度的改善。但由于晶须块的存在,更不利于协调变形,使得晶须折断更为严重。且原来存在的晶须团由于强度较高,基体流变抗力较低,不易被打碎,这就更容易形成缺陷。这些对复合材料的性能都是不利的。

　　图 4.36 所示为挤压比为 16∶1 和 9∶1 的挤压态与烧结态 TiB$_w$/TC4(45~125 μm)复合材料(体积分数为 5%)的室温拉伸性能曲线。从图中可以看出挤压比为 16∶1 的挤压态复合材料抗拉强度为 1 206 MPa,延伸率为 12%。而挤压比为 9∶1 的挤压态复合材料抗拉强度为 1 108 MPa,延伸率为 8.3%。可以看出复合材料的强度和塑性随着变形程度增加而增加。这是由于挤压变形过程带来的增强相定向分布、增强相破碎、网状结构参数改变、基体组织变化共同作用的结果,其中基体加工硬化与组织细化对材料的强度与塑性提升的作用随着变形程度增加而越加明显。

　　图 4.37 所示为 TiB$_w$/Ti60 复合材料与 Ti60 合金挤压前后室温拉伸应力—应变曲线对比。经过热挤压变形后,无论是复合材料还是基体 Ti60 合金,其力学性能均大幅度地提高。当增强体体积分数为 1.7%、3.4% 和 5.1% 时,经过热挤压变形后复合材料的抗拉强度分别提高了 23%、25% 和 29%,分别达到 1 315 MPa、1 364 MPa 和 1 454 MPa。强度大幅提高的主要原因是由于经过挤压变形后晶须得到了定向分布,因此可以更好的发挥增强体在挤压方向的强化效果。另外由于增强体对基体再结晶过程的影响以及冷却过程中对相变的影响,复合材料内基体晶粒尺寸更加细小,这对挤压之后的强化也有着积极促进的作用。

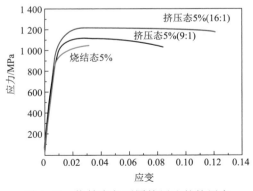

图 4.36　烧结态与不同挤压比的挤压态
TiB$_w$/TC4 复合材料(体积分数为 5%)的
室温拉伸应力-应变曲线

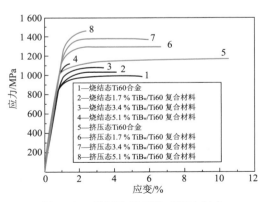

图 4.37　挤压前后 TiB$_w$/Ti60 复合
材料与 Ti60 合金的室温拉伸
应力-应变曲线

对于延伸率来讲,挤压态复合材料的延伸率较烧结态复合材料延伸率得到明显改善。其中体积分数为 3.4% 和 1.7% 的 $TiB_w/Ti60$ 复合材料的延伸率分别达到了 5.5% 和 6%。这是由于低体积分数的复合材料经过挤压变形后晶须分布比较离散,不存在增强体过度偏聚的区域。另外,原烧结态基体中存在的 α_2 相在热挤压变形过程中得到回熔,这对塑性也是有利的。但增强体体积分数达到一定值后,复合材料内部晶须折断严重并且存在一部分 TiB 晶须聚集区,在此区域内容易发生裂纹的聚集进而导致其快速的失稳扩展降低材料的塑性。

4.3.4　钛基复合材料的热轧制

轧制是靠两旋转轧辊与轧件之间的摩擦力将轧件拉入辊缝,使轧件受到压缩与挤压产生塑性变形的过程。通过轧制使轧件性能提高及横断面积增大。轧制是金属发生连续塑性变形的过程,易于实现批量生产,生产效率高,是塑性加工中应用最广泛的方法。轧制对钛基复合材料组织的影响有细化晶粒、改变增强体的取向及分布等。增强体取向的改变可以在较大程度上影响轧制态复合材料在特定方向上的性能。图 4.38 所示为轧制变形示意图。

对于钛基复合材料来说,由于受到轧辊前端垂直轧辊面的挤压力和轧辊与材料间摩擦力的作用,在被轧制材料上产生一对 RD 方向的相向的拉应力,以及 ND 方向上的压应力。拉应力使得等轴组织在侧面(Ⅱ)方向上被拉长,拉应力及压应力使得等轴组织在材料表面(Ⅰ)被压缩变大。这样,增强相变形成了沿 RD 方向的定向分布。

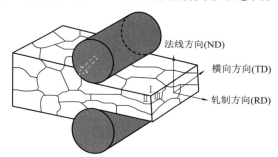

图 4.38　等轴组织轧制过程中的组织演变示意图

太原理工大学张长江等对 TiB_w+TiC_p 混杂增强钛基复合材料的轧制态组织及性能进行了研究。实验使用的材料为感应熔炼制得的体积分数为 2.5% 的 $(TiB_w+TiC_p)/Ti-6Al-2.5Sn-4Zr-0.7Mo-0.3Si$ 复合材料,并在 $\alpha+\beta$ 相区对材料进行多道次轧制。其中,材料的相变温度为 1 080 ℃。材料的轧制量分别为 45%、65% 及 85%,轧制后材料在 650 ℃ 下保温6 h 并随炉冷却以消除材料中的残余应力。不同轧制变形量下得到的钛基复合材料组织如图 4.39 所示。轧制过程一方面将引起 TiB 晶须沿轧制方向定向排列,另一方面将会使 TiB 晶须和 TiC 颗粒断裂,并在材料中均匀分布,使 TiB 晶须的长径比减小。晶须断裂后所产生的间隙将在基体的流动过程中被填补,因此断裂的晶须间没有明显的孔洞。轧制变形量的增加,使材料的强度得到提高,延伸率也有大幅度提升。对轧制变形量为 85% 的钛基复合材料,其室温拉伸强度可达 1 300 MPa,延伸率约 8%。

Tabrizi 等对等离子放电烧结制备的原位自生 $(TiB+TiC)/Ti-6Al-4V$ 复合材料进行900 ℃ 下,变形量 66% 的热轧制。结果表明,轧后基体的 α/β 片层宽度下降,基体存在明显的再结晶现象。复合材料的抗弯强度从烧结态的 1 850 MPa 提升至轧后的 2 100 MPa。

哈尔滨工业大学黄陆军等对增强体呈网状分布的钛基复合材料进行热轧制研究。从图 4.40 的 $TiB/Ti-6Al-4V$ 复合材料轧后组织可以看出,轧制过程会对增强体的分布产生一

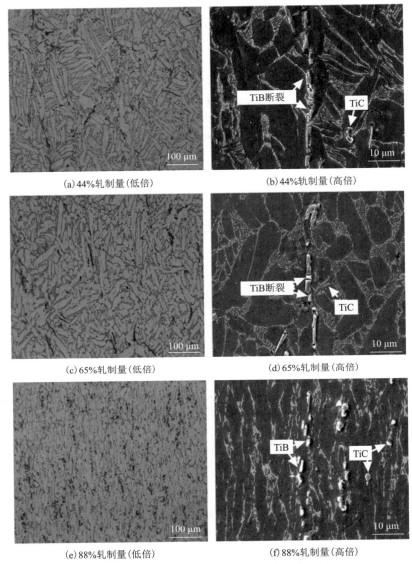

(a)44%轧制量(低倍)　　　　　　　　(b)44%轧制量(高倍)

(c)65%轧制量(低倍)　　　　　　　　(d)65%轧制量(高倍)

(e)88%轧制量(低倍)　　　　　　　　(f)88%轧制量(高倍)

图4.39　（TiB$_w$＋TC$_p$）/Ti复合材料在不同轧制量下的微观组织

定影响。轧制过后网状结构明显被压扁。而随着轧制变形量的增加,增强相破碎加剧,局部增强体含量降低。从图中可以看出,TiB/Ti-6Ai-4V复合材料的抗拉强度随变形量的增加而增加。如图4.41所示,当变形量达到60％时,抗拉强度从轧制变形前的1 090 MPa提高到1 330 MPa,相当于提高了22％。而当变形量达到40％时,TiB/Ti-6Al-4V复合材料的塑性最好,延伸率从变形前的3.3％提高到6.5％,提高了97％。而当变形量超过60％时,材料的强度和延伸率明显降低。这与基体变形带来的强化效果低于增强体破碎带来的弱化效果有关。一方面,大量变形使得晶须折断严重,产生更多缺陷和微裂纹;另一方面,由于多道次轧制及回火加热均在空气炉中进行,钛基体大量变形过程中的氧化也会造成力学性能的下降。

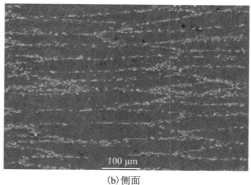

(a)轧制面 （b)侧面

图 4.40 体积分数为 5％的 TiB/Ti-6Al-4V 复合材料经过 80％轧制变形后组织照片

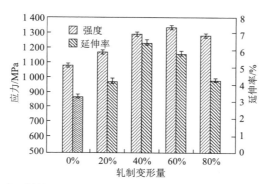

图 4.41 体积分数为 5％的 TiB/Ti-6Al-4V 复合材料室温拉伸性能随轧制变形量的变化

4.4 钛基复合材料的工程应用

钛基复合材料由于具有高的比强度、比刚度、耐磨性、耐热性等优点,在航空、航天、国防、交通运输等领域具有广泛的应用前景。本节将分别论述连续增强和非连续增强钛基复合材料的工程应用。

4.4.1 连续增强钛基复合材料的应用

连续纤维增强钛基复合材料具有高的比强度和比模量以及好的耐热性,因此高温性能优于传统的钛合金材料,有望用于制造未来航空航天高性能发动机部件。20 世纪末,美国先后启动了三个有关 SiC$_f$/Ti 及其应用研究的综合研究计划,开展的 IHPTET(the integrated high performance turbine engine technology)计划中多个部件和结构采用了 SiC$_f$/Ti 复合材料,率先研发出用于 XTC16/1A 发动机的第三、四级压气机整体叶环,其基体材料为 Ti6A14V,增强纤维为 SCS-6,减重 78％并且降低了生产成本;随后进一步研发出了 SiC$_f$/Ti1100 叶环,性能进一步提升,并在低压涡扇发动机传动轴采用了 SiC$_f$/Ti 复合材料。此外,Textron 公司研制出耐高温的 SiC$_f$/Ti 面板和蒙皮材料用于单级入轨器;普惠公司和通用电气公司合作完成了 TMCTECC（titanium matrix composite turbine engine component consortium）计划，研制的 SiC_f/Ti 宽弦风扇空心叶片质量比钛合金更轻，降低了制造成本，推广了钛基复合材料在大型喷气式发动机中的应用。该计划成员的 ARC 公司制备出 F119 发动机扩散喷管的活塞，代替原有的不锈钢构件，减重 40%。麦道公司将 SiC_f/Ti 复合材料运用于 F-15 战机的前起落架减震外筒，性能大幅提升。德国宇航中心开发出磁控溅射沉积法制备 SiC_f/Ti 复合材料，并生产出空心叶片与整体叶环试验件（见图 4.42）。法国的 Snecma 公司开发了一种低成本复合材料制备技术，制备的复合材料结构件已经获得实际应。此外，日本、印度分别启动的超高速运输机计划和先进吸气式跨大气层研究计划（AVATAR），也都将 TMCs 纳入高技术结构材料范畴进行应用研究。与国外相比，国内的研究起步较晚，目前还停留在试验研究阶段。中科院金属所率先采用频射加热化学气相沉积工艺制备了 SiC 纤维增强相，纤维质量得以提高，进而采用磁控溅射先驱丝法制备出 $SiC_f/TC7$ 复合材料，目前已加工出棒材与环形件样品。2017 年 7 月，据中科院金属所网站报道，该所研制的全尺寸 SiC 纤维增强钛基复合材料环件在浙江大学进行了地面强度验证，达到了预期设计目标，这是国内首次对大型钛基复合材料环件的考核验证，标志着该材料从基础性研究正式进入工程化应用阶段。北京航空材料研究院采用箔—纤维—箔与超塑性成形的工艺制备出了钛基复合材料宽弦风扇叶片模拟件，并通过电子束物理气相沉积与热等静压结合的工艺，制备出小型的复合材料棒材。此外，为适应高推重比航空发动机研制的需要，中国航发沈阳发动机研究所纪福森等研究了国内外连续纤维增强钛基复合材料及其结构件的制备工艺特点，以及压气机连续纤维增强钛基复合材料整体叶环的设计和试验情况，并开展了整体叶环设计和分析研究。

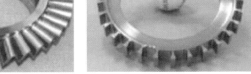

(a)MTU   (b)SNECMA   (c)RR

图 4.42 欧洲各公司制备的整体叶环试验件

4.4.2 非连续增强钛基复合材料的应用

非连续增强钛基复合材料具有较高的强度、比刚度、蠕变抗力和抗疲劳性能。尤其是增强体呈网状结构分布时，复合材料塑形得到进一步改善，其服役温度较传统钛合金可有效提升，因此在航空航天、汽车制造以及工业生产等领域具有广阔的应用前景。美国 Dynamet 公司研发的 TiC/Ti-6A1-4V 复合材料，已经用在了半球形火箭壳、导弹尾翼和飞机发动机零部件上。在荷兰，用钛基复合材料研制的起落架撑杆已经安装到 F16 战斗机上。低成本高强颗粒增强金属基复合材料，也可满足汽车领域不同的性能需求，从而实现节能减排的目的。日本已经开发出短纤维增强钛基复合材料用于汽车发动机的进、出气阀和连杆的近成型件等,以及 TiC 颗粒增强钛基复合材料用于制作发动机进气阀、造纸辊、输送次氯酸矿浆用的叶轮和海水泵轴承等。西北有色金属研究院研发出能在650 ℃温度下应用的 TiC 颗粒强化钛基复合材料,目前已经开发出棒材,并经模锻制成航空发动机叶片。

耿林、黄陆军等也开展了对挤压态钛基复合材料的应用。图 4.43 所示为经过热挤压与旋锻变形获得的 TiB_w/TC4 复合材料棒材。从图中可以看出,TiB_w/TC4 复合材料棒材表面光亮,直线度好,表现出网状结构 TiB_w/TC4 复合材料优异的热成型能力。螺纹光亮无宏观缺陷,表现出优异的冷加工能力。力学性能测试结果显示,抗拉强度 1 230～1 350 MPa,延伸率约 10%。经过热处理,抗拉强度达到 1 500～1 600 MPa。

图 4.43 热挤压变形获得的钛基复合材料棒材

图 4.44 所示为经过热挤压变形与旋锻技术获得的内径为 3 mm、壁厚 2 mm、外径为 7 mm 的 TiB_w/Ti6Al4V 复合材料薄壁管材,表现出优异的热成型能力。该薄壁管材可用于超高速飞行器发动机喷油管,与传统不锈钢喷油管相比减重 40% 以上,室温抗拉强度达到 1 388 MPa,且拉伸延伸率达到 6%,并且大幅提高了使用温度与抗腐蚀能力,500 ℃抗拉强度达到 895 MPa,600 ℃抗拉强度达到 635 MPa。根据现有条件,通过模具设计还可以制备不同内径及外径尺寸,长度超过 1 000 mm 的薄壁管材。

(a) 横截面   (b) 纵向宏观形貌

图 4.44 TiB/TC4 复合材料薄壁管材

耿林与东方蓝天钛金科技有限公司联合,以挤压棒材为原料,通过镦制及滚丝工艺制备出了 TiB_w/Ti-6Al-4V 复合材料 M10 六角头与 100°十字槽沉头螺钉(见图 4.45)。通过优化滚丝及镦制工艺,实现了一次温镦成型,获得了较好的螺纹及镦制头部。性能测试结果显示,TiB_w/TC4 复合材料丝材的各项关键指标较进口 TC4 钛合金丝材性能均有较大程度的提高,室温抗拉强度达 1 334 MPa,拉伸延伸率为 11%,断面收缩率为 23%,剪切强度为

740 MPa,较进口钛合金的 650 MPa 提高了 13.8%;500 ℃保温 45 min 的极限强度为 700 MPa,较进口 TC4 钛合金的 520 MPa 提高了 34.6%。依据 NASA 标准对钛基复合材料紧固件进行了疲劳测试,13 万次循环后 TiB$_w$/TC4 复合材料紧固件仍未失效。

图 4.45　TiB$_w$/TC4 复合材料典型件六角头紧固件镦制毛坯件与十字槽沉头紧固件成品件

　　图 4.46(a)所示是为满足钛基复合材料盘件应用需求,采用热轧制、校形及机加工制备的直径 600 mm 的圆盘轧件,进一步通过机械加工制备出了直径 580 mm 的 TiB$_w$/TA15 复合材料气动格栅构件成品试件[见图 4.46(b)]。在机加工过程中产生了光滑、连续的弹簧状车屑,表现出材料具有很好的成形性与机械加工性。组织分析显示不同部位的组织均匀,力学性能测试结果显示,其室温抗拉强度达到近 1 100 MPa,延伸率约 11%,在 700 ℃左右具有广泛的应用前景。气动格栅构件通过航天地面测试考核,相对于原有材料,起到了减重 46%的效果,标志着该材料工程应用阶段的开启。

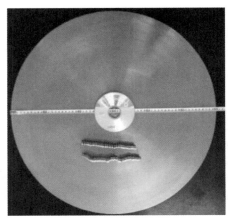

(a)轧制圆盘件　　　　　　　　　　(b)机加工后气动格栅

图 4.46　钛基复合材料轧制圆盘件

4.5　钛基复合材料的发展预测

　　非连续钛基复合材料经过 30 余年的研究,以进一步提高其强度、弹性模量、耐磨性能、高温强度及高温服役温度为目的,已经取得了长足的进步,虽然已基本具备优异的综合性能,可以满足航空航天、武器装备、汽车等行业中对轻质、耐热、高强、可变形加工、可热处理及变形强化材料的需求,但仍然存在诸多问题,如制备工艺不稳定;难以获得理想的强度与塑性指标;仍然停留在实验室研究阶段,应用开发空缺,亟待形成研发—应用—发展的良性循环。因此今后 DRTMCs 研究的重点在于:

(1)发展复合材料新理论。针对传统复合材料设计理论仅考虑增强相均匀分布和整体体积分数的局限,引入增强相可控非均匀分布、局部体积分数和连通度的概念,发展能够囊括增强相不同分布状态(层状、团聚、网状、双连通)的复合材料设计新理论,为金属基复合材料提供新的强韧化途径。

(2)结合现有基础,制备高弹、高耐磨、高强韧、耐高温、高强等系列具有不同性能特点的DRTMCs。其中,钛基复合材料中多级结构与多尺度增强相设计,将是大幅提高其综合性能的关键。然而,如何设计、设计成什么样的多级多尺度结构以及如何实现是实现突破的关键。与其相关的理论计算、数值模拟、高通量制备、强韧化机理、适用于多级多尺度结构的新理论、成形技术与应用将是研究重点。

(3)基于增材制造技术、涂层技术与粉末冶金技术,利用网状结构的钉扎作用,针对具有优异综合性能的钛合金基复合材料,采用激光熔覆、原位自生反应等技术在复合材料表面得到层厚可控且具有不同性能特点的复合材料涂层,如热障涂层、高耐磨涂层,以提高其使用寿命。

(4)采用 3D 打印技术,开展 DRTMCs 微小构件、形状复杂构件的制备及后续处理研究,以及增强相空间分布状态调控研究。

(5)基于航天航空领域对轻质耐热可加工钛基复合材料的迫切需求,结合已有研究基础,开发 500~600 ℃用 TC4 基复合材料、500~700 ℃用 TA15 基复合材料、600~800 ℃用 Ti60 基复合材料,开发高耐磨、高抗氧化等系列复合材料体系,并实现稳定化制备;开发粉末冶金成形一体化与改性技术;攻克复杂形状构件成形与焊接技术,实现网状结构钛基复合材料在关键构件上的应用。结合钛基复合材料性能特点,采用合理的材料连接与塑性加工工艺,制备具有优异性能的 DRTMCs 大尺寸或形状复杂构件,以满足其工业应用。

参考文献

[1] ALHAMMAD M,ESMAEILI S,TOYSERKANI E. Surface modification of Ti-6Al-4V alloy using laser-assisted deposition of a Ti-Si compound[J]. Surface and Coatings Technology,2008,203:1-8.

[2] AN Q, HUANG L J,JIANG S,et al. Two-scale TiB/Ti64 composite coating fabricated by two-step process[J]. Journal of Alloys and Compounds,2018,755:29-40.

[3] ATTAR H,BÖNISCH M,CALIN M,et al. Selective laser melting of in situ titanium-titanium boride composites:Processing, microstructure and mechanical properties [J]. Acta Materialia, 2014, 76: 13-22.

[4] BAI B L, ZHU M S. Progress on the research of titanium alloy in NIN[J]. Titanium Industry Progress,2013(3):7-11.

[5] BALLA V K,BHAT A,BOSE S,et al. Laser processed TiN reinforced Ti6Al4V composite coatings

[J]. Journal of the Mechanical Behavior of Biomedical Materials,2012(6):9-20.

[6]   BAO Y,HUANG L,AN Q,et al. Wire-feed deposition TiB reinforced Ti compo-site coating:Forma-tion mechanism and tribological properties[J]. Materials Letters,2018,229:221-224.

[7]   BHAT B V R,SUBRAMANYAM J,PRASAD V V B. Preparation of Ti-TiB-TiC & Ti-TiB compo-sites by in-situ reaction hot pressing[J]. Materials Science and Engineering:A,2002,325(1/2):126-130.

[8]   BOEHLERT C J,TAMIRISAKANDALA S,CURTIN W A,et al. Assessment of in situ TiB whisker tensile strength and optimization of TiB-reinforced titanium alloy design[J]. Scripta Materialia,2009,61(3):245-248.

[9]   CHANG K,HE B,WU W,et al. The formation mechanism of TiC reinforcement and improved tensile strength in additive manufactured Ti matrix nanocomposite[J]. Vacuum,2017,143:23-27.

[10]   CHEN Y B,LIU D J,LI L Q,et al. WC_p/Ti-6Al-4V graded metal matrix composites layer produced by laser melt injection[J]. Surface and Coatings Technology,2008,202(19):4780-4787.

[11]   CUI W F,LIU C M,ZHOU L,et al. Characteristics of microstructures and second-phase particles in Y-bearing Ti-1100 alloy[J]. Materials Science and Engineering:A,2002,323(1/2):192-197.

[12]   DA SILVA A A M,DOS SANTOS J F,STROHAECKER T R. Microstructural and mechanical cha-racterisation of a Ti6Al4V/TiC/10p composite processed by the BE-CHIP method[J]. Composites Science and Technology,2005,65(11/12):1749-1755.

[13]   DAS A K,SHARIFF S M,CHOUDHURY A R. Effect of rare earth oxide(Y_2O_3)addition on alloyed layer synthesized on Ti-6Al-4V substrate with Ti+SiC+h-BN mixed precursor by laser surface engi-neering[J]. Tribology International,2016,95:35-43.

[14]   DAS M,BALLA V K,BASU D,et al. Laser processing of in situ synthesized TiB-TiN-reinforced Ti6Al4V alloy coatings[J]. Scripta Materialia,2012,66(8):578-581.

[15]   DIAO Y H,ZHANG K M. Microstructure and corrosion resistance of TC2 Ti alloy by laser cladding with Ti/TiC/TiB_2 powders[J]. Applied Surface Science,2015,352:163-168.

[16]   DJANARTHANY S,VIALA J C,BOUIX J. Development of SiC/TiAl composites:processing and in-terfacial phenomena[J]. Materials Science Engineering:A,2001,300(1/2):211-218.

[17]   FENG H,ZHOU Y,JIA D,et al. Stacking faults formation mechanism of in situ synthesized TiB whiskers[J]. Scripta Materialia,2006,55(8):667-670.

[18]   GALVAN D,OCELÍK V,PEI Y,et al. Microstructure and Properties of TiB/Ti-6Al-4V Coatings Produced With Laser Treatments[J]. Journal of Materials Engineering and Performance,2004,13(4):406-412.

[19]   GENI M,KIKUCHI M. Damage analysis of aluminum matrix composite considering non-uniform dis-tribution of SiC particles[J]. Acta Materialia,1998,46(9):3125-3133.

[20]   GHESMATI TABRIZI S,SAJJADI S A,BABAKHANI A,et al. Influence of spark plasma sintering and subsequent hot rolling on microstructure and flexural behavior of in-situ TiB and TiC reinforced Ti6Al4V composite[J]. Materials Science and Engineering:A,2015,624:271-278.

[21]   GORSSE S,MIRACLE D B. Mechanical properties of Ti-6Al-4V/TiB composites with randomly ori-ented and aligned TiB reinforcements[J]. Acta Materialia,2003,51(9):2427-2442.

[22]   GU D,HAGEDORN Y C,MEINERS W,et al. Nanocrystalline TiC reinforced Ti matrix bulk-form

nanocomposites by Selective Laser Melting(SLM):Densification,growth mechanism and wear behavior[J]. Compo-sites Science and Technology,2011,71(13):1612-1620.

[23] GUO S. Fiber size effects on mechanical behaviours of SiC fibres-reinforced Ti3AlC2 matrix composites[J]. Journal of the European Ceramic Society,2017,37(15):5099-5104.

[24] HU H T,HUANG L J,GENG L,et al. High temperature mechanical properties of as-extruded TiB$_w$/Ti60 composites with ellipsoid network architecture[J]. Journal of Alloys and Compounds,2016,688:958-966.

[25] HU Y,CONG W,WANG X,et al. Laser deposition-additive manufacturing of TiB-Ti composites with novel three-dimensional quasi-continuous network microstructure:Effects on strengthening and toughening[J]. Composites Part B:Engineering,2018,133:91-100.

[26] HUANG G,GUO X,HAN Y,et al. Effect of extrusion dies angle on the microstructure and properties of(TiB+TiC)/Ti6Al4V in situ titanium matrix composite[J]. Materials Science and Engineering:A,2016,667:317-325.

[27] HUANG L J,GENG L,LI A B,et al. In situ TiB$_w$/Ti-6Al-4V composites with novel reinforcement architecture fabricated by reaction hot pressing[J]. Scripta Materialia,2009,60(11):996-999.

[28] HUANG L J,GENG L,PENG H X. Microstructurally inhomogeneous composites:Is a homogeneous reinforcement distribution optimal? [J]. Progress in Materials Science,2015,71:93-168.

[29] HUANG L J,GENG L,PENG H X,et al. Room temperature tensile fracture characteristics of in situ TiB$_w$/Ti6Al4V composites with a quasi-continuous network architecture[J]. Scripta Materialia,2011,64(9):844-847.

[30] HUANG L J,WANG S,DONG Y S,et al. Tailoring a novel network reinforcement architecture exploiting superior tensile properties of in situ TiB$_w$/Ti composites[J]. Materials Science and Engineering:A,2012,545:187-193.

[31] HUANG L J,WANG S,GENG L,et al. Low volume fraction in situ(Ti$_5$Si$_3$+Ti$_2$C)/Ti hybrid composites with network microstructure fabricated by reaction hot pressing of Ti-SiC system[J]. Composites Science and Technology,2013,82:23-28.

[32] IMAYEV V M,GAISIN R A,IMAYEV R M. Microstructure and mechanical properties of near α titanium alloy based composites prepared in situ by casting and subjected to multiple hot forging[J]. Journal of Alloys and Compounds,2018,762:555-564.

[33] JIAO X,CHEN W,YANG J,et al. Microstructure evolution and high-temperature tensile behavior of the powder extruded 2.5vol% TiB$_w$/TA15 composites[J]. Materials Science and Engineering:A, 2019,745:353-359.

[34] JIAO Y,HUANG L J,AN Q,et al. Effects of Ti$_5$Si$_3$ characteristics adjustment on microstructure and tensile properties of in-situ(Ti$_5$Si$_3$+TiB$_w$)/Ti6Al4V composites with two-scale network architecture [J]. Materials Science and Engineering:A,2016,673:595-605.

[35] JIAO Y,HUANG L J,WEI S L,et al. Nano-Ti$_5$Si$_3$ leading to enhancement of oxidation resistance[J]. Corrosion Science,2018,140:223-230.

[36] KANG N,CODDET P,LIU Q,et al. In-situ TiB/near α Ti matrix composites manufactured by selective laser melting[J]. Additive Manufacturing,2016,11:1-6.

[37] KAWABATA K,SATO E,KURIBAYASHI K. High temperature deformation with diffusional and

plastic accommodation in Ti/TiB whisker-reinforce in-situ composites[J]. Acta Materialia,2003,51 (7):1909-1922.

[38] KOBAYASHI M,FUNAMI K,SUZUKI S,et al. Manufacturing process and mechanical properties of fine TiB dispersed Ti-6Al-4V alloy composites obtained by reaction sintering[J]. Materials Science and Engineering:A,1998,243(1/2):279-284.

[39] KUZUMAKI T,UJIIE O,ICHINOSE H,et al. Mechanical characteristics and preparation of carbon nanotube fiber-reinforced Ti composite[J]. Advanced Engineering Materials,2000,2(7):416-418.

[40] LEUCHT R,DUDEK H J,WEBER K. Magnetron sputtering for metal matrix composite processing [J]. Zeitschrift Fur Metalkunde,1996,87(5):424-427.

[41] LEYENS C,PETERS M. Titanium and Titanium Alloys:fundamentals and applications[M]. Weinheim:John Wiley & Sons,2003.

[42] LI J,YU Z,WANG H. Wear behaviors of an(TiB+TiC)/Ti composite coating fabricated on Ti6Al4V by laser cladding[J]. Thin Solid Films,2011,519(15):4804-4808.

[43] LI S,SUN B,IMAI H,et al. Powder metallurgy Ti-TiC metal matrix composites prepared by in situ reactive processing of Ti-VGCFs system[J]. Carbon,2013,61:216-228.

[44] LIN Y,LEI Y,FU H,et al. Mechanical properties and toughening mechanism of TiB_2/NiTi reinforced titanium matrix composite coating by laser cladding[J]. Materials and Design,2015,80:82-88.

[45] LIU B X,HUANG L J,GENG L,et al. Microstructure and tensile behavior of novel laminated Ti-TiB_w/Ti composites by reaction hot pressing[J]. Materials Science and Engineering:A,2013,583:182-187.

[46] LIU D J,CHEN Y B,LI L Q,et al. In situ investigation of fracture behavior in monocrystalline WC_p-reinforced Ti-6Al-4V metal matrix composites produced by laser melt injection[J]. Scripta Materialia,2008,59(1):91-94.

[47] MA F,LU W,QIN J,et al. Effect of forging and heat treatment on the microstructure of in situ TiC/Ti-1100 composites[J]. Journal of Alloys and Compounds,2007,428(1/2):332-337.

[48] MA Z Y,MISHRA R S,TJONG S C. High-temperature creep behavior of TiC particulate reinforced Ti-6Al-4V alloy composite[J]. Acta Materialia,2002,50(17):4293-4302.

[49] MAKUCH N,KULKA M,DZIARSKI P,et al. Laser surface alloying of commercially pure titanium with boron and carbon[J]. Optics and Lasers in Engineering,2014,57:64-81.

[50] MARCUS P,JONA F. Identification of metastable phases:face-centred cubic Ti[J]. Journal of Physics:Condensed Matter,1997,9(29):6241-6246.

[51] MU X N,CAI H N,ZHANG H M,et al. Uniform dispersion of multi-layer graphene reinforced pure titanium matrix composites via flake powder metallurgy[J]. Materials Science and Engineering:A,2018,725:541-548.

[52] MUNIR K S,LI Y,LIN J,et al. Interdependencies between graphitization of carbon nanotubes and strengthening mechanisms in titanium matrix composites[J]. Materialia,2018(3):122-138.

[53] OZEROV M,KLIMOVA M,SOKOLOVSKY V,et al. Evolution of microstructure and mechanical properties of Ti/TiB metal-matrix composite during isothermal multiaxial forging[J]. Journal of Alloys and Compounds,2019,770:840-848.

[54] PANDA K B,CHANDRAN K S R. First principles determination of elastic constants and chemical

bonding of titanium boride(TiB)on the basis of density functional theory[J]. Acta Materialia,2006,54 (6):1641-1657.

[55] PATEL V V,EL-DESOUKY A,GARAY J E,et al. Pressure-less and current-activated pressure-assisted sintering of titanium dual matrix composites:Effect of reinforcement particle size[J]. Materials Science and Engineering:A,2009,507(1/2):161-166.

[56] POUZET S,PEYRE P,GORNY C,et al. Additive layer manufacturing of titanium matrix composites using the direct metal deposition laser process[J]. Materials Science and Engineering:A,2016,677: 171-181.

[57] QI J Q,CHANG Y,HE Y Z,et al. Effect of Zr,Mo and TiC on microstructure and high-temperature tensile strength of cast titanium matrix composites[J]. Materials and Design,2016,99:421-426.

[58] ANDERSON R E. Titanium matrix composite turbine engine component consortium[J]. The Amptiac Newsletter,1998,2(4):1-15.

[59] RIELLI V V,AMIGÓ-BORRÁS V,CONTIERI R J. Microstructural evolution and mechanical properties of in-situ as-cast beta titanium matrix composites[J]. Journal of Alloys and Compounds,2019, 778:186-196.

[60] ROY S,DAS M,MALLIK A K,et al. Laser melting of titanium-diamond composites:Microstructure and mechanical behavior study[J]. Materials Letters,2016,178:284-287.

[61] SABA F,ZHANG F,LIU S,et al. Tribological properties,thermal conductivity and corrosion resistance of titanium/nanodiamond nanocomposites[J]. Composites Communications,2018,10:57-63.

[62] SAHASRABUDHE H,SODERLIND J,BANDYOPADHYAY A. Laser processing of in situ TiN/Ti composite coating on titanium[J]. Journal of the Mechanical Behavior of Biomedical Materials,2016, 53:239-249.

[63] SAITO T. The automotive application of discontinuously reinforced TiB-Ti composites[J]. JOM,2004,56 (5):33-36.

[64] SRIVATSAN T,SOBOYEJO W,LEDERICH R. The cyclic fatigue and fracture behavior of a titanium alloy metal matrix composite[J]. Engineering fracture mechanics,1995,52(3):467-491.

[65] TANAKA Y,YANG J M,LIU Y F,et al. Characterization of nanoscale deformation in a discontinuously reinforced titanium composite using AFM and nanolithography[J]. Scripta Materialia,2007,56 (3):209-212.

[66] THOMAS M,WINSTONE M,ROBERTSON J. Effect of fabrication parameters on the microstructural quality of fibre-foil titanium metal matrix composites[J]. Journal of materials science,1998,33 (14):3607-3614.

[67] TIAN Y S,ZHANG Q Y,WANG D Y. Study on the microstructures and properties of the boride layers laser fabricated on Ti-6Al-4V alloy[J]. Journal of Materials Processing Technology,2009,209(6): 2887-2891.

[68] TJONG S C,MA Z Y. Microstructural and mechanical characteristics of in-situ metal matrix composites[J]. Materials Science and Engineering:R,2000,29(3/4):49-113.

[69] VASSEL A. Interface considerations in high-temperature titanium metal matrix composites[J]. 1997, 185(2):303-309.

[70] WANG F,MEI J,WU X. Direct laser fabrication of Ti6Al4V/TiB[J]. Journal of Materials Processing

Technology,2008,195(1/3):321-326.

[71] WANG J,LI L,TAN C,et al. Microstructure and tensile properties of TiC$_p$/Ti6Al4V titanium matrix composites manufactured by laser melting deposition[J]. Journal of Materials Processing Technology,2018,252:524-536.

[72] WANG S,HUANG L,AN Q,et al. Dramatically enhanced impact toughness of two-scale laminate-network structured composites[J]. Materials and Design,2018,140:163-171.

[73] WANG W F,JIN L S,YANG J G,et al. Directional growth whisker reinforced Ti-base composites fabricated by laser cladding[J]. Surface and Coatings Technology,2013,236:45-51.

[74] WEISSENBEK E,PETTERMANN H E,SURESH S. Elasto-plastic deformation of compositionally graded metal-ceramic composites[J]. Acta Materialia,1997,45(8):3401-3417.

[75] WU Y,WANG A H,ZHANG Z,et al. Wear resistance of in situ synthesized titanium compound coatings produced by laser alloying technique[J]. Surface and Coatings Technology,2014,258:711-715.

[76] XIA M,LIU A,HOU Z,et al. Microstructure growth behavior and its evolution mechanism during laser additive manufacture of in-situ reinforced(TiB+TiC)/Ti composite[J]. Journal of Alloys and Compounds,2017,728:436-444.

[77] XINGHONG Z,QIANG X,JIECAI H,et al. Self-propagating high temperature combustion synthesis of TiB/Ti composites[J]. Materials Science and Engineering:A,2003,348(1/2):41-46.

[78] YAMAMOTO T,OTSUKI A,ISHIHARA K,et al. Synthesis of near net shape high density TiB/Ti composite[J]. Materials Science and Engineering:A,1997,239/240:647-651.

[79] YIN L. Composites microstructures with tailored phase contiguity and spatial distribution[D]. Bristol:University of Bristol,2009.

[80] YU Y,ZHANG W,DONG W,HAN X,et al. Research on heat treatment of TiB$_w$/Ti6Al4V composites tubes [J]. Materials and Design,2015,73:1-9.

[81] ZHANG C,LI X,ZHANG S,et al. Effects of direct rolling deformation on the microstructure and tensile properties of the 2.5 vol%(TiB$_w$+TiC$_p$)/Ti composites[J]. Materials Science and Engineering:A,2017,684:645-651.

[82] ZHANG R,WANG D,YUAN S. Effect of multi-directional forging on the microstructure and mechanical properties of TiB$_w$/TA15 composite with network architecture[J]. Materials and Design,2017,134:250-258.

[83] ZHANG Z H,SHEN X B,WEN S,et al. In situ reaction synthesis of Ti-TiB composites containing high volume fraction of TiB by spark plasma sintering process [J]. Journal of Alloys and Compounds,2010,503(1):145-150.

[84] 曹磊.熔铸法制备 TiC/Ti-6Al-4V 复合材料组织与力学性能研究[D].哈尔滨:哈尔滨工业大学,2010.

[85] 曾泉浦.颗粒强化钛基复合材料研究取得新进展[J].钛工业进展,1994(4):8-9.

[86] 韩远飞,邱培坤,孙相龙,等.非连续颗粒增强钛基复合材料制备技术与研究进展[J].航空制造技术,2016(15):62-74.

[87] 黄陆军,耿林,彭华新.钛合金与钛基复合材料第二相强韧化[J].中国材料进展,2019,38:214-222.

[88] 黄陆军,耿林.网状结构钛基复合材料[M].北京:国防工业出版社,2015.

[89] 纪福森,徐磊.连续纤维增强钛基复合材料整体叶环设计与分析[J].航空发动机,2017,43(6):21-25.

［90］　金云学,曾松岩,王宏伟,等.硼化物颗粒增强钛基复合材料研究进展[J].铸造,2001(12):711-716.

［91］　李九霄.(TiB+La$_2$O$_3$)增强高温钛基复合材料组织和性能研究[D].上海:上海交通大学,2013.

［92］　陆盘金,冯利增,赵亚利,等.连续碳化硅纤维增强 Ti-15-3 合金基复合材料界面的初步研究[J].材料工程,1994(1):11-12.

［93］　毛小南,张廷杰,张小明.TiC 增强钛基复合材料的形变[J].稀有金属材料与工程,2001,30:245-248.

第 5 章　铜基复合材料

铜材料具有高导电性、高导热性、高耐蚀性、可镀性以及易加工等性能,已广泛应用于国民经济各个领域,为各产业、国防建设和重大基础设施工程等提供关键材料。铜材料最大的特点是其传导性能优异,且相对于金、银等高传导性贵金属具有明显价格优势,因此,铜材料常被用于制造具有电传导或热传导等功能的重要结构功能部件。例如,在电力传输领域,可作为高压电网中的高压开关触头材料;在电子信息领域,可作为集成电路引线框架及电子封装材料;在交通运输领域,可作为电气化高速铁路中的接触线材料、受电弓材料及牵引电机端环材料;在机械制造领域,可作为连续铸造结晶器材料及连续铸轧机用辊套材料;在军工领域,可作为电磁轨道炮导轨、火箭喷嘴及飞机喉衬材料;在国家重大科技基础设施领域,可作为热核实验反应堆的第一壁材料、热沉材料及脉冲强磁场用超导材料与导体材料等。随着科学技术的飞速发展,铜材料应用范围逐渐拓宽,需求量逐年增加,对其综合性能要求日益提高。

众所周知,铜材料的传导性能与强度互为矛盾关系。例如,纯铜具有很高的热导率与导电率,然而其强度偏低。为缓解该矛盾关系,多依赖于合金化和复合化两种方法来改善铜材料的综合性能。高强高导铜合金发展至今,技术较为成熟、工艺简单、生产效率高,已被用于规模化的商业生产。然而,合金化法依赖于合金元素的固溶与沉淀析出,其抗高温软化能力较差,综合性能也难以达到国际公认的理想指标(抗拉强度 $\geqslant 600$ MPa,导电率 $\geqslant 80\%$ IACS)。复合化法则是在纯铜或铜合金基体材料中引入不同类型的增强体材料,期望发挥铜基体优良的导电、导热性能,而增强体可赋予其高强、耐磨、耐热、耐电弧侵蚀、低热膨胀等特性,二者共同组成的复合材料既可突破强度与传导能力的匹配极限,又可满足不同领域对铜材料特定功能的需求。本章主要关注复合化对铜材料综合性能的优化,重点阐述各类铜基复合材料的研究现状、制备技术、主要工程应用领域,期望为铜基复合材料设计与制造提供一定的借鉴作用。

5.1　铜基复合材料进展与分析

由于铜基复合材料中增强体类型繁多,根据增强体特性将其分为三大类:陶瓷相增强铜基复合材料,如氧化物、硼化物、碳化物、氮化物等;碳材料增强铜基复合材料,如碳纳米管(CNTs)、石墨烯(GR)、金刚石(Diamond)、石墨(G)、碳纤维(C_f)等;合金相增强铜基复合材料,如 W、Mo、Ag、Cr 等金属以及 NbTi、Nb_3Sn 等金属间化合物。本节将按照上述分类,分别评述各类铜基复合材料中代表性体系的研究进展。

5.1.1　陶瓷相增强铜基复合材料

1. Al_2O_3/Cu 复合材料

氧化物弥散强化(ODS)铜基复合材料是以氧化物颗粒作为增强体,并将其均匀弥散地分布于铜基体中,所得复合材料既保持了铜基体的高导电性,又达到了提高力学性能及抗高温软化能力的目的。当前,ODS 铜基复合材料普遍采用具有优良尺寸与化学稳定性的 Al_2O_3 作为弥散颗粒。在众多铜基复合材料体系中,Al_2O_3/Cu 复合材料是开发相对成功、技术较为成熟、商业化生产较早的一个体系。在 20 世纪 50～70 年代,随着各种类型 ODS 合金的迅猛发展,1973 年美国俄亥俄州 SCM 公司采用内氧化法制备出 Al_2O_3/Cu 复合材料,其商标为 Glidcop,主要用于点焊电极材料。由于其工艺稳定、操作简便,很容易实现规模化生产,到 20 世纪 90 年代月产量已达到 90 t 左右。自 Al_2O_3/Cu 复合材料取得成功应用后,欧美和日本等发达国家迅速跟进对该材料体系的研发,也相继开发出多种新型制备技术。例如,德国 Ecka 公司采用机械合金化的方法生产了 Al_2O_3/Cu 复合材料。我国于 20 世纪 90 年代起开始对 Al_2O_3/Cu 复合材料进行研究,在对复合材料中基础问题的认识逐渐深入的同时,逐步实现了产业化生产。为进一步发掘该复合材料综合性能的潜力,国内外学者对其进行了大量研究,其主要关注点大致可以分为两类:Al_2O_3 增强体特征以及铜基体特征对复合材料综合性能的影响。

(1)Al_2O_3 增强体特征

Al_2O_3 增强体特征参量主要包括颗粒的尺寸、分布、含量、形状等。为了达到弥散强化的效果,一般采用纳米级 Al_2O_3 颗粒作为增强体,这主要是因为纳米级 Al_2O_3 颗粒在铜基体中的分布密度高,能够有效地阻碍基体位错运动以及晶粒在高温下的长大,有利于基体强化与高温稳定性。但是,由于纳米 Al_2O_3 颗粒比表面积大,相界面会增加电子散射,进而对材料导电率产生不利影响。如果在制备过程中能够降低 Al_2O_3/Cu 复合材料的气孔率,将会弱化纳米颗粒对导电率的不利影响。例如,随着 Al_2O_3 颗粒尺寸从 20 μm 降低到 100 nm,材料致密度增加,电阻率下降明显。作为载流摩擦材料,Al_2O_3/Cu 复合材料的耐电弧侵蚀能力和摩擦磨损性能也受到关注。随着 Al_2O_3 颗粒从纳米尺度增加到微米尺度,电弧侵蚀面积减小,侵蚀深度增加,耐磨性也逐步提高。基于不同尺度 Al_2O_3 颗粒对性能影响规律的差异,采用多尺度颗粒混杂增强可实现该复合材料综合性能的优化。例如,在超细晶 Al_2O_3/Cu 复合材料中,采用高能球磨将不同纳米尺度的 Al_2O_3 颗粒引入到基体晶粒的晶界上,在提高基体晶粒尺寸的稳定性与复合材料强度的同时,可降低电子散射面,使导电率达到$(80\pm4)\%$IACS。但是,Al_2O_3 颗粒粒径分布范围不宜过大。若粒径差异过大,易导致其在基体中分布不均匀,削弱其对基体晶界钉扎的能力,进而导致基体晶粒高温下的异常长大,降低复合材料综合性能。除 Al_2O_3 颗粒尺寸及其分布等主要影响因素外,Al_2O_3 颗粒的体积分数和颗粒形貌也可对复合材料综合性能产生影响。为保持 ODS 铜基复合材料高的导电性,Al_2O_3 的含量一般较低。但为了满足某些特殊性能需求,高体积分数的 Al_2O_3/Cu 复合材料也开始逐渐受到关注。此外,受制备工艺影响,Al_2O_3 会以不同的形貌出现在铜基体中,如球状、棒状、短纤维状等,可根据不同性能需求,对复合材料原位自生 Al_2O_3 形貌进行设计与调控。

（2）铜基体特征

铜基体的特征主要包括基体晶粒尺寸以及基体合金成分两类。由于基体晶粒尺寸对 Al_2O_3/Cu 复合材料的力学性能有着至关重要的影响,关于基体晶粒尺寸演化是该体系的研究热点问题之一。利用高能球磨、等径角挤压等大塑性变形技术可较为容易地获得超细晶、甚至纳米晶 Al_2O_3/Cu 复合材料,细小的晶粒有益于提高复合材料力学性能。通常,晶粒细小意味着组织的热稳定性较差。而在该复合材料体系中,Al_2O_3 颗粒对基体晶界迁移具有钉扎作用,可显著提高基体晶粒的再结晶温度,使得超细晶或纳米晶结构 Al_2O_3/Cu 复合材料保持较高热稳定性。因此,该复合材料具有较高的高温强度以及抗高温软化能力。研究表明,不同粒径的 Al_2O_3 颗粒对晶界的钉扎效果不同。例如,对比分析微米级和纳米级 Al_2O_3 颗粒增强纳米晶铜基复合材料在高温退火后晶粒尺寸的变化,发现微米级 Al_2O_3 颗粒增强的复合材料中基体晶粒粗化更为严重。也就是说,Al_2O_3 颗粒越细小弥散,其对晶界钉扎效果越好。基于该规律,采用不同粒径的 Al_2O_3 颗粒混杂,制备出基体晶粒尺寸呈双峰分布的 Al_2O_3/Cu 复合材料,与均匀弥散复合材料相比,该非均匀复合材料具有更好的抗疲劳性能。另一方面,向铜基体添加少量合金元素也是改善 Al_2O_3/Cu 复合材料综合性能的重要途径之一。例如,当基体中添加少量 Cr 元素后（1%）,铜基体与 Al_2O_3 颗粒间的界面结合显著提升,进而提高其显微硬度与压缩性能;当添加少量 Ti 元素后（0.2%）,可同时抑制 Al_2O_3 颗粒与基体晶粒的高温粗化过程,对复合材料的热稳定性产生较大影响;内氧化法制备 Al_2O_3/Cu 复合材料过程中,增强体颗粒的大小及形貌对 Ag 元素含量异常敏感,当添加少量 Ag 元素后,复合材料的力学性能和电学性能同时获得提升。

总而言之,Al_2O_3/Cu 复合材料是一种具有高热稳定性的高强高导铜材料,在高温工况条件下的应用具有巨大优势。虽然该材料早已实现商业化生产,但是通过对增强体特征参量控制以及对铜基体改性,Al_2O_3/Cu 复合材料的综合性能仍存在可观的提升空间,有望开发出新一代高温环境下应用的高强高导铜材料。

2. TiB_2/Cu 复合材料

相较于氧化物陶瓷相,硼化物陶瓷具有更好的传导性能。因此,硼化物也是铜基复合材料中应用较多的一类增强体。其中,TiB_2 相最为常见,它为硼钛系化合物的一种,晶型属于 C32 六方结构。B—B、Ti—B 之间的强共价键和离子键及其平面状类石墨网络的结构使其具有优异的物理与化学性能（见表 5.1）,如高熔点、高硬度、高模量、良好的化学稳定性及其高温力学性能、与铜相近的热膨胀系数等。此外,研究表明 TiB_2 晶体的导带和价带电子主要是由 Ti3d 和 B2p 轨道的价电子构成,与此同时价电子还能够通过离域大 π 键在晶体内传输,因此,在 TiB_2 晶体中电子的传输决定了其具有类似于金属自由电子的导电性能。由于 TiB_2 相优异的传导性能,开发高强高导 TiB_2/Cu 复合材料成为铜基复合材料研究热点问题之一。

表 5.1 TiB_2、TiB 性能参数

增强体	密度/ ($g \cdot cm^{-3}$)	电阻率/ ($\mu\Omega \cdot cm$)	硬度/ HV	弹性模量/ GPa	熔点/ ℃	热膨胀系数/ (10^{-6} K^{-1})
TiB_2	4.52	9	3 400	540	2 970	8.28
TiB	4.56	20.1	1 100	371	2 200	8.60

与其他金属基复合材料相类似,TiB_2 颗粒引入铜基体的方式也可分为两大类:外加法与原位自生法。众所周知,外加陶瓷相与基体结合较差且易污染,始终是限制外加法应用的一个难点,例如外加法制备的 TiB_2/Cu 复合材料中经常会在铜基体和 TiB_2 颗粒的界面出现一些裂纹、孔洞等,如图 5.1 所示。这些缺陷的存在往往会严重损害复合材料综合性能。研究者试图通过在 TiB_2 表面镀铜来改善外加增强体的弊端,然而对 TiB_2 表面的改性虽然可以改变其与铜基体的界面结合状态,使得制备最终材料的强度和导电率有所提升,但却使得成本增加且工艺变得较为烦琐。与外加法相对应,原位自生法是在金属基体内部利用元素间的化学反应生成一种或几种增强体来强化基体。在铜基体中,可通过 Ti 原子与 B 原子的原位反应形成 TiB_2 相。原位自生 TiB_2/Cu 复合材料的增强体表面无污染,并可避免与基体浸润不良,工艺流程相对简单易控,因而受到广泛关注。

(a)裂纹

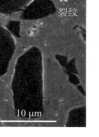

(b)孔洞

图 5.1 外加 TiB_2 颗粒和铜基体界面缺陷

根据成型方法不同,可将制备原位自生 TiB_2/Cu 复合材料分为两类:粉末冶金固相反应法和反应铸造液相反应法。由于铜基体物相状态不同,导致固相和液相条件下的原位反应机理存在显著差异。在固相条件下,Cu-Ti-B 体系的原位反应过程是 Ti 与 Cu 先形成 Cu_3Ti 金属间化合物,随反应继续进行中间相 Cu_3Ti 熔化成液相微区,B 原子不断向该微区扩散反应形成 TiB_2。该原位反应过程主要依靠 B 原子在铜中的扩散,这是因为 B 原子在铜中的扩散速度要比 Ti 原子的扩散速率高两个数量级左右。随着研究的深入,发现中间相也可能是 Cu_4Ti 或 $CuTi_2$ 等其他金属间化合物,中间相熔化后分解出的 Ti 原子与周围的富 B 区相互扩散反应形成 TiB_2 颗粒。总而言之,固相条件下的原位反应依赖中间相的形成。而在液相反应中,大多以 Cu-B 和 Cu-Ti 中间合金混合进行,其反应机理为:两种中间合金熔体混合

后,Cu-Ti 熔体和 Cu-B 熔体相互包围,反应主要取决于 B 原子向 Cu-Ti 液相基团的扩散,然后反应生成 TiB_2 颗粒。

采用固相反应法制备 TiB_2/Cu 复合材料时,致密度低以及增强体团聚是影响其综合性能的两大问题。针对致密度问题,固相反应多采用压力辅助烧结技术,在烧结过程中施加合适压力可使 TiB_2/Cu 复合材料的致密度达到 99%,几乎接近完全致密。例如,采用真空热压烧结制备出的 TiB_2/Cu 复合材料导电率为 80%IACS,抗拉强度可达 520 MPa。另外,放电等离子烧结技术在制备 TiB_2/Cu 复合材料中也有应用,烧结过程施加压力可使材料致密度接近 100%。而对于固相反应下 TiB_2 颗粒团聚体的分散则主要依靠热挤压、轧制等后处理工艺。与烧结态复合材料相比,挤压态中 TiB_2 颗粒分布的均匀性和分散性得到明显改善,其对应的硬度和抗拉强度等性能均有所提升。与固相反应法类似,液相反应法制备的复合材料中也容易产生缩松、缩孔等铸造缺陷从而影响致密度,这些缺陷可通过轧制、锻造等后续变形处理工艺来解决。同时,液态成型过程中,由于 TiB_2 颗粒和铜基体密度差异大以及二者润湿性较差,导致其在铸造过程中极易发生比重偏析。为克服该问题,往往通过外场辅助搅拌等技术使液相中的增强体分布均匀,从而避免增强体的团聚。例如,施加旋转磁场可使增强体分布状态得到明显改善。在旋转磁场作用下,液相中反应生成的 TiB_2 颗粒更加弥散,无明显团聚,进而使得相同成分下 TiB_2/Cu 复合材料的抗拉强度相比于无旋转磁场作用时提高 16% 左右。另一方面,通过增加原位反应过程中液相的紊流、提高铸造过程的凝固速度也可使得析出的 TiB_2 更加弥散、细小。通过双束熔体混合反应并结合快速凝固技术制备出的纳米级 TiB_2 增强铜基复合材料的硬度为 90 HV,导电率达 82%IACS。

为获得高强高导 TiB_2/Cu 复合材料,TiB_2 的含量通常不能超过 5%。如果增强体含量过高,一方面 TiB_2 的团聚粗化过程难以被抑制;另一方面,根据混合法则高含量的 TiB_2 将会造成复合材料导电率大幅降低。因此,考虑在铜基中引入多元混杂增强概念,通过充分发挥不同类型增强体间的协同强化效应和减少增强体添加量来达到更优的强化效果。TiB 相是另一种硼钛系化合物,它与 TiB_2 具有类似的物理化学性质,即高熔点、高硬度、高模量、低电阻率等。因此,TiB 晶须与 TiB_2 颗粒混杂有望使铜基复合材料强度和导电率同时提高。TiB 晶须是钛基复合材料中常见的增强体,它能否在铜基体中原位形成需从理论上进行分析。传统的热力学分析显示 TiB_2 相与 TiB 相从 Cu-Ti-B 液相中析出的吉布斯自由能都是负值,但是 TiB_2 相比 TiB 相析出的热力学驱动力要高得多。因此,在铜基体中发生的原位反应更倾向于形成 TiB_2 相。然而,在 Ti 过量的 Cu-Ti-B 体系铸态组织中发现 TiB 与 TiB_2 两相共存的现象时有发生。该结果表明合金成分与生成硼钛化合物类型之间存在一定关系。通过理论分析发现在液相 Cu-Ti-B 体系中,TiB_2 相与 TiB 相的形成存在竞争关系,即成分的变化会导致二者形成的热力学驱动力发生变化,进而显著影响二者在液相中析出的形核率和长大速率,析出动力学的变化最终导致二者相对含量的变化。基于该规律,通过对液相成型过程的控制,获得了 TiB 晶须与 TiB_2 颗粒混杂增强铜基复合材料,相较于质量分数为 2.6% 的 TiB_2/Cu 单一增强体复合材料,质量分数为 1.9% 的 $(TiB-TiB_2)/Cu$ 混杂增强复合材料具有更高的力学性能;同时,由于混杂增强复合材料中增强体总的含量更低,其导电率可保持在更高的水平。可见,采用多元混杂增强体是高强高导铜基复合材料未来发展的重要方向之一。

3. SiC/Cu 复合材料

除上述氧化物和硼化物陶瓷相外,碳化物陶瓷也是铜基复合材料中应用较多的一类增强体。其中,SiC 和 TiC 相最为常见。SiC/Cu 复合材料不但保留铜的优良导电导热性能,而且兼有 SiC 高比强度、高比模量、低热膨胀系数以及优良的耐磨性和耐蚀性能,在航空航天、电子封装、汽车等领域有着广阔的应用前景。关于 SiC/Cu 复合材料的研究主要从以下两方面开展:一是 SiC 增强体特征参量(如形状、尺寸、含量、分布等)对复合材料综合性能的影响;二是 SiC 增强体与铜基体之间的界面结合状态优化设计。

(1)SiC 增强体特征参量

SiC 主要有颗粒、纤维和晶须三种存在形式。其中,SiC 纤维(SiC_f)能够较大幅度提升铜基体性能,且性能变化规律符合复合材料混合法则,即材料的力学性能随着 SiC_f 体积分数的增加呈线性增长,但材料的塑性显著下降,热导率也随纤维含量增加而持续下降。SiC_f 增强铜基复合材料耐温性和持久性较差,主要是由于经过长时间高温暴露后,铜元素扩散并渗入到 SiC_f 中,与纤维中自由 Si 发生反应生成脆性 Cu_3Si 相,虽然对热导率影响不大,但对 SiC_f 造成损伤,使得复合材料力学性能显著下降。在一维 SiC_f 增强铜基复合材料中,由于 SiC_f 具有明显的取向性,复合材料的力学性能仅在纤维轴向得到优化,在很大程度上限制了 SiC_f/Cu 复合材料的应用。因此,发展二维叠层结构和三维编制结构增强铜基复合材料,实现材料各向性能协同优化,同时改善 SiC_f 与铜基体之间的界面结合,提升复合材料的耐温性和持久性,是 SiC_f/Cu 复合材料今后发展的重点。

相比 SiC_f,SiC 晶须(SiC_w)缺陷含量少,性能更接近理论值,是一种性能优异的增强材料,可应用于增强铜及铜合金。例如采用热压烧结制备含量为 0.6% 的镀 Ti-SiC_w 增强 W-20Cu 复合材料,相比于原始材料,材料横向的断裂强度和热导率分别提升了 22% 和 26%。将 SiC_w 引入铝锌铜合金中,可改善材料的强度和弹性模量,但同时却降低了材料的韧性。

相比于纤维和晶须增强铜基复合材料性能存在各向异性,SiC 颗粒(SiC_p)增强铜基复合材料更容易实现材料性能的各向同性,也是当前研究相对较多的体系。在 SiC_p/Cu 复合材料中,材料性能强烈地受到 SiC_p 粒径、含量的影响。采用放电等离子烧结制备高体积分数的 SiC_p/Cu 复合材料,随着 SiC_p 体积分数和粒径的减小,材料致密度增加,热导率呈现逐步增加的趋势。此外,对 SiC_p 表面进行镀铜处理,增加界面润湿性,还可以进一步提升材料的致密度和热导率。材料的致密度也与粉体的形貌密切相关。采用高能球磨制备体积分数为 30% 的 SiC_p/Cu 复合材料,随着球磨时间增加,铜粉形貌逐渐从树枝状过渡到扁平状、球形。随着铜粉形状从不规则形状变为球形,材料致密度增加。由于纳米 SiC_p 与铜基体之间的热失配会诱发 Zener 钉扎效应和位错排列效应,因此,相比于微米级 SiC_p,纳米级 SiC_p 的存在细化了铜基体晶粒,提高了小角晶界的比例,有利于复合材料力学性能的提升。在放电等离子烧结制备的 SiC_p/Cu 复合材料中,纳米 SiC_p 抑制了晶粒长大,提高了摩擦系数,改善了纳米复合材料的磨损性能。单一维度或尺度的 SiC 相,由于受到自身结构和性能的影响,对铜基体的优化已经逐渐不能满足相关领域对 SiC/Cu 复合材料综合性能提升的需求。因此,多维度多尺度混杂 SiC/Cu 复合材料成为今后又一发展方向。例如,采用微米与纳米尺度 SiC 颗粒对铜基体进行增强,相比单一微米颗粒增强材料,材料的摩擦性能更优异。

(2)SiC 与铜基体之间的界面结合

SiC 与铜基体的界面润湿性及界面反应直接影响 SiC/Cu 复合材料的结构和性能。SiC 与铜的润湿性差,不利于两者之间的良好结合。此外,SiC 与铜在高温接触时会发生严重的界面反应,生成 Cu_3Si 和 C,影响增强效果。因此,为优化 SiC 与铜的界面结合,通常需要对 SiC 表面进行处理。常用的界面调控方法主要有镀层处理、借助反应中间层等。其中 SiC 表面镀铜最为常见,镀铜层的存在会增加基体与 SiC 之间的润湿性,提升界面结合强度。例如,利用热压烧结制备高体积分数 SiC_w/Cu 复合材料,通过在 SiC_w 表面镀铜,复合材料硬度和压缩性能在 SiC_w 体积分数大于 30% 时得到明显改善。通过对比研究 W、Cr、Ti 三种金属镀层的 SiC_p 在相同烧结工艺下与铜基体的界面结合强度,发现 Cr 镀层提升界面结合强度效果最佳,但 Cr 镀层附近存在孔隙对热导率不利。而 W 镀层则能综合优化界面结合强度和材料其他性能。由于 SiC_f 表面存在一层富碳层,使得 SiC_f 与铜的界面黏结强度非常弱,当表面沉积 Ni 层后,其与 SiC_f 发生剧烈的化学反应,生成 Ni-Si 脆性化合物,并在界面处形成孔隙,进而导致 SiC_f 性能急剧下降,与无镀层复合材料相比,含 Ni 镀层的拉伸强度仅有少量提高,甚至有所下降。而沉积在 SiC_f 表面的 Ti 层与富碳层会发生反应生成 TiC,与铜基体发生反应生成 Cu_4Ti,对纤维和基体分别形成了钉扎效应,增强界面结合强度。具有层状结构的 Ti_3SiC_2 也可以实现对界面结合状态的优化,通过在 SiC_w 表面原位生成 Ti_3SiC_2 涂层,可有效改善 SiC_w 与铜基体之间的界面结合,复合材料的拉伸性能得到大幅度提升,但导热性能降低。现有的金属及金属碳化物镀层虽然有利于 SiC 与铜基体的界面结合,但中间层与 SiC 之间不可避免地存在元素相互扩散,造成 SiC 增强体损伤,而这对复合材料的最终性能极为不利。因此,在增强界面结合的同时如何保持增强体的优异性能,是今后仍需研究的重点。

5.1.2 碳材料增强铜基复合材料

1. CNTs/Cu 复合材料

碳纳米管(CNTs)因具有密度小、比表面积大、高弹性模量、高强度和良好的导电导热性能而被认为是金属基复合材料理想的增强体。自碳纳米管被发现后,其作为增强体应用于铜基体中来制备 CNTs/Cu 复合材料的相关研究从未间断过。为制备出综合性能优异的结构功能一体化 CNTs/Cu 复合材料,研究人员从制备方法到后续加工处理工艺进行了大量探索研究。

制备 CNTs/Cu 复合材料主要面临以下三方面困难:碳纳米管的有效分散、碳纳米管的有序分布以及碳纳米管与铜基体的界面结合。碳纳米管为纤维状且相互之间存在很强的范德华力,极易发生相互缠绕和团聚,导致复合材料的整体性能降低。碳纳米管的取向分布有利于充分发挥其轴向上超强的力学性能,提高材料在特定方向上的强度。碳纳米管具有很大的比表面积,与基体结合会产生大量的界面,而界面结合的好坏将对其性能产生重要影响。基于此,CNTs/Cu复合材料的制备主要从碳纳米管表面处理、碳纳米管与铜粉的混合以及不同制备方法等方面来开展研究,以获得综合性能优异的复合材料。

对碳纳米管进行表面处理可提高其在基体中的分散性以及与基体间的润湿性,从而获得具有良好界面结合的复合材料。常用的表面处理方法有表面修饰法和表面镀层处理等。表面修饰法又分为共价修饰法和非共价修饰法两种。共价修饰法是通过在碳管表面引入羧基(—COOH)或羟基(—OH),并利用电离后的静电排斥力来增加碳纳米管的分散性,同时改善其亲水性。非共价修饰法是利用表面活性剂包覆碳纳米管,使其悬浮于溶剂中形成稳定的体系。例如,将浓硝酸处理后的碳纳米管进行超声处理,并添加十二烷基硫酸钠(SDS),可以得到长度均匀、两端开口的CNTs,并且能在端口及侧壁引入大量官能团,有效地提高了碳纳米管的活性,获得的碳纳米管悬浮液可稳定放置几十小时。表面镀层是CNTs改性又一重要手段,具有工艺简单、镀层均匀性好、孔隙率小等特点。通过在碳纳米管表面沉积一层Cu、Ni或Ag来防止其团聚并提高其与铜基体的界面结合。例如,将碳纳米管纯化、敏化、活化,再将其加入铜的盐溶液中,通过还原反应实现碳纳米管表面镀铜。相关研究发现将预处理后的碳纳米管在超声辅助条件下化学镀铜,可获得碳纳米管高度分散且界面结合良好的CNTs/Cu复合纳米线。此外,还可通过添加一些微量物质来控制铜在碳纳米管表面的沉积速率、镀层质量以及镀液的稳定性。

碳纳米管和铜粉的混合通常采用球磨法、半湿法和吸附法。球磨法是在高能球磨过程中,粉末与磨球以及罐壁不断撞击,在反复破碎冷焊的过程中将碳纳米管包裹进铜粉或通过机械互锁与铜粉结合。球磨法简单、易实现且成本低,但无法避免对碳纳米管结构的破坏。半湿法是先利用超声波对碳纳米管进行预分散,然后再结合球磨将其与铜粉混合。半湿法是将超声分散和球磨分散相结合,由于预先分散了碳纳米管,不再需要进行长时间的高能球磨,可以减轻对碳纳米管结构的破坏。吸附法是首先对碳纳米管和金属粉末进行表面修饰,再利用修饰后的碳纳米管和金属粉末表面上官能团之间的键合作用或正、负电荷之间的静电作用实现混合。吸附法对碳纳米管几乎不造成破坏,可实现单根分散,但需要制备高分散程度的悬浮液。

在CNTs/Cu复合材料制备方法研究方面,通过化学镀结合行星球磨法制备CNTs/Cu复合材料时,发现铜均匀沉积在碳纳米管表面,且球磨过后碳纳米管紧密嵌入铜基体中。由于碳纳米管与铜基体界面结合提升,最终使复合材料的抗拉强度达到311 MPa,而单纯球磨后抗拉强度只有207 MPa。原位合成法中,通过Ni/Ce催化剂的作用可在铜基体表面生成碳纳米管,并通过改变反应时间来调控基体上碳纳米管的生成量,从而达到增强效果。此外,有研究者采用改进的分子级混合法制备体积分数为5%的CNTs/Cu复合材料,其屈服强度达到442 MPa,大约是纯铜的2.8倍,同时弹性模量达到105 GPa,相比于纯铜显著提高。总之,关于CNTs/Cu复合材料的制备方法多种多样,且都有其独特的优势和长处。因此,通过调控合适的制备工艺,可进一步优化碳纳米管的增强效果,进而获得综合性能优异的 CNTs/Cu 复合材料。

2. GR/Cu 复合材料

石墨烯(GR)作为一种新兴的碳族材料,与碳纤维、碳纳米管相比,其独特的二维层状结构使其具有优异的力学性能(弹性模量为 1.1 TPa,硬度达到 130 GPa,断裂强度为 125 GPa),良好的电荷输运性能[电子迁移率达到 15 000 cm²/(V·s)],比铜或银更低的电阻率,极大的比表面积(达到 2 630 m²/g),优良的导热性能[导热系数为 5 000 W/(m·K)]。此外,与碳纳米管相比,石墨烯可大规模制备使其成本更加低廉。因此,石墨烯被认为是更为理想的高强高导铜基复合材料增强体。

目前,GR/Cu 复合材料还是一个新兴领域,关键技术还未得到有效解决。石墨烯纳米片之间很强的范德华力导致其自身容易团聚,石墨烯本身密度小,在密度较大的铜基体中难以实现均匀分散。此外,铜基体与石墨烯之间润湿性很差,且两者之间不发生化学反应,也不形成化合物,很难获得良好的界面结合。因此,与制备 CNTs/Cu 复合材料所面临的问题相类似,如何实现石墨烯在铜基体中的均匀分散和提高石墨烯与铜基体之间的界面结合是当前 GR/Cu 复合材料研究亟待解决的关键问题。基于此,研究者开展了大量的 GR/Cu 复合材料的制备工艺研究,主要包括粉末冶金法、化学气相沉积法、电化学沉积法、分子级混合法等。

早期,石墨烯增强金属基复合材料的制备主要采用传统的粉末冶金法,但由于团聚、润湿性不理想以及高能球磨对石墨烯结构造成损伤等问题,影响了石墨烯增强体优异性能的发挥,进而限制了复合材料力学及电学性能的提升。通过化学还原法在石墨烯纳米片表面负载 Ni 颗粒,再采用超声将负载 Ni 颗粒的石墨烯与铜粉进行混合,可改善石墨烯与铜粉之间的复合,最终利用放电等离子烧结制备出的复合材料中,石墨烯纳米片(GPLs)与铜基体之间具有良好的分散性和界面结合能力,与纯铜相比,体积分数为 0.8% 的 Ni-GPLs/Cu 复合材料拉伸强度提高了 42%。尽管化学原位合成法制备 GR/Cu 复合材料相较于其他方法具有很大优势,如不会发生团聚、增强体和基体的界面结合良好且不会引入杂质等,而且操作方法和设备简单,但是由于在制备过程中使用了一些有毒的还原剂,不利于环境保护。此外,采用聚乙烯醇(PVA)对球型铜粉进行亲水化处理,随后将经 PVA 处理的球型铜粉与氧化石墨烯(GO)水溶液机械混合,进而对 Cu-PVA-GO 复合浆料进行高温热处理,最后对 GR/Cu 复合粉末进行冷压成型制备 GR/Cu 复合材料。当石墨烯添加量为 2% 时,复合材料的抗压强度达到 234 MPa,与纯铜相比提高了 23%。虽然该方法可实现 GO 的良好分散,但还原过程及还原后石墨烯的结构与质量难以精确调控,会对复合材料性能产生不利影响。

根据 GR/Cu 体系的特征,后续又发展出多种制备工艺。例如,利用分子级混合法制备 GR/Cu 复合材料,相比于传统球磨混料(分子级混合法基于溶液混合),金属离子更多地吸附于石墨烯表面,可有效抑制石墨烯团聚,能够将 GO 均匀分散于基体中,还可通过分子级上 Cu²⁺ 与 GO 表面含氧官能团反应形成 Cu—O—C 键,强化了界面结合强度。还有研究者提出采用化学气相沉积法在铜表面生长一层石墨烯薄膜,然后旋涂一层聚甲基丙烯酸甲酯将石墨烯转移到铜衬底上,再用电子束沉积一层铜,然后重复该过程获得 GR/Cu 纳米层状复合材料。利用该方法制备的复合材料的屈服强度高达 1.5 GPa,相比于纯铜提高了大约 500 倍。

综上所述,GR/Cu 复合材料的研究取得了许多积极成果,且已有研究显示 GR/Cu 复合材料的导电率可优于纯铜材料,充分展示了其在理论研究和实际应用领域的巨大潜力和发展前景,但现有研究大部分停留在工艺探索阶段,距离实际应用仍有一定的距离。

3. Diamond/Cu 复合材料

金刚石(Diamond)是自然界中热导率[约 2 000 W/(m·K)]最高的物质,且热膨胀系数低(2.3×10^{-6} K^{-1})。将金刚石引入铜基体中,可将优异的热物理性能和力学性能结合起来,制成热导率高、热膨胀系数及密度可调、有一定的力学性能、化学性质稳定的高导热复合材料。

Diamond/Cu 复合材料作为导热材料使用,最关键的性能指标是热导率。由复合材料经典的导热模型(Hasselman-Johnson 模型和有效介质理论模型)可知,除基体与增强体的本征热导率、增强体尺寸及含量之外,复合界面是特定材料体系中决定增强体导热增强效果的关键因素。由于金刚石和铜的结构不同,两者润湿性极差,且不发生化学反应,通常难以直接实现铜基体与金刚石的有效界面结合。铜与金刚石的界面问题是制约 Diamond/Cu 复合材料达到理论高热导率的关键因素。大量研究表明,界面改性可有效提高 Diamond/Cu 复合材料的致密度及热导率,如图 5.2 所示。因此,通过多种手段对 Diamond/Cu 界面进行改性,可以充分发挥 Diamond/Cu 复合材料的高热导潜力。

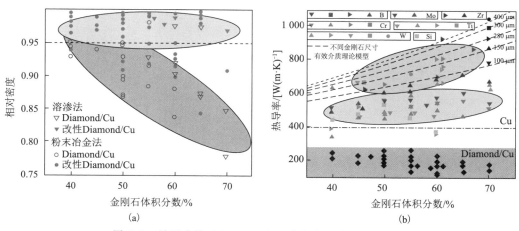

图 5.2 界面改性对 Diamond/Cu 致密度及热导率的影响

通过添加活性元素,使其与金刚石反应,在界面处形成碳化物层,改善界面润湿性,增强界面的结合,从而提高 Diamond/Cu 复合材料的热导率。通常用于界面改性的活性元素应满足:反应时碳化物层对铜基体和金刚石都能润湿(改善界面结合);界面碳化物层尽可能薄(降低界面热阻);碳化物形成元素向铜基体和金刚石扩散尽可能少(保证铜和金刚石的纯净,以充分发挥二者的高导热性能)。依据此原则,常用的添加元素有:与 Cu 可形成有限固溶体的 Cr、Mo 等元素;与 Cu 存在共晶反应的 B、Ti 等元素;元素自身和生成的碳化物热导率相对较高的难熔金属 W 等。引入碳化物形成元素的途径主要有两类：一是金刚石表面金属化；二是铜基体合金化。图 5.3 为两种复合材料的制备工艺路线示意图。

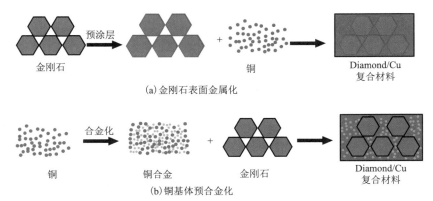

(a)金刚石表面金属化

(b)铜基体预合金化

图 5.3 两种 Diamond/Cu 复合材料制备工艺示意图

对金刚石表面金属化，主要是通过化学气相沉积、磁控溅射、真空蒸镀、溶胶凝胶、盐浴镀等方法在金刚石表面预镀碳化物形成元素，然后使用表面镀有碳化物形成元素的金刚石制备复合材料。碳化物形成元素反应时在界面处形成多相碳化物，其在铜与金刚石界面处起到原子尺度的"填充剂"和"粘合剂"作用，有利于降低空气间隙带来的界面热阻，进而提升复合材料的热导率。镀层种类主要涉及 Cr、Ti、W、Mo、B 等及其碳化物，镀层厚度多为微米或亚微米尺度。

Cr 能与铜基体形成有限固溶体，并在金刚石表层形成碳化物，可显著减少 Diamond/Cu 界面热阻。研究发现，不同镀 Cr 方法会对界面碳化物种类产生影响，使得界面的热阻也不同，进而导致复合材料热导率的差别很大。Ti 能与 Cu 发生共晶反应，利用真空微沉积技术对金刚石进行镀 Ti 处理，再使用放电等离子烧结制备 Diamond(Ti)/Cu 复合材料，两相界面的碳化物相为 TiC。计算认为 Cr 镀层比 Ti 镀层更能有效地减少界面热阻，使复合材料具有较高的热导率。

相较于其他碳化物形成元素，添加 W 元素可形成具有更高热导率的 WC 和 W_2C。在金刚石和铜基体界面间引入 W 元素后，Diamond/Cu 复合材料的界面热导率优于加入其他碳化物形成元素(Cr、B、Ti)后的界面热导率。另一种高潜力的碳化物形成元素是 Mo。例如，利用盐浴法制备有活性 Mo_2C 层的金刚石预制体，再通过压力熔渗制备 Diamond(Mo)/Cu 复合材料。该工作验证了 Mo_2C 具备降低界面热阻和改良 Diamond/Cu 界面的能力，Mo_2C 镀层在两相界面的沟壑处有很好的填充作用，进一步提升了复合材料的导热能力。此外，使用混粉加热法镀覆 B 结合放电等离子烧结制备出界面结合良好的 Diamond(B)/Cu 复合材料，其在金刚石表面形成了纳米结构的 B_4C 过渡层，有效降低了界面热阻，B_4C 镀层填补了金刚石与铜之间的孔隙，提高了界面结合。

除在金刚石表面预镀碳化物形成元素外，Diamond/Cu 界面改性的第二种有效途径是先对铜基体预合金化，然后制备 Diamond/Cu 复合材料。在铜基体中掺杂活性元素，一方面可以降低铜与金刚石的润湿角，反应时改善 Cu 合金与金刚石颗粒润湿性；另一方面在铜与金刚石界面处也可反应生成碳化物层,填充金刚石与铜的空气缝隙,改善界面结合,提高复合材料的导热性能。现有报道中铜合金化的活性元素主要有 Cr 和 B,也有少量 Zr 等其他元素。

研究发现,对铜基体进行合金化形成 Cu-X 合金后,制备的 Diamond/Cu-X 复合材料热导率都有不同程度的改善,其中 Cr 和 B 元素的改善最为明显。由于加入 Cr 元素后金刚石与铜之间形成 Cr_3C_2 纳米层,该纳米层改善了铜与金刚石的润湿性。一般认为,直接使用铜合金粉末制备界面改性的 Diamond/Cu-X 复合材料时,界面碳化物层越薄,热阻越低。Diamond/Cu-Zr 复合材料随着 Zr 含量的增加,其热导率先上升后下降。Zr 元素能有效改善界面结合,但由于碳化物本身的脆性和吸湿性,Zr 含量过高会导致界面的热阻升高,导致复合材料的力学性能降低。

对比添加不同活性元素制得的 Diamond/Cu 复合材料的热导率数据,结果显示能够较好优化铜基体与金刚石界面的碳化物形成元素主要有 Cr、B、W、Mo 等。根据不同的理论模型,通过改进工艺,未来使用这几种元素修饰界面后制得的 Diamond/Cu 复合材料的热导率还有很大的提升空间。

5.1.3 合金相增强铜基复合材料

1. W/Cu 复合材料

W/Cu 复合材料是由高熔点、高硬度、低热膨胀系数、良好耐电弧烧蚀性能的钨和优异导热、导电性能的铜组合而成的一种复合材料。由于铜和钨两者的密度、熔点和热膨胀系数等物理性能相差较大(见表 5.2),且由 Cu-W 二元相图可知,两者在任何温度下均不发生固溶,因而其组合而成的是一种假合金。因其综合了 Cu 与 W 两相的优点,具有优异的导电、导热性能以及高强度、高硬度、良好的耐电弧侵蚀能力和抗熔焊性能,被广泛应用于超高压开关的电触头材料,电阻焊、电火花加工和等离子电极材料,大规模集成电路和大功率微波器件中的基片、连接件和散热元件等电子封装材料和热沉材料。除了电工领域方面的应用,在军事和航空航天领域,利用其高密度和高强度的特性,被广泛用作穿甲弹弹芯材料、破甲弹药型罩材料、导航仪的陀螺转子、配重块材料等;利用铜在高温下的"自发汗冷却"作用和钨的耐高温性能,则被用来制备各种导弹的喉衬、电磁炮导轨、火箭引擎上的喷嘴、燃气舵、鼻锥等耐高温零部件;同时,由于金属钨具有良好的耐等离子体刻蚀、低燃料滞留和低中子活化等性能,金属铜具有良好的传导性能,用这两种金属制备得到的 W/Cu 功能梯度复合材料是聚变反应堆中面向等离子体第一壁和偏滤器的首选材料。

表 5.2　铜和钨的物理性能

材料	密度/ (g·cm⁻³)	熔点/ ℃	沸点/ ℃	强度/ MPa	硬度/ HB	弹性模量/ GPa	热导率/ $[W(m·K)^{-1}]$	热容/ $[J(kg·K)^{-1}]$	线膨胀系数/ $(×10^{-6}\,K^{-1})$
Cu	8.90	1 083	2 595	120	95~140	145	403	385	16.5
W	19.25	3 410	5 930	550	350	411	174	136	4.5

电子信息、航空航天和国防工业等高精尖领域的迅猛发展,对于制备其核心部件的W/Cu复合材料提出更加苛刻的需求:更高的强度以及更好的气密性,要求其相对密度几乎达到全致密;高可靠性要求其具备更均匀的成分、组织和结构;苛刻的服役环境要求其具备更加优异的高温力学性能和稳定性等。对W/Cu复合材料提出的这一系列组织和性能上的要求,必然会推动其成分的优化和制备合成工艺的改进,甚至是新技术的开发。国内外学者对于W/Cu复合材料的结构、制备和加工及其与服役性能的关系等方面开展了大量的应用基础研究工作。

W/Cu复合材料致密化过程的研究表明:钨含量越高,材料的致密化过程就越依赖于粉体的颗粒尺寸。因此采用超细粉体来制备高致密W/Cu复合材料成为发展趋势之一,其关键问题在于超细铜钨复合粉体的制备。常用的超细W/Cu复合粉末的主要制备技术包括:机械合金化、雾化干燥法、溶胶—凝胶法、共沉淀法以及化学合成工艺等。其中,机械合金化法制备超细W/Cu复合粉末由于工艺设备简单、易于操作,产量高,适合大批量生产,且制出的粉末晶粒尺寸细小等优点,在超细W/Cu复合材料的制备工艺中应用最为广泛。但是这种方法需要较长的球磨时间才能够满足超细粉末较小晶粒度的要求,长时间球磨过程中难免会引入一些金属杂质元素,同时获得的复合粉末由于较高的表面能容易发生团聚,且其粘壁现象较为严重。雾化干燥法和溶胶—凝胶法也是普遍使用的两种制备超细W/Cu复合粉末的方法,其均可制备得到颗粒细小且分布较为均匀的复合粉末,但其制备工艺过程均比较复杂,不适合大批量生产,且雾化干燥法在对前驱体粉末进行还原和焙烧的过程反应温度较高,易引起粉末晶粒长大。

为了提高W/Cu复合材料的整体性能,通过添加合金元素或者强化相的方式,以牺牲部分导电率和热导率为代价,提高复合材料其他方面的性能。前期有关W/Cu复合材料添加第三组元方面的研究主要集中在向复合材料中添加Co、Ni、Fe、Pd等微量活化元素,这些活化元素的加入,可改善铜和钨的润湿性,降低烧结温度,形成高扩散性过渡层等来加速钨骨架的烧结,提高钨骨架的烧结强度。在W/Cu复合材料中添加微量的稀土元素或者稀土氧化物,使其弥散分布在W/Cu复合材料中,可以起到弥散强化的作用,进而提高复合材料的高温强度、再结晶温度以及高温蠕变性能。同时,这些稀土氧化物具有较低的电子逸出功,在电弧烧蚀的过程中能够起到分散电弧的作用,可以改善W/Cu复合材料的抗电弧烧蚀能力。在W/Cu复合材料中添加金属碳化物(HfC、TiC、WC),可以改善复合材料的微观组织和性能;在W/Cu复合材料中添加微量的金属碳化物陶瓷颗粒可显著改善复合材料的高温力学性能,同时也可提高复合材料的耐电压强度,降低其截流值。此外,由于钨纤维具有高强度,与钨粉末烧结的钨骨架不会引入其他相,仅仅对钨骨架提供加强筋的作用,因此受到很多研究者的关注。采用表面化学镀Ni的钨纤维网与钨粉末首先烧结形成钨骨架,然后通过纯铜熔渗的工艺,制备得到了力学性能和耐电弧烧蚀性能都得到一定改善的颗粒/纤维混杂增强W/Cu复合材料。由于碳纳米管、石墨烯等本身具有的高模量、高导电率和高比强度等特性,研究者开展了以其作为强化相引入到W/Cu复合材料中的相关研究。比如将多壁碳纳米管与W/Cu粉末球磨混合后烧结,制备得到的复合材料的高温力学性能、耐电弧侵蚀性能得到明显改善。在 W/Cu 复合材料中掺杂石墨烯，一方面可细化钨颗粒尺寸、活化钨骨架的烧结；另一方面在电弧烧蚀过程中有利于分散电弧，增强复合材料的耐电弧烧蚀性能。

综上所述，使用超细粉体或添加增强体的 W/Cu 复合材料的烧结动力学、界面扩散行为、致密化机理和强化机制等问题，仍需开展更加深入而系统的研究，以满足电子信息、航空航天和国防工业等高精尖领域的迅猛发展对于制备其核心部件的 W/Cu 复合材料提出的更加苛刻需求。

2. Mo/Cu 复合材料

与 W/Cu 复合材料相类似，Mo/Cu 复合材料也是由高导电、导热性的 Cu 和高熔点的 Mo 制成的假合金，两组元之间互不溶解，复合之后呈现各自的本征物理特性。Mo/Cu 复合材料具有以下特性：高导电、导热性能，主要源于二者都具有较高的导电、导热性能；可调的热膨胀系数，Mo 的热膨胀系数很低，而 Cu 的热膨胀系数较高，二者可以通过不同的配比而得到具有不同热膨胀系数的材料；特殊高温性能，由于 Mo、Cu 的熔点相差较大，当材料在高于 Cu 熔点的温度下使用时，Cu 会液化、蒸发吸热，起到冷却的作用；良好的加工性能，添加 Cu 可增加 Mo 的塑性并降低其硬度。

Mo/Cu 复合材料的研究始于 20 世纪二三十年代，主要集中在德、日、美、英等工业发达国家。我国对 Mo/Cu 复合材料的研究是在中华人民共和国成立以后，于 1956 年开始生产 Mo/Cu 复合材料，在 20 世纪 70 年代开始研究 Mo/Cu 复合材料的热膨胀系数，作为定膨胀合金应用，并考虑将其用作耐热材料。20 世纪 80 年代，通过向 Mo/Cu 复合材料中加入少量镍或其他元素，用作与陶瓷封接的无磁封接金属材料和弦振式压力传感器中起温度补偿作用的无磁定膨胀材料。20 世纪 80 年代后期，国外将 Mo/Cu 复合材料作为真空开关管及开关电器中的电触头进行生产和应用，同时开发了作为大规模集成电路等微电子器件中的热沉材料。近年来，对 Mo/Cu 复合材料的研究越来越深入，日本东京钨公司在热沉、电子封装材料用 Mo/Cu 箔方面取得了很大进展，可生产出厚度小于 0.4 mm 的 Mo/Cu 箔材。奥地利 Plansee 公司也轧制生产出厚度仅为 0.1 mm 的 Mo/Cu 箔片。表 5.3 为德国 DoDuCo 和奥地利 Plansee 公司生产的 Mo/Cu 复合材料的牌号及性能。

表 5.3　德国 DoDuCo 和奥地利 Plansee 公司生产的 Mo/Cu 复合材料的牌号及性能

| 公司 | 牌号 | 成分/(质量分数) | | 电导率/ | 硬度/HV | 气体含量/ |
		Cu	Mo	(MS·m^{-1})		(mg/g)
DoDuco	MoCu25V	25	75	18	180	75
	MoCu40V	40	60	26	140	75
Plansee	MoCu30VS	30	70	27	170	—
	MoCu40VS	40	60	30	160	—
	MoCu50VS	50	50	30	150	—

由于 Cu 和 Mo 互不相溶，传统粉末冶金工艺制备的 Mo/Cu 复合材料一直存在致密度

不高的问题。为此,研究者尝试加入少量过渡金属,如 Fe、Co、Ni 等,通过活化烧结工艺提高 Mo/Cu 粉末的烧结性。然而,这些活化组元的加入对 Mo/Cu 复合材料的电学和热学性质具有负面影响。因此,如何在不降低复合材料的导电性和导热性的情况下提高 Mo/Cu 粉末的烧结性已成为一个研究热点。

在 Mo/Cu 复合材料的性能提升方面,采用梯度结构功能材料和纳米结构材料在 Mo/Cu 复合材料领域中的应用探索成为该领域的研究热点。梯度结构 Mo/Cu 复合材料一方面可以充分结合 Cu 和 Mo 的优良特性,另一方面组织呈梯度变化的过渡层有效缓解了热应力,从而展现出更加优异的力学性能、热膨胀性等综合性能。例如,通过采用燃烧合成与离心渗透相结合的方法制备的 Mo/Cu 复合材料在相对密度、热扩散系数和硬度方面表现出逐渐变化的性质,沿着重力场方向的热扩散系数由 43.2 mm²/s 增加至 66.6 mm²/s,硬度由 1.39 GPa 逐渐减小至 0.71 GPa。

纳米(超细)粉末具有很高的烧结活性,容易实现材料的高致密化。因此,纳米(超细)Mo/Cu 复合粉末制备技术的研究和利用纳米粉体材料制备高性能的细晶 Mo/Cu 块体复合材料制备技术的研究成为 21 世纪 Mo/Cu 复合材料研究的重点。例如,有研究者通过溶胶—喷雾干燥、煅烧和随后的氢气还原过程制备得到了纳米晶 Mo-18Cu,Mo-30Cu 和 Mo-40Cu(质量分数)复合粉末,并研究了纳米晶 Mo/Cu 复合粉末的烧结行为及铜含量对烧结致密化过程的影响。结果表明,在 1 050~1 200 ℃烧结的 Mo-30Cu 和 Mo-40Cu 可以达到 98% 以上的相对密度并获得细晶粒结构。还有研究者采用化学共沉淀—氢气还原法制备高分散纳米 Mo-40%Cu 复合粉末,并结合真空烧结法制备 Mo-Cu 合金,该合金具有 571 MPa 的高抗弯强度。在机理研究方面,通过原位纳米压缩测试证明了纳米级双连续 Mo/Cu 复合材料具有非常高的压缩强度(≥1.6 GPa),并发现分层结构有效地抑制了剪切带的形成和扩展,证明了纳米晶 Mo/Cu 复合材料的优异综合性能。

此外,值得注意的是,Mo/Cu 复合材料作为一种假合金,由于 Cu、Mo 两种材料本身物理和力学性能的差异,常规制备方法所得的 Mo/Cu 复合材料均不同程度地存在界面结合强度弱的问题。为此,针对 Cu-Mo 界面结合强度的调控研究近年来也取得了一些进展。例如,采用固态法制备 Mo/Cu 层压复合材料,在 Cu-Mo 界面处观察到一个狭窄的 15 nm 宽的互扩散区,复合材料的剪切力学性能显著提升。采用非平衡态的高能铜离子注入技术,对钼芯材表面进行改性并一次覆铜形成过渡铜层,将原本不固溶的 Mo-Cu 界面转化为 Cu-Mo 界面,制得高界面结合强度的 Cu/Mo/Cu 叠层复合材料。最近有研究报道,通过辐照损伤合金化的方法也可以提高不互溶体系 Cu-Mo 之间的冶金结合界面,而且界面强化机理为辐照诱导的空位辅助扩散机制。图 5.4 为 MO-Cu 界面高分辨 TEM 和局部放大图像。

3. 超导铜基复合材料

NbTi 和 Nb₃Sn 是国际热核聚变实验堆(international thermonuclear experimental reactor,ITER)中超导磁体常采用的两种典型低温超导材料。所有的 ITER 磁铁都是用管内电缆导体(cable in conduit conductor,CICC)制造的,CICC 由一个多级的绳式电缆套组成,电缆套装在不锈钢导管中。Nb₃Sn 股线用于环向场(toroidal field,TF)和中心螺管(central spiral,CS)导体,NbTi 股线用于极向场(polar field,PF)和校正导体(calibration conductor,CC),其各部分组成如图 5.5 所示。

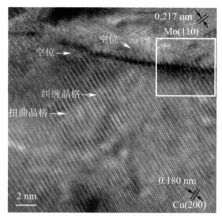

(a)Mo-Cu界面的高分辨TEM　　(b)左图白框标记区域的放大图像

图 5.4　Mo-Cu 界面的高分辨 TEM 和局部放大图像

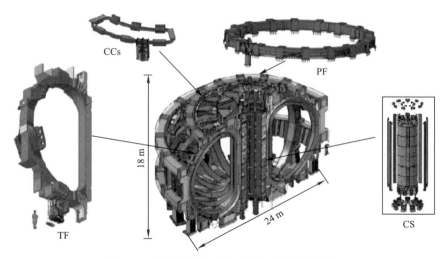

图 5.5　ITER 超导磁体系统各部分组成图

(1)NbTi/Cu 复合材料

NbTi 超导材料具有很好的中低磁场超导特性、优良的机械加工性能以及低廉的制造成本等优点。在超导磁体研制过程中,NbTi 合金主要以 NbTi/Cu 多芯复合超导线材的形式应用于 ITER 超导磁体系统。NbTi/Cu 复合超导线材具有良好的塑性,可以直接用来绕制磁体,且绕制后不需要进行热处理。此外,NbTi/Cu 多芯复合超导线材也应用于生物医疗(如核磁共振)、电子工程(如粒子加速器)、电力工程(如超导输电及超导储能等)及交通运输(如磁悬浮列车)等方面。

NbTi/Cu 多芯复合超导线可有效解决利用单芯 NbTi 合金线或单芯 NbTi/Cu 复合线绕制成超导磁体后出现超导磁体不稳定和使用性能退化的问题。而 NbTi/Cu 多芯复合超导线的质量由多种因素共同决定。其中,单芯复合超导线的质量直接决定了多芯复合超导线的质量和使用性能。由于 NbTi 和 Cu 在性能上存在较大差异,进而导致在拉拔制备单芯 NbTi/Cu 复合线过程中出现 NbTi 合金与铜包套之间变形不协调的问题。而在利用集束拉拔制备多芯 NbTi/Cu 复合线时,由于材料体系涉及"异质复合"的材料特性和"多芯组合"的结构特性,因此难以控制大变形过程的变形行为,会出现芯丝芯径不均匀、芯丝截面畸变、应力集中、变形不协调等问题,导致部分芯丝出现裂纹,甚至断芯,最终导致整个超导线材的电阻转变指数值降低,绕制成的超导体稳定性和安全性下降,甚至出现失超。因此,研究 NbTi 合金的宏/微观变形行为,选择适合的 NbTi 合金和铜包套双金属热挤压工艺参数,是实现 NbTi/Cu 多芯复合超导线集束拉拔成形与精确制造的关键。除了上述多芯 NbTi/Cu 复合线集束拉拔技术外,还需要从改善材料的微观组织方面来提升 NbTi/Cu 多芯复合超导线的临界电流密度值以及电阻转变指数值。

(2)Nb_3Sn/Cu 复合材料

Nb_3Sn 作为一种低温超导材料,其临界温度、临界磁场、临界电流密度都比较高,只有当三个参数均小于临界值时,超导体才会维持正常超导性。Nb_3Sn 超导线材在强磁场领域有着重要的作用,包括聚变核反应堆超导磁体、高磁场核磁共振谱仪、高磁场高能加速器磁体等。Nb_3Sn 超导导体实际应用时,一般要将复合材料制成线材使用。具有高临界场强的 Nb_3Sn/Cu 复合股线被用于 CICC,其通常是由 1 000 多股线组成且经过多级扭曲,在服役过程中会经历复杂的热效应和电磁载荷。制备 Nb_3Sn/Cu 复合超导材料常用的方法有青铜法、铜基体法、原位法和粉末冶金法。其中,在青铜法制备 Nb_3Sn 超导线过程中,Cu-Sn 合金基体提供形成 Nb_3Sn 超导相的 Sn 源,Cu-Sn 合金基体与 Nb 芯通过反应扩散形成 Nb_3Sn 超导相。例如,在利用 Cu-Sn-Zn 为基体的青铜法制备多芯 Nb_3Sn 超导线时,可以通过控制 Zn 元素均匀扩散进入青铜基体来产生强化效应,其强化机理如图 5.6 所示。此外,也可采用以 Cu-Sn-In 合金作为基体的青铜法来制备 Nb_3Sn 超导线。

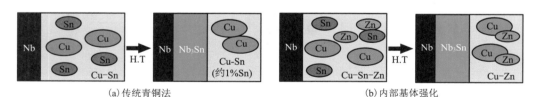

(a)传统青铜法　　　　　　　　　　　　　(b)内部基体强化

图 5.6　铜基体固溶体强化机理示意图

4. 原位形变铜基复合材料

原位形变铜基复合材料具有 70 年左右的研究历史。近 30 多年来,Cu-X 原位形变铜基复合材料已成为新型铜基材料的研究热点,其在集成电路引线框架、高强磁场导体材料、电接触材料等方面具有非常重要的工程应用前景。例如,高强磁场装置对磁体系统线圈的导体材料提出了苛刻的要求,需要具有高的抗拉强度以承受巨大的洛仑兹力,同时又必须兼有高的导电率(低电阻率)以避免产生高的焦耳热。一般 Cu-X 系原位形变复合材料要求金属元素 X 与铜的室温固溶度很小甚至不互溶,而且金属 X 组元要有良好的塑性和强度。其中,具有面心立方结构的 Ag 和体心立方结构的 Nb、Cr、Fe 等过渡族金属是较理想的 X 元素。将一定量的过渡族金属元素 X 通过常规熔炼法或粉末冶金法加入铜基体中,经反复冷变形加工使金属 X 组元变形为纤维结构,从而获得原位形变铜基复合材料。

（1）原位形变 Cu-Ag 系复合材料

Cu-Ag 是典型的共晶体系,由于 Cu-Ag 系母材熔点较低,易熔炼和铸造成大型锭坯,目前主要采用熔铸法并结合变形法来制备高强高导 Cu-Ag 系复合材料。通常选择成分范围为 6%～30%（质量分数）的 Ag 来熔铸原位形变复合材料母材,其典型的铸态组织由初生铜枝晶和共晶组织构成,其中共晶组织呈不连续岛状或连续网状分布于铜枝晶间隙,如图 5.7所示。

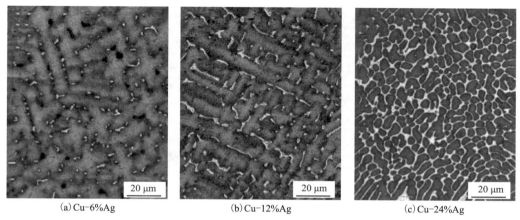

　　(a)Cu-6%Ag　　　　　　　　　(b)Cu-12%Ag　　　　　　　　　(c)Cu-24%Ag

图 5.7　Cu-Ag 原位形变复合材料的铸态组织

Cu-Ag 系母材的原始铸态组织对最终的原位形变复合材料的组织和性能有很大的影响。因此,通常需要采用多种方法来改善初始铸态组织以提升材料的最终性能,如成分设计、微合金化、凝固过程电磁调控等。其中,通过微合金化改善 Cu-Ag 母材原始凝固组织,既可以在不显著降低导电性的同时进一步提高强度,同时也可借助第三组元的有利作用来降低 Ag 含量,从而降低成本。常用的一类微合金化元素有 Zr、Cr、Nb 等,另外还有稀土元素 La、Ce、Y、Gd 等。稀土元素对铸态组织具有显著的细化作用,同时还会提高 Ag 在初生铜枝晶内的固溶度。电磁调控也是改善 Cu-Ag 母材原始凝固微观组织的一种有效途径。例如,通过施加磁场来细化初生铜枝晶,减小共晶组织片层间距,改变铜枝晶内"棒状"和"颗粒状"Ag 析出相的形貌、尺寸和含量(见图 5.8),进而改善原始凝固组织和最终复合材料的综合性能。图 5.8 中的(a)、(b)分别为施加强磁场前后微观尺度铜枝晶及共晶组织变化;图(c)、(d)分别为施加强磁场前后铜枝晶内纳米尺度 Ag 析出相变化(磁场强度 $B=12$ T)。

基于前期熔铸法获得的原始母材,必须通过大塑性变形才能获得性能优异的原位形变Cu-Ag 系复合材料,其中变形程度对原位形变 Cu-Ag 系复合材料的微观组织及性能有决定性的影响。通常可采用多种方法来增加塑性变形程度,进而显著细化增强体以大幅提升材料强度,而导电率只是略微下降。常规的塑性变形大多采用拉拔、轧制等冷加工工艺。由于面心立方结构的 Cu 和 Ag 具有相同的滑移系,在塑性变形过程中应变基本同步,进而导致

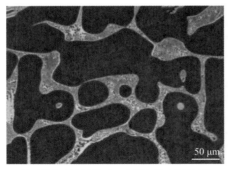
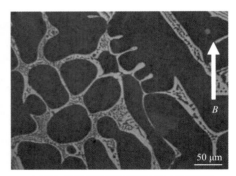

(a)未施加强磁场微观尺度铜枝晶及共晶组织　　　(b)施加强磁场微观尺度铜枝晶及共晶组织

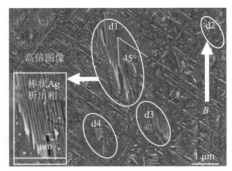

(c)未施加强磁场铜枝晶内纳米尺度Ag析出相　　　(d)施加强磁场铜枝晶内纳米尺度Ag析出相

图 5.8　有无强磁场（$B=12$ T）对 Cu-28％Ag 铸态组织的影响（d1～d4 为棒状 Ag 析出相）

两相的径向均匀收缩,轴向对称伸长。在强烈拉拔变形过程中,铜枝晶和共晶组织演变成单纤维束,如图 5.9 所示。此外,更为先进的大塑性变形工艺,如等径角挤压法、高压扭转法、累积叠轧技术等也已应用到原位形变 Cu-Ag 系复合材料的制备过程中,并取得较好的效果。

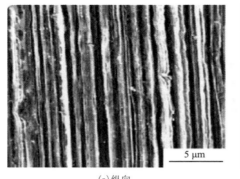
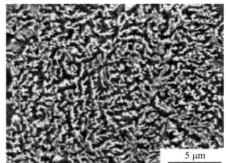

(a)纵向　　　　　　　　　　　　(b)横向

图 5.9　Cu-12％Ag 拉拔后的微观组织

（2）原位形变 Cu-Nb 系复合材料

原位形变 Cu-Nb 系复合材料是研究历史最久且较为系统的一个体系。Cu-Nb 系是一种典型的难混溶合金,其固态互溶度有限。将高熔点和高强度的 Nb 与高导电导热性的铜复合制备获得的 Cu-Nb 复合材料具有良好的导电导热性,强度高、硬度高以及热稳定性好。1978 年 Bevk 等利用形变复合法制备 Cu-Nb 合金,研究发现,Cu-Nb 复合材料经冷加工后形成 Nb 纤维分布在铜基体上的纤维增强型复合材料的强度可达 2 230 MPa。20 世纪 90 年代,Cu-Nb 复合材料成为脉冲强磁场发展历程上的一个里程碑,被磁体专家一致认为是最有可能实现 100 T 脉冲强磁场的导体材料。

原位形变 Cu-Nb 复合材料中 Cu 和 Nb 两相同时发生塑性变形,获得的复合组织中,长径比较大的纤维呈平行排列,分布均匀,其强度随着 Nb 体积分数的增加而增加。大量研究表明,当 Nb 体积分数为 15%～20% 时 Cu-Nb 复合材料性能最好,Nb 含量过高不利于材料的后续加工,且导电性会降低。冷变形导致的组织细化以及 Nb 纤维对铜基体的塑性变形、回复和再结晶等的阻碍是复合材料获得高强度的主要原因。原位形变 Cu-Nb 复合材料的热稳定性随着温度的升高而显著下降。在高温下微观组织发生变化,Nb 纤维发生球化与长大,而且长大速率随着温度的升高而增大。原位形变 Cu-Nb 复合材料中的 Nb 纤维组织细小,除了声子散射、杂质散射,Cu/Nb 界面散射也是影响其导电性能的主要原因,因而退火处理对原位形变 Cu-Nb 复合材料的导电性能影响非常显著。

(3)原位形变 Cu-Cr 系复合材料

Cu-Cr 系复合材料是一类具有优异综合力学性能和物理性能的功能结构一体化材料,是公认的可以满足真空开关基本要求的最佳触头材料之一。该材料具有优异的综合性能,即耐电压高、分断容量大、吸气能力强、抗电弧熔蚀性好、抗表面熔焊能力好以及载流能力强等。Cu 和 Cr 之间具有很小的互溶度,从而使 Cu 和 Cr 都充分保留各自良好的性能。具有较低熔点、高导电率和热导率的铜组元有利于提高真空开关的分断能力,而 Cr 组元具有较高的熔点、强度和较低的截流值,保证了真空开关具有良好的耐电压、抗烧损、抗熔焊和低截流等特性。

20 世纪 60 年代末,美国西屋公司与英国电气公司达成技术合作,经过工艺分析、改进和除杂等过程,成功研制了 Cu-Cr 系复合材料,并于 1972 年实现产业化。20 世纪 80 年代中后期,Morris 等研究了快速凝固和机械合金化在 Cu-Cr 合金中的应用及其微观组织结构和性能。我国是在 20 世纪 70 年代末开始对 Cu-Cr 系复合材料进行研究。经过几十年的发展,Cu-Cr 系复合材料的研究已取得较为显著的成果。例如,通过添加第三组元(合金元素、化合物、稀土元素等)调控材料微观组织,较好地提高了触头材料的电性能指标,更好地满足了高电压等级、大容量、小型化和低过电压的真空开关应用。

在 Cu-Cr 系复合材料制备时,两组元的配比量不同,材料性能会有所差异。Cu-Cr 系复合材料中,Cr 的质量分数达到 25% 时就可以保证良好的触头电性能指标,CuCr25 与含有更多 Cr 的样品(直到 75%)相比,触头的耐电压强度、电弧烧蚀后表面的形貌以及触头表面的电弧烧蚀速率几乎不变。只有当 Cr 的质量分数低于 15% 时,截断电流才显著上升,而且降低 Cr 的质量分数后,触头的某些电性能指标还会有所提高。因此,Cu-Cr 系复合材料中 Cr 的质量分数达到 25% 就已足够,发展低 Cr 含量的 Cu-Cr 系复合材料不但可以提高材料本身的导电率和热导率,也有利于增加触头材料大电流的通过能力,而且能够降低原料成本。

（4）原位形变 Cu-Fe 系复合材料

原位形变 Cu-Fe 系复合材料在工业规模制备和应用方面更具潜力，并在诸多领域具有较好的应用前景。这主要是由于：Fe 比其他元素便宜，产品成本较低；在较低的温度下 Fe 在液态铜中的溶解度较大（约 10%～20%），容易实现工业熔炼；Fe 的流变应力和 Cu 很相似，Cu-Fe 母材具有很好的变形能力，在室温下可以充分变形而不发生断裂；原位形变 Cu-Fe 系复合材料可回收熔炼再利用。

从 20 世纪 80 年代至今，原位形变 Cu-Fe 系复合材料强度和导电率匹配的调控和优化一直是其开发研究的热点。近年来，为了使原位形变 Cu-Fe 系复合材料获得更好的综合性能，已开始向多元合金化方向发展。通过添加 Ag、Mg、Ni、Zr、Co 及稀土元素等，可以发展三元或多元原位形变 Cu-Fe-X 复合材料，采用变形处理结合热处理的综合形变工艺，可得到更好的力学性能和导电性能的匹配。保证复合材料性能的核心是如何在充分利用纤维强化作用的同时，有效抑制原子固溶或促进已固溶原子析出，最大限度地降低固溶原子对材料导电性的影响。

在原位形变 Cu-Fe 系复合材料制备过程中，中间热处理和最终时效工艺可促使固溶 Fe 原子从基体中充分析出，从而调控复合材料的性能。由于 Fe 在低温时析出慢，已有的研究多采用较长时间的中间热处理或在较高温度下进行时效处理以改善材料的导电率，但长时间或高温热处理势必会引起 Fe 纤维的粗化，从而降低材料的强度。而在快速凝固的条件下制备 Cu-Fe 复合材料，快速凝固可以细化晶粒，增加固溶度，这是抑制或减轻 Cu-Fe 合金在凝固过程中形成偏析组织的有效途径。此外，有研究人员利用交变磁场制备 Cu-Fe 复合材料，发现交变磁场能改变材料铸锭中铁枝晶的形貌，同时可促进 Fe 原子从铜的过饱和固溶体中析出，提高了 Cu-14Fe 复合材料的导电率，降低了铜基体的硬度，有利于后续拉拔成形工艺的进行。

5.2 铜基复合材料的制备技术

铜基复合材料体系较多，不同复合材料体系特征的差异决定了其制备技术的不同。例如，Al_2O_3、TiB_2、TiC 等陶瓷相增强铜基复合材料多采用原位反应技术制备，而碳材料增强铜基复合材料则一般采用外加法制备，合金相增强铜基复合材料往往需要通过塑性变形加工技术制备。本节重点介绍几种常见的铜基复合材料制备技术。

5.2.1 内氧化法

内氧化法属于原位自生法，是针对 Al_2O_3/Cu 弥散强化复合材料开发出的一种制备技术。它是利用氧化剂或者严格的氧分压使 Cu-Al 合金中的 Al 被氧化成 Al_2O_3 的一种方法，其原理如图 5.10 所示。采用内氧化法引入的弥散相尺寸细小，在基体中均匀分布，并且由于是原位生成，极大改善了增强体与基体之间的结合强度，含量可以准确控制，对铜基体的弥散强化效果最佳，已经应用到实际的规模生产中。

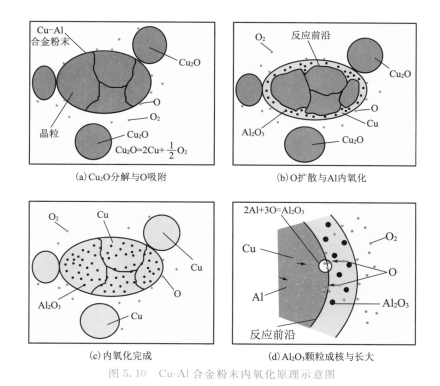

(a) Cu₂O分解与O吸附 (b) O扩散与Al内氧化

(c) 内氧化完成 (d) Al₂O₃颗粒成核与长大

图 5.10　Cu-Al 合金粉末内氧化原理示意图

在采用内氧化法制备 Al_2O_3/Cu 粉体时,首先根据设计要求,在铜中加入适量铝制成 Cu-Al 混合粉末。由于铝化学性质活泼,比铜更容易形成氧化物,在高温及氧气气氛条件下,混合粉末中的铝发生内氧化生成 Al_2O_3;同时有一部分铜也会被氧化,这些混合粉末还需在氢气气氛下还原被氧化的铜,制备得到 Al_2O_3 和铜混合粉体,最后通过烧结制备得到最终复合材料。为避免高温氧化对铜粉的影响,研究人员又发展了室温内氧化法,在室温条件下,将 Cu-Al 合金粉体放置在一定氧分压的氧化气氛中,经过长时间的氧化,将 Al 转化为 Al_2O_3,之后对粉体进行还原处理。也可以先将铜粉、铝粉和 CuO/Cu_2O 粉混合后,压制成预制块,在高温下发生反应生成 Al_2O_3 颗粒。针对 Cu-Al 薄板,研究人员对内氧化法进行简化,实现一步制备 Al_2O_3/Cu,即将 Cu-Al 薄板用 $Cu-Cu_2O-Al_2O_3$ 混合粉体包埋,在 900 ℃下进行处理,粉体中的 Al_2O_3 可以阻止粉体和板材粘连,$Cu-Cu_2O$ 可以提供足够的氧分压,从而实现对 Cu-Al 薄板内氧化。虽然内氧化法是制备 Al_2O_3/Cu 最为成熟的工艺,但其也存在一定的问题。例如,原位自生的 Al_2O_3 粒子对铜粉的烧结有很强的抑制作用,采用简单的烧结工艺难以实现复合材料的致密化;Al_2O_3 颗粒在不同位置粒径差异较大,易造成复合材料性能不均一。因此,为获得性能更优的 Al_2O_3/Cu 复合材料,需对内氧化工艺进行持续的改进。

5.2.2　粉末冶金法

粉末冶金法是用金属粉末(或金属粉末与非金属粉末的混合物)作为原料,经过成型和烧结制造金属材料与金属基复合材料的工艺过程。粉末冶金法的工艺过程主要包括粉末的制备、粉末的加工成型、粉末的烧结和烧结后处理四个工序,如图 5.11 所示。粉末冶金法最初用于难熔金属钨灯丝的制造,如今已用于多种金属材料及金属基复合材料。由于粉末冶金具有三个突出优点:低成本、形状独特性和产品高性能,它在铜基复合材料制备技术中占有极为重要的地位。从 W/Cu、Mo/Cu 等难熔金属增强铜基复合材料到碳材料增强铜基复合材料,再到各种陶瓷相增强铜基复合材料,粉末冶金法几乎可以涵盖所有类别的铜基复合材料的制备。根据各类复合材料体系特征,开发出了不同类型的制粉、压制与烧结工艺。按照烧结成型工艺不同,常见的粉末冶金法有如下几种:热压烧结、热等静压烧结、放电等离子烧结、微波烧结、选区激光烧结、液相烧结等。通常,烧结后难以获得完全致密化的铜基复合材料,而孔隙的存在对铜基复合材料的传导性能和力学行为均会造成严重伤害。为了改善烧结态复合材料的致密度,在烧结之后还需通过热锻、热压、复压等烧结后处理工序进行进一步改善,但其工艺过程相对复杂,增加了粉末冶金法的生产成本。

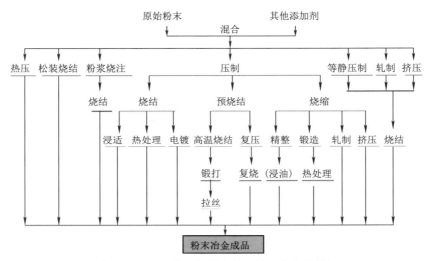

图 5.11　粉末冶金材料和制品的工艺流程举例

5.2.3　机械合金化法

　　机械合金化法是指对不同金属粉末在高能球磨机中,经过磨球碰撞、挤压,反复发生变形、断裂、焊合,原子间的互扩散进行固态反应而形成的合金粉末。用于制备复合材料时,可将增强体粒子与合金粉末进行高能球磨,经过热挤压、热压、冷处理固化成型,该方法无须烧结、熔铸即可得到颗粒细小、均匀弥散的金属基复合材料。该技术是美国国际镍基公司(INCO)于 20 世纪 60 年代末为研制氧化物弥散强化高温合金而开发的一种技术,已被成功地用于制备 Al_2O_3/Cu 复合材料。然而,高能球磨过程中通常不发生原位反应,此过程仅起到改变粉末形貌,使粉末界面增多并充分混合的作用。例如,在 Cu-Ti-B 体系仅通过高能球磨无法形成 TiB_2 相,TiB_2 相只能在后续的热压烧结过程中原位反应生成。因此,从一定意义上来说,此法也属于复合材料粉末制备工艺。通常,机械合金化可作为粉末冶金、粉末注塑成型、内氧化等铜基复合材料制备技术的前序制粉工艺,与其他技术结合可制备出高性能铜基复合材料。例如,采用机械合金化和热压烧结结合制备 W/Cu 复合材料,机械合金化使混合粉末中的 W 粉和 Cu 粉均匀分布和细化有利于烧结过程中钨颗粒烧结颈的形成,提高 W/Cu 复合材料的致密度及烧结性;另一方面,机械合金化可以使球磨粉末产生晶格畸变,粉末表面容易产生一些缺陷,为后续烧结提供更大的烧结驱动力,进而改善 W/Cu 复合材料的烧结性。机械合金化法自身也存在一定的缺陷,其中最主要的问题是在高能球磨过程中容易引入杂质元素,从而影响所制复合材料的综合性能。

5.2.4　熔体浸渗法

熔体浸渗法是将金属或合金熔体在一定的温度和气氛条件下渗入到具有一定形状的增强颗粒预制块体中。在制备过程中,首先将增强颗粒压制成具有一定强度的预制体,然后将预制体放置在金属粉体或者金属块下,在高温条件下,熔融金属在毛细作用力或压力作用下渗入到增强颗粒预制体中。根据渗入过程有无压力,熔体浸渗法分为压力浸渗和无压浸渗。压力浸渗是靠机械装置或者惰性气体提供压力将金属熔体浸渍渗透到增强颗粒的预制块中。无压浸渗不需要任何压力,在大气气氛下,通过助渗剂使合金熔体渗入到增强体粒子的间隙中,从而形成复合材料。该方法已经成功应用于多种铜基复合材料的制备。例如,利用熔渗技术制备 W/Cu 复合材料,其熔渗烧结过程如图 5.12 所示,将钨粉或者混有微量铜粉(诱导铜粉)的钨粉压制成生坯,然后通过预烧结制备出具有一定强度和密度的多孔钨骨架,将纯铜块放置于钨骨架上方,或者直接将纯铜块放置于压制好的钨生坯上方,最后一同放置于气氛或真空烧结炉内,在铜熔点以上的温度进行熔渗或烧结,较高的温度使铜熔化,铜熔体能够借助毛细作用力渗入到多孔钨骨架中,从而获得 W/Cu 复合材料。采用类似的方法也制备出了 SiC/Cu、Diamond/Cu 以及 Mo/Cu 等复合材料。由于该方法需预先制备出具有孔隙连通且具有一定强度的增强体预制体骨架,制备的铜基复合材料增强体含量受到较大限制。该方法不能制备较低或较高铜含量的复合材料,且其制备的复合材料需要进行机加工去除多余的金属铜,增加了生产成本,因而其应用受到一定程度的限制。

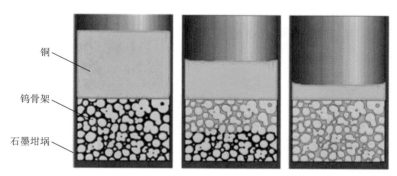

铜

钨骨架

石墨坩埚

图 5.12　W/Cu 复合材料烧结熔渗过程示意图

5.2.5　反应铸造法

反应铸造法是针对 TiB_2/Cu 和 TiC/Cu 等原位自生复合材料开发的一种液态成型方

法,它将原位反应过程与铸造过程相结合,具有工艺简单、价格低廉的特征。TiB$_2$/Cu 复合材料较为常见的制备方法是双束熔体反应铸造法,它是将 Cu-B 和 Cu-Ti 合金单独熔炼后,将 Cu-B 和 Cu-Ti 双束熔体同时压入中间混合腔体并形成素流,双束合金熔体充分混合并发生原位反应在液相中形成 TiB$_2$ 颗粒,并将其快速注入模具凝固成型。基于相同原理,通过对熔炼过程和中间熔体混合过程的改进,又开发出真空拔塞浇注方法。此外,为了避免铸造过程中增强体团聚,在浇注过程中也可采用辅助搅拌、高速素流等方式让金属液中增强体均匀分散,如在浇注模具中加旋转磁场等。在合金熔炼与浇注过程中施加旋转磁场可增强液相流动和增加不同组元间的接触而使原位反应更加充分。同时,液相流动也可显著降低铸态复合材料中 TiB$_2$ 颗粒的偏聚,进而获得增强体均匀弥散分布的 TiB$_2$/Cu 复合材料。针对 Cu-TiC 体系的反应铸造通常是将石墨颗粒加入 Cu-Ti 合金熔体中,通过原位反应形成含有 TiC 颗粒的合金熔体,并将其浇注成型,如图 5.13 所示。由于搅拌、高速流动容易在液相中卷入气体,该制备技术很容易在复合材料中引入气孔等缺陷,需通过后续工艺进行致密化处理。

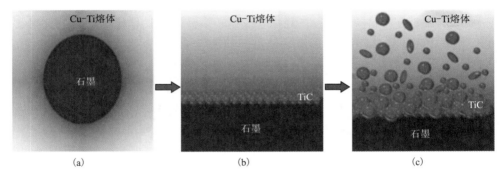

图 5.13 Ti-C 液-固扩散反应示意图

5.2.6 喷射沉积法

喷射沉积技术是介于传统铸造和粉末冶金工艺之间的一种快速凝固技术,主要工艺过程如下:首先,在气氛或大气条件下将原始金属及合金进行熔炼;其次,利用惰性气体将熔融金属雾化成微小熔滴;最后,液态或半固态雾化熔滴在基板上凝固形成沉积坯。该方法制备出的沉积坯经简单的致密化处理后,便可得到满足工程应用要求的材料。在铜基复合材料中,陶瓷增强体的引入方式不同会导致其性能的显著差异,增强体尺寸越细小,分布越均匀,界面污染程度越小且结合性越强,则增强体对基体合金的增强效果越明显。在采用喷射沉积技术制备铜基复合材料时,可按照增强体的引入方式将其分为外加法和原位生成法。所谓外加法即将增强体直接引入到铜液中[见图 5.14(a)]或在雾化喷嘴处用导管通入增强体,使之随雾化金属熔滴一同喷射沉积于基板上得到沉积坯[见图 5.14(b)]。在整个喷射沉积过程中,增强体与雾化金属熔滴几乎不发生化学反应。此外还可将增强体与基体制成预制体合金,在喷射沉积设备加热坩埚中熔化再进行喷射。由于外加法引入的增强体与基体的结合强度较低,即使对增强体进行预处理,复合材料的增强效果也很难达到理想状态。为改善增强体与基体的结合强度及润湿性,通常采用反应喷射沉积来制备原位自生金属基复合材料。它是利用液相中不同元素间的化学反应,在基体中原位合成增强体。通常生成增强体的化学反应过程可发生在坩埚中,也可发生在雾化锥中。采用该法已成功制备出具有较好导电率和良好热稳定性的 TiB_2/Cu 复合材料。喷射沉积法制备铜基复合材料最大的问题仍是复合材料的孔隙率问题,它可通过严格控制制备工艺参数以及后处理等手段进行改善。

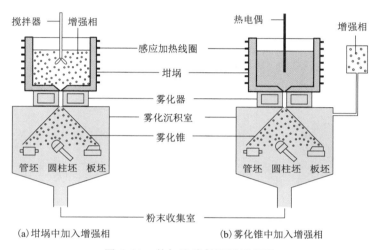

(a)坩埚中加入增强相　　　　　　(b)雾化锥中加入增强相

图 5.14　外加法喷射沉积原理图

5.2.7　搅拌摩擦加工法

搅拌摩擦加工法是在搅拌摩擦焊的基础上发展起来的一种新型的材料加工技术,其基本原理是通过将高速旋转的搅拌针压入材料内部,通过搅拌头强烈的搅拌作用产生大量热量,同时使被加工材料发生剧烈的塑性变形,从而得到致密化、均匀化的组织。该方法可改善界面污染、增强体与基体界面反应,且设备、工艺简单,广泛应用于多种金属基复合材料的制备。以 SiC/Cu 复合材料为例,其具体工艺过程如下:首先,将 SiC 颗粒加入到铜基板中(为改善 SiC 颗粒分布,可以在铜基板表面设计均匀分布的孔洞,将 SiC 颗粒加入到孔洞中),然后将圆柱状(见图 5.15)或其他形状(螺旋状)的搅拌针伸入装有 SiC 颗粒的铜基板进行高速摩擦接触,进而形成 SiC/Cu 复合材料。为保证 SiC 颗粒的分散效果,可以进行反复多次的搅拌摩擦,有利于材料性能的提升。

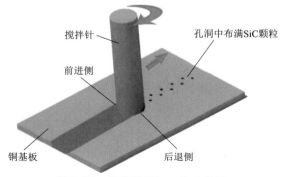

图 5.15　搅拌摩擦加工法示意图

5.2.8 金属粉末注塑成形法

金属粉末注射成形技术是将现代塑料注射成形技术引入粉末冶金领域而形成的一种新型粉末冶金近净成形技术。工艺流程是首先将固体粉末与有机黏结剂均匀混合,经制粒后在加热塑化状态下用注射成形机注入模腔内固化成形,然后用化学或热分解的方法将成形坯中的黏结剂脱除,最后经烧结致密化得到最终产品,如图 5.16 所示。由粉末注射成形工艺的原理可以看出,该方法比较适合制造形状复杂或者对组织结构均匀要求比较严格的产品。这种方法比较容易统一标准,制定生产方案即可实现自动化,且产生的废料也比较少。该方法已成功应用于制备 W/Cu 和 Mo/Cu 等复合材料,所制备出的复合材料致密度显著提高。此外,金属粉末注射成形在制造纤维增强复合材料方面较其他制造技术有着独特的优势。除了能够经济有效地塑造复杂的形状外,它还能使纤维沿着流动方向排列,该方法已被用于制备结构均匀的 C_f/Cu 复合材料。

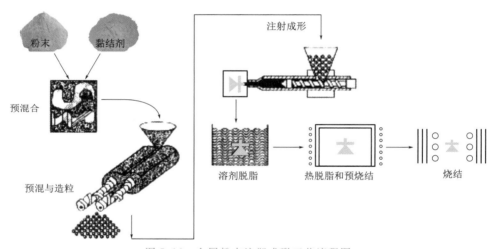

图 5.16 金属粉末注塑成形工艺流程图

5.2.9 集束拉拔技术

集束拉拔技术主要用于制备线材铜基复合材料。它是将单根金属或者合金杆放入铜护套中进行热压或抽真空封焊使之结合,经过热挤后冷拉成形与中间退火工艺获得具有一定尺寸的复合材料杆,然后将多根复合材料杆重新装入铜护套中,以外正六边形几何尺寸装配,用铜来填充细丝体束和护套之间的间隙,再经过热挤后冷拉成形与中间退火工艺,如此反复 n 次($n \leqslant 4$)最终获得成品。图 5.17 为 Nb/Cu 复合材料线材生产过程示意图。通过单芯棒集束组装→合体挤压拉拔→多芯棒→多芯棒集束组装→复合体挤压拉拔→反复集束拉拔的冷变形过程获得基体金属和第二组元金属尺寸均可精确控制的复合材料。集束拉拔技术在超导线材的生产中占有重要地位,NbTi/Cu 和 Nb_3Sn/Cu 复合材料超导线的生产均依赖该工艺。值得说明的是,在 Nb_3Sn/Cu 复合材料制备过程中,可先采用集束拉拔工艺制备出 Nb/Cu-Sn 合金,后经热处理原位反应制备出 Nb_3Sn/Cu 复合材料。

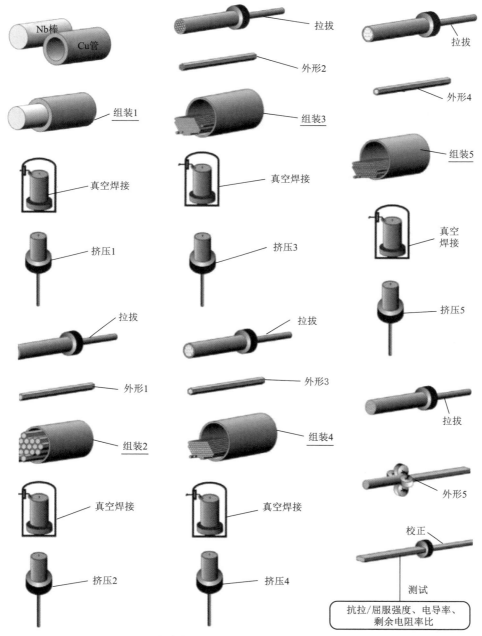

图 5.17　集束拉拔技术制备 Nb/Cu 复合材料示意图

5.2.10　原位形变技术

原位形变技术是指通过较大变形量的冷拉拔、冷轧等工艺使合金相增强铜基复合材料中 Cu 相和增强相(Ag、Nb、Cr、Fe 等)两种组成相同时发生塑性变形,得到长径比较大的纤维状或薄片状增强相并呈平行排列且分布均匀的复合组织的方法。原位形变复合材料的制备主要经历三个步骤:Cu-X(Ag、Nb、Cr、Fe 等)锭坯制备、预形变和最终形变,通常还需中间热处理。首先,锭坯可通过熔铸法和粉末冶金法来制备。通常,粉末冶金法的成本比较高,而熔铸法制备工艺简单。对于高熔点组元(Nb 等)常采用自耗电极电弧熔炼,而对于较低熔点组元(Ag、Fe、Cr 等)则采用真空感应熔炼方法制备。其次,将获得的初始锭坯通过热轧、热挤压或热锻等热加工方法来初步细化锭坯微观组织。最后,通过冷变形处理来进一步减小基体和增强体的尺寸,最终形成原位形变铜基复合材料。其中,常规塑性变形工艺可采用冷轧、冷拉拔等,而大塑性变形工艺主要采用等径角挤压法、高压扭转法、累积叠轧技术等。这一过程中,变形量和中间退火处理是最为重要的工艺参数,其两者之间的协调与匹配将有助于复合材料综合性能的提升。

5.3　铜基复合材料的工程应用

铜基复合材料的显著特征之一是具有铜基体的高传导性。在铜基体中添加增强体的主要目的有三个,即在不伤害或较低程度损失传导性的条件下提高其力学性能、调控热膨胀系数以及实现一定的功能化。因此,铜基复合材料主要是作为高导电和高导热结构功能材料而应用。此外,添加具有特殊功能的增强体后,铜基复合材料也可在某些功能化需求领域应用,例如铜基复合材料超导线材。本节重点介绍几种典型铜基复合材料的工程应用。

5.3.1　作为高导电材料的工程应用

1. 高压断路器触头材料

电力系统对现代社会的重要程度不言而喻,电网的接通和断开均要依靠高压断路器(开关)触头来实现。在接通和断开瞬间,触头材料要经历高温电弧的烧蚀、六氟化硫(SF_6)气体的冲蚀、动静触头之间因插拔引起的挤压与摩擦,以及反复开合过程中的热疲劳等。在如此严苛的服役条件下,常规材料难以胜任。在 W/Cu 复合材料中,高熔点钨形成难熔骨架,使材料具有抗电弧、耐磨损及耐高温的性能,而低熔点的铜具有优良的导热、导电性能和良好的塑性。在燃弧状态下,低熔点的铜被熔化,由于毛细管作用,被吸附在钨骨架的毛细孔中,即使局部温度很高,材料也不至于发生熔焊和飞溅。因此,W/Cu 复合材料具有良好的耐电弧侵蚀性、抗熔焊性能和高强度、高硬度等优点,被广泛用作油断路器、六氟化硫断路器、真空接触器、变压器转换开关等各类高压电器开关中的电触头,如图 5.18 所示。除 W/Cu 复合材料外,Al_2O_3/Cu、TiB_2/Cu、SiC/Cu、

图 5.18　W/Cu 电触头实物图

Mo/Cu 等复合材料在高压触头中均有应用。可见,铜基复合材料为高压断路器提供了关键材料。

2. 引线框架材料

引线框架材料是集成电路中重要的结构功能材料,它的功用是为芯片提供机械支撑的载体,作为导电介质表里连接芯片电路而构成电信号通路,与封装外壳一同形成芯片散热通路。现有引线框架材料大多采用铜合金,按照商用铜合金体系可分为 Cu-Fe 系、Cu-Cr 系、Cu-Ni-Si 系、Cu-Ni-P 系、Cu-Sn 系以及 Cu-Zr 系。随着集成电路向着高度集成化的方向发展,引线间距减小、厚度减薄,要求引线框架材料具有更高的强度;随着集成电路功率的增加,散热问题更为突出,要求引线框架材料具有更好的散热性;此外,由于制造及应用需求,引线框架还需具有良好的加工性能、钎焊性能、刻蚀性能、氧化膜黏接性能等。已开发的高性能 Al_2O_3/Cu 和 TiB_2/Cu 等铜基复合材料可满足高强高导这一需求,并且具有良好的高温稳定性,已逐步应用于集成电路领域。

3. 滑动电接触材料

受电弓滑板材料和接触线材料是为列车提供电力保障的关键材料,随着高速铁路的发展,高速化和重载化对材料综合性能提出更高要求。高速度的滑动摩擦要求滑板和接触线材料具有突出的耐磨性和导热能力;大功率的电力传输要求其具有优异的导电能力;在相对运动的两种材料间进行电力传输会产生电弧,进而要求其具有良好的耐电弧侵蚀能力。石墨材料具有自润滑作用,可显著降低对磨材料之间的黏着磨损和焊合作用,当其加入到金属基体中时,可在金属基体表面形成一层石墨保护膜,显著提高复合材料的耐磨性。此外,相较于铜基体,石墨纤维具有更高的耐电弧侵蚀能力。因此,采用粉末冶金、压力浸渗等技术制备出的 G/Cu 和 C_f/Cu 复合材料已被广泛用于高速铁路的受电弓滑板。与受电弓相比,接触线则对强度和导电率的要求更高,其理想的性能指标为抗拉强度$\geq$600 MPa,导电率$\geq$80%IACS。纯铜材料虽可以提供良好的热传导及电传导能力,但其力学性能难以满足要求,在添加弥散强化陶瓷相后,在较低损失导电率的情况下,可大幅提升其力学性能。因此 Al_2O_3/Cu、TiB_2/Cu 复合材料以及采用原位形变技术生产的铜基复合材料线材在接触线材料中应用潜力巨大。

4. 点焊电极材料

点焊是一种高效率,操作简单,易实现机械化和自动化的常用电阻焊工艺之一,在焊接生产中占有重要地位。点焊是将上下两个电极压靠在被焊的两块金属板的两侧,短时间内通过大电流在被焊件间产生很高的接触电阻热使工件金属板进行高温焊合。作为点焊的重要单元,点焊电极在工作时承受的压力可达 $40\sim120$ MPa,通过的电流为 $200\sim600$ A/cm^2,电极前端的温度高达 1 000 ℃,因此要求点焊电极材料耐高温、高压和高电流。由于高强高导 Al_2O_3/Cu 复合材料具有很高的热稳定性,常被用作点焊电极,该材料在保证电压、电流的同时,可减轻电极损耗,提升焊接质量,相比于普通 Cu-Cr 电极寿命延长 2 倍以上。除 Al_2O_3/Cu 复合材料外,TiB_2/Cu、TiC/Cu 等复合材料在电焊电极中也有较多应用。

5.3.2 作为高导热材料的工程应用

1. 电子封装材料

电子封装就是将一定功能的集成电路芯片放置在一个与之相适应的外壳容器中,为芯片提供一个稳定可靠的工作环境,保护芯片不受或少受外部环境影响,使集成电路能够正常稳定的运行。随着集成电路集成度的提高,功率增大,电子元件中所产生的热量也逐渐增大,为维持电子元器件正常工作,需要利用电子封装材料将这些热量快速导出。同时,电子元器件在高温工况下工作以及冷热循环工作条件下产生的较高热应力均会对其稳定性造成影响。因此,具有高导热能力以及与芯片材料相匹配的热膨胀系数是电子封装材料必须具备的性能。此外,还要求电子封装材料具有足够的强度和刚度,能够对芯片起到支撑和保护作用;在某些特殊场合电子封装材料需具有一定的电磁屏蔽功能。电子封装材料公认的理想指标为:热导率高于 150 W/(m·K),热膨胀系数为 $4\times10^{-6}\sim9\times10^{-6}$ K^{-1}。传统材料中,满足高导热要求的金属较多,例如纯铝和纯铜的热导率分别为 237 W/(m·K)和 401 W/(m·K)。然而,纯金属材料的热膨胀系数却远高于电子封装材料的要求,例如纯铜的热膨胀系数为 16.9×10^{-6} K^{-1}。基于混合法则,在铜基体中添加低热膨胀系数、高热导率的增强体可获得综合性能良好的电子封装用铜基复合材料。Diamond/Cu 复合材料兼具铜基体和金刚石增强体的优点,具有密度小于 5.5 g/cm^3,热导率不低于 600 W/(m·K),热膨胀系数($5\times10^{-6}\sim7\times10^{-6}$ K^{-1})与 Si、GaN 等半导体匹配等特点,是极具竞争力的新型电子封装材料。除 Diamond/Cu 复合材料外,SiC/Cu、TiB$_2$/Cu、G/Cu、W/Cu、Mo/Cu 等复合材料在电子封装领域也有较广泛的应用。

2. 热核聚变装置用导热材料

面对等离子体的第一壁材料和高热导率的热沉材料是热核聚变装置中的两种关键材料。在热核聚变装置中,聚变等离子体的边缘与第一壁材料有着强烈的冲刷作用,第一壁材料的主要功能是有效控制进入等离子体的杂质,有效传递辐射到材料表面的热量,保护其他部件免受等离子体的轰击等。根据其工作状态,为保持核聚变装置运行,第一壁材料需要具有以下几种性能:良好的导热性能、抗热冲击性和高熔点;低的溅射产额,以减少杂质对等离子的污染;氢(氘、氚)再循环作用低;低放射性。钨具有高熔点、低蒸汽压、低溅射率和低氚滞留等特点,故被选为面对等离子体材料。同时,为了使反应堆能够良好地运转,需要选择一种导热性能好的材料把第一壁材料上的热量及时地传递出去,W/Cu 功能梯度复合材料可满足以上要求。它的一侧是高导热的铜,另一侧是高熔点、高硬度的钨,中间则为组成呈梯度变化的过渡层。高钨部分满足了抗高温等离子体的冲击性,高铜部分则将材料在承受冲击过程中所产生的热量迅速地传递出去,从而降低温度,避免材料高温下失效。与第一壁材料连接的热沉材料,其主要功能之一是快速带走热量沉积,优异的热传导能力是热沉材料的首要性能要求。热沉材料在服役过程中还需承受高温、高热负荷、高热应力、中子辐照等极端工况,Al$_2$O$_3$/Cu 弥散强化铜基复合材料具有良好的热传导性能,同时又具有强度高且高温稳定性好的特征,因此常被用于热核聚变装置的热沉材料。

3. 大功率器件热管理材料

大功率器件持续稳定运行的关键问题之一是对散热部件的设计,如大功率行波管(卫星通信和雷达接收功率源)的结构功能一体化散热部件、大功率 LED 散热基板、星载脉冲管制冷机、卫星离子推进器的中和器散热、霍尔推进器的外圈、有源相控阵天线的散热基板等。这些器件均是采用高导热材料制备散热系统,将运行所产生的热量快速传递到环境中以维持其稳定运行。例如,大功率 LED 在基准温度(100 ℃)以上,工作温度每升高 25 ℃,LED电路的失效率就会增加 5～6 倍,因此如何提高 LED 基板的散热性能,使电路在正常温度下工作是一个关键问题。不同的基板材料,其导热性能各异,高导热的铜基复合材料基板可以满足自然冷却的要求。Diamond/Cu、SiC/Cu、Mo/Cu、W/Cu 等复合材料在大功率器件热管理领域已取得广泛应用。

5.3.3　其他应用

超导体在超导状态下具有零电阻、抗磁性和电子隧道效应等奇特的物理性质。Nb_3Sn超导材料在 1954 年被发现,直到 1970 年才实现商业化生产。NbTi 超导合金于 1961 年首次报道后,于 1968 年就被完全产业化。最初,研究人员采用单芯超导合金线材进行绕制超导磁体,但由于单芯超导磁体不稳定和使用性能退化的问题,随后提出将数千根以上的极细超导线材埋入电阻率小、导热性能好的无氧铜中制备 NbTi/Cu 和 Nb_3Sn/Cu 多芯超导复合线材。由于铜基体导热性能好,可以快速将热量导出,使得超导线材工作温度能够保持在临界超导温度以下,可实现稳定的超导。因此这两种复合材料在超导领域获得了广泛应用。NbTi/Cu 超导复合材料主要应用于制造核磁共振成像系统、实验室用超导磁体、磁悬浮列车等;Nb_3Sn/Cu 超导复合材料应用于核磁共振仪、磁约束核聚变以及高能物理的高磁场磁体领域。

脉冲磁体是目前实现 60～100 T 强磁场的唯一途径,广泛应用于材料科学、凝聚态物理、化学以及医学与生命科学等领域。世界范围内强磁场磁体的研究正在不断取得进展,但是强磁场脉冲磁体系统的进一步发展却受到了磁体线圈中导体材料性能的限制。为了产生高强度的脉冲磁场,所用的导体材料必须具有高导电性以减少焦耳热,并兼具高强度以承受强磁场中的洛伦兹力,通常要求导体材料的抗拉强度高于 1.0 GPa,同时导电率需满足 60%IACS 以上。Cu-Nb 和 Cu-Ag 原位形变复合材料兼顾高强度和良好的导电特性,是应用于脉冲磁体内部线圈最有潜力的导体材料。

在精密光学仪器以及纳米机器人中,对材料的尺寸稳定性要求很高,它要求材料具有近零热膨胀系数。研究发现一些陶瓷材料具有这种性质,例如,ZrW_2O_8、HfW_2O_8 和微晶玻璃。然而,陶瓷材料导热系数较低,在某些场合下难以应用。由于石墨相在特定情况下具有负的热膨胀系数,通过特殊处理方法与铜复合后可制备出近零热膨胀系数的高导热 C_f/Cu复合材料,这些材料可满足精密仪器等领域对材料尺寸稳定性的需求。

铜基体中添加润滑组元和摩擦组元可以用于制备制动材料。润滑组元主要用于改进铜基制动材料的抗咬合性和抗黏结性,如采用石墨、Ti_3SiC_2 等作为润滑组元;摩擦组元是为了补偿润滑组元降低摩擦因数的影响,主要用于增摩、耐磨和抗卡滞等作用,如采用 Al_2O_3 和 SiC 等作为摩擦组元。基于铜基复合材料开发出的制动材料具有稳定的摩擦因数,优良的耐磨性和耐热性,环境适应性好,对制动盘损伤小等特征而被广泛用于国内外高速列车;C_f/Cu 复合材料在一些赛车刹车片中也有应用。

W/Cu 复合材料在超高温(3 000 ℃或者更高温度)使用时,其两相组织中所含的铜将发生气化而吸收大量的热量,从而显著降低 W/Cu 复合材料器件表面的温度,保证了 W/Cu 复合材料在超高温环境下的应用。因此,W/Cu 复合材料又被称为"发汗材料",可广泛应用于火箭、导弹等受高温高速气流烧蚀、冲刷的高温器件,如燃气舵、喷管喉衬、鼻锥等。W/Cu 和 Mo/Cu 复合材料的良好特性使其在军工领域具有广泛的应用,如电磁炮导轨材料、坦克破甲弹的药型罩材料、远程炮的尾喷管材料等。作为新一代武器装备的电磁炮,它是依靠两条平行导轨间流动的电流产生强磁场,磁场和电流的共同作用产生强大的洛伦兹力,从而推动导轨间弹丸的远程、高速发射,因而其导轨材料在满足高导电性能的基础上,其表层还需具备良好的耐电弧烧蚀特性以及高温强度和高温耐磨性,W/Cu 复合材料是电磁炮导轨材料的最佳选择。药型罩材料是聚能效应能量的载体,其性能直接影响着射流质量的优劣,如射流密度、射流速度和连续射流长度等,因此希望药型罩具有破碎性好、侵彻力强、渗透率高等特点,从而要求药型罩材料密度高、延展性好,以便使射流在侵彻之前能充分拉长而不断裂。Mo/Cu 和 W/Cu 复合材料既有高强度、高硬度、低膨胀系数等特性同时又有高塑性、良好的导热性,已成功地应用于药型罩材料。

5.4　铜基复合材料的发展预测

随着我国"一带一路"倡议的实施及"中国制造 2025"计划的提出,为新材料的发展带来更多的挑战与机遇。一代材料、一代装备,材料是制造业的基石,其研发、产业化和应用是实现制造业强国的必要条件。在我国,高性能铜基复合材料是新材料领域重要分支之一,经过数十年的发展,无论是其制备加工技术还是工程应用均已取得了长足进步。铜基复合材料行业已进入快速成长期,核心技术水平显著提高,产业规模日益扩大,为国民经济发展和国防工业建设提供了有力支撑。然而,随着科技飞速进步,产品快速更迭,对商用铜基复合材料综合性能提出更高应用需求,材料体系的创新以及材料制备技术的突破成为未来铜基复合材料重点发展方向。

5.4.1　未来需求

未来重大工程应用的铜材料面临更为严苛的服役环境,对其可靠性与使用寿命均提出更高要求。例如,在电力行业领域,长距离大容量超高压电网挂网运行的高压开关设备的开断容量从 40 kA 提高到 63 kA,局部电网甚至达到 80 kA;特高压和智能电网安全运营要求高压开关(触头为其核心部件)的机械寿命从 6 000 次提高到 10 000 次,特高压电容器组开关(触头)的电气寿命更是提出要达到 5 000 次的高要求。在轨道交通领域,电气化铁路向高速、重载方向发展,接触导线/受电弓滑板的滑动摩擦速度与能量传输密度成倍提高。在电子封装领域,高集成度和小型化的要求使得电子器件功率密度急速升高。在国家重大科技基础设施领域,突破水冷磁体产生稳态强磁场的极限,导体材料需承受更大的电流密度与更高的应力。可见,铜基复合材料综合性能是否满足要求直接决定了上述各应用领域技术的突破。因此,面向未来应用需求,亟须开发综合性能更为优异的铜基复合材料。

5.4.2 材料体系创新

传统铜基复合材料制备主要依赖于对基体组织设计、增强体特征参量设计、增强体与基体界面结合调控等。为突破传统铜基复合材料中综合性能匹配关系,基于多元多尺度增强体强化和非均匀空间构型强化的设计思想,开发新型铜基复合材料体系,充分发挥复合材料的可设计性,进一步发掘复合材料的潜力,实现各项性能指标的最优化配置,成为铜基复合材料研究发展的重要方向。目前,针对铜基复合材料的结构优化开展了一些初步的探索研究,但依然存在着很多关键科学问题亟待解决,包括如何实现不同种类、形态和尺度增强体间的相互协调与耦合,增强体间的相互作用及混杂效应机理,非均匀空间构型设计途径与方法选择,以及非均匀结构的多功能响应机制等。只有解决这些关键科学与技术问题,才能推动铜基复合材料朝着"结构复杂化"和"功能多元化"的方向发展。

5.4.3 制备技术突破

如今,部分铜基复合材料制备技术已较为成熟,如采用内氧化法制备 Al_2O_3/Cu 复合材料,采用熔体浸渗法制备 W/Cu 复合材料等,均已经实现了商业化应用。然而,也应当注意到某些铜基复合材料由于体系特点的限制,制备技术存在工艺可控程度低、工艺流程复杂、难以大规模化生产等问题,其成型产品性能不稳定、尺寸小、制造成本高、效率低等,致使一类新型高性能铜基复合材料仍处于实验室研究与开发阶段,难以满足重大工程中对铜基复合材料产品的批量化及高可靠性的需求。因此,针对特定高性能铜基复合材料体系开发专有制造加工设备、稳定制造工艺、缩短生产流程、降低成本,是实现铜基复合材料从科技成果向下游应用转化的关键。未来应加强高校、科研院所与铜材料加工企业的合作,推进铜基复合材料领域科研成果顺利转化。

参考文献

[1] 汪明朴,贾延琳,李周,等.先进高强导电铜合金[M].长沙:中南大学出版社,2015.

[2] EL-HADEK M A,KAYTBAY S. Al_2O_3 particle size effect on reinforced copper alloys:an experimental study[J]. Strain,2009,45(6):506-515.

[3] WANG X H,LIANG S H,YANG P,et al. Effect of Al_2O_3 particle size on vacuum breakdown behavior of Al_2O_3/Cu composite[J]. Vacuum,2009,83:1475-1480.

[4] ZHOU D S,ZENG W,ZHANG D L. A feasible ultrafine grained Cu matrix composite microstructure for achieving high strength and high electrical conductivity[J]. Journal of Alloys and Compounds,2016,682:590-593.

［5］ DURIŠINOVÁ K,DURIŠIN J,OROLÍNOVÁ M,et al. Effect of mechanical milling on nanocrystalline grain stability and properties of Cu-Al₂O₃ composite prepared by thermo chemical technique and hot extrusion[J]. Journal of Alloys and Compounds,2015,618:204-209.

［6］ RAJKOVIC V,BOZIC D,JOVANOVIC M T. Properties of copper matrix reinforced with nano-and micro-sized Al₂O₃ particles[J]. Journal of Alloys and Compounds,2008,459:177-184.

［7］ AFSHAR A,SIMCHI A. Abnormal grain growth in alumina dispersion-strengthened copper produced by an internal oxidation process[J]. Scripta Materialia,2008,58:966-969.

［8］ WANG X L,LI J R,ZHANG Y,et al. Improvement of interfacial bonding and mechanical properties of Cu-Al₂O₃ composite by Cr-nanoparticle-induced interfacial modification[J]. Journal of Alloys and Compounds,2017,695:2124-2130.

［9］ ZHOU D S,GENG H W,ZENG W,et al. Suppressing Al₂O₃ nanoparticle coarsening and Cu nanograin growth of milled nanostructured Cu-5vol% Al₂O₃ composite powder particles by doping with Ti[J]. Journal of Materials Science & Technology,2017,33:1323-1328.

［10］ ZHOU X Y,YI D Q,NYBORG L,et al. Influence of Ag addition on the microstructure and properties of copper-alumina composites prepared by internal oxidation[J]. Journal of Alloys and Compounds,2017,722:962-969.

［11］ CHANDRAN K S R,PANDA K B,SAHAY S S. TiB_w reinforced Ti composites:processing,properties,application prospects,and research needs[J]. JOM,2004,56(5):42-48.

［12］ ZIEMNICKA-SYLWESTER M. The Cu matrix cermets remarkably strengthened by TiB₂ "in situ" synthesized via self-propagating high temperature synthesis[J]. Materials & Design,2014,53:758-765.

［13］ TJONG S C,LAU K C. Abrasive wear behavior of TiB₂ particle-reinforced copper matrix composites[J]. Materials Science and Engineering:A,2000,282(1/2):183-186.

［14］ HAMADA A S,KHOSRAVIFARD A,KISKO A P,et al. High temperature deformation behavior of a stainless steel fiber reinforced copper matrix composite[J]. Materials Science and Engineering:A,2016,669:469-479.

［15］ BOZIC D,STASIC J,DIMCIC B,et al. Multiple strengthening mechanisms in nanoparticle reinforced copper matrix composites[J]. Bulletin of Materials Science,2011,34(2):217-226.

［16］ JIANG Y H,WANG C,LIANG S H,et al. (TiB₂-TiB)/Cu in-situ composites prepared by hot-press with the sintering temperature just beneath the melting point of copper[J]. Materials Characterization,2016,121:76-81.

［17］ GUO M X,SHEN K,WANG M P. Effect of in situ reaction conditions on the microstructure changes of Cu-TiB₂ alloys by combining in situ reaction and rapid solidification[J]. Materials Chemistry and Physics,2012,131(3):589-599.

［18］ 任建强,梁淑华,姜伊辉,等. 原位(TiB₂-TiB)/Cu复合材料组织与性能研究[J]. 金属学报,2019,55(1):130-136.

［19］ 董仕节,史耀武. 烧结工艺对 TiB₂ 增强铜基复合材料性能的影响[J]. 西安交通大学学报,2000,34(7):73-76.

［20］ KWON D H,NGUYEN T D,DUDINA D V,et al. Properties of dispersion strengthened Cu-TiB₂ nanocomposites prepared by spark plasma sintering[C]//Solid State Phenomena. Trans Tech Publications,2007,119:63-66.

[21] WANG T M,ZOU C L,CHEN Z N,et al. In situ synthesis of TiB_2 particulate reinforced copper matrix composite with a rotating magnetic field[J]. Materials & Design,2015,65:280-288.

[22] 李周,肖柱,郭明星,等. 双熔体混合-快速凝固原位生成 TiB_2/Cu 复合材料的研究[J]. 材料热处理学报,2006,27(5):6-9.

[23] LIANG S H,LI W Z,JIANG Y H,et al. Microstructures and properties of hybrid copper matrix composites reinforced by TiB whiskers and TiB_2 particles[J]. Journal of Alloys and Compounds,2019, 797:589-594.

[24] KIMMIG S,ELGETI S,YOU J. Impact of long-term thermal exposure on a SiC fiber-reinforced copper matrix composite[J]. Journal of Nuclear Materials,2013,443:386-392.

[25] XU Z S,SHI X L,ZHAI W Z,et al. Fabrication and properties of tungsten-copper alloy reinforced by titanium-coated silicon carbide whiskers[J]. Journal of Composite Materials,2015,49:1589-1597.

[26] ZHANG W L,MA X,DING D Y. Aging behavior and tensile response of a SiC_w reinforced eutectoid zinc-aluminium-copper alloy matrix composite [J]. Journal of Alloys and Compounds, 2017, 727: 375-381.

[27] AKBARPOUR M R,SALAHI E,HESARI F A,et al. Microstructural development and mechanical properties of nanostructured copper reinforced with SiC nanoparticles[J]. Materials Science and Engineering:A,2013,568:33-39.

[28] AKBARPOUR M R,MIRABAD H M,ALIPOUR S. Microstructural and mechanical characteristics of hybrid SiC/Cu composites with nano-and micro-sized SiC particles[J]. Ceramics International, 2019,45:3276-3283.

[29] JARZABEK D M,MILCZAREK M,WOJCIECHOWSKI T,et al. The effect of metal coatings on the interfacial bonding strength of ceramics to copper in sintered Cu-SiC composites[J]. Ceramics International,2017,43:5283-5291.

[30] LUO X,YANG Y Q,LI J K,et al. Effect of nickel on the interface and mechanical properties of SiC_f/Cu composites[J]. Journal of Alloys and Compounds,2009,469:237-243.

[31] BRENDEL A,PAFFENHOLZ V,KOCK T,et al. Mechanical properties of SiC long fiber reinforced copper[J]. Journal of Nuclear Materials,2009,386-388:837-840.

[32] LI M,CHEN F Y,SI X Y,et al. Copper-SiC whiskers composites with interface optimized by Ti_3SiC_2 [J]. Journal of Materials Science,2018,53:9806-9815.

[33] 卢志华,孙康宁,任帅,等. 多壁碳纳米管的表面修饰及分散性研究[J]. 稀有金属材料与工程,2007, 36(S3):100-103.

[34] SONG J L,CHEN W G,DONG L L,et al. An electrolessplating and planetary ball millingprocessfor mechanical properties enhancement of bulk CNTs/Cu composites[J]. Journal of Alloys and Compounds,2017,720:54-62.

[35] PENG Y T,CHEN Q F. Ultrasonic-assisted fabrication of highly dispersed copper/multi-walled carbon nanotube nanowires[J]. Colloids and Surfaces A:Physicochemical and Engineering Aspects, 2009,342(1):132-135.

[36] KANG J L,LI J J,SHI C S,et al. In situ synthesis of carbon onion/nanotube reinforcements in copper powders[J]. Journal of Alloys and Compounds,2009,476(1/2):869-873.

[37] LIM B K,MO C B,NAM DH,et al. Mechanical and electrical properties ofcarbonnanotube/Cu nano-compositesby molecular level mixing and controlled oxidation process[J]. Journal of Nanoscience and Nanotechnologuy,2010,10:78-84.

[38] LI M X,CHE H W,LIU X Y,et al. Highly enhanced mechanical properties in Cu matrix composites reinforced with graphene decorated metallic nanoparticles[J]. Journal of Materials Science,2014,49 (10):3725-3731.

[39] PONRAJ N V,AZHAGURJAN A,VETTIVEL S C,et al. Graphene nanosheet as reinforcement a-gent in copper matrix composite by using powder metallurgy method[J]. Surfaces and Interfaces, 2017,6:190-196.

[40] KIM Y,LEE J,YEOM M S,et al. Strengthening effect of single-atomic-layer graphene in metal-gra-phene nanolayered composites[J]. Nature Communications,2013,4:1-7.

[41] 张获,苑孟颖,谭占秋,等. 金刚石/Cu 复合界面导热改性及其纳米化研究进展[J]. 金属学报,2018, 54(11):1586-1596.

[42] 张晓宇,许旻,曹生珠. 高导热金刚石/铜复合材料界面修饰研究进展[J]. 材料导报,2018,32(3): 443-452.

[43] CHU K,LIU Z F,JIA C C,et al. Thermal conductivity of SPS consolidated Cu/diamond composites with Cr coated diamond particles[J]. Journal of Alloys and Compounds,2010,490(1/2):453-458.

[44] REN S B,SHEN X Y,GUO C Y,et al. Effect of coating on the microstructure and thermal conductiv-ities of diamond-Cu composites prepared by powder metallurgy[J]. Composites Science and Technolo-gy,2011,71(13):1550-1555.

[45] KANG Q P,HE X B,REN S B,et al. Effect of molybdenum carbide intermediate layers on thermal properties of copper-diamond composites[J]. Journal of Alloys and Compounds,2013,576:380-385.

[46] BAI H,MA N G,LANG J,et al. Effect of a new pretreatment on the microstructure and thermal con-ductivity of Cu/diamond composites[J]. Journal of Alloys and Compounds,2013,580:382-385.

[47] SCHUBERT T,TRINDADE B,WEIßGÄRBER T,et al. Interfacial design of Cu-based compositesprepared by powder metallurgy for heat sink applications[J]. Materials Science and Engineering:A,2008,475(1/2): 39-44.

[48] HE J S,WANG X T,ZHANG Y,et al. Thermal conductivity of Cu-Zr/diamond composites produced by high temperature high pressure method[J]. Composites Part B:Engineering,2015,68:22-26.

[49] MERL W,MEYER C L,ATAYA E. DODUCO 电触头数据集[M]. 胡明忠,译. 上海:上海科技出版 社,1983.

[50] 马窦琴. 细晶高致密钨铜复合材料制备及电接触性能研究[D]. 郑州:郑州大学,2016.

[51] KIM D G,KIM G S,SUK M J,et al. Effect of heating rate on microstructural homogeneity of sintered W-15wt%Cu nanocomposite fabricated from W-CuO powder mixture [J]. Scripta Materialia,2004,51 (7):677-681.

[52] 孙德国,肖鹏,梁淑华,等. 元素 Co 对 Cu/W 间润湿性的影响[J]. 稀有金属材料与工程,2008,37 (12):2134-2138.

[53] QIAN K,LIANG S H,XIAO P,et al. In situ synthesis and electrical properties of CuW-La$_2$O$_3$ com-posites[J]. International Journal of Refractory Metals and Hard Materials,2012,31:147-151.

[54] ZHANG Q,LIANG S H,ZHUO L C. Fabrication and properties of the W-30wt%Cu gradient com-

posite with W@WC core-shell structure[J]. Journal of Alloys and Compounds,2017,708:796-803.

[55]　LIANG S H,CHEN L,YUAN Z X,et al. Infiltration W-Cu composites with combined architecture of hierarchical particulate tungsten and tungsten fibers[J]. Materials Characterization,2015,110:33-38.

[56]　ZHANG Q,LIANG S H,ZHUOL C. Microstructure and properties of ultrafine-grained W-25wt％Cu composites doped with CNTs[J]. Journal of Materials Research and Technology, 2019, 8 (1): 1486-1496.

[57]　DONG LL,CHEN W G,ZHENG C H,et al. Microstructure and properties characterization of tungsten-copper composite materials doped with graphene [J]. Journal of Alloys and Compounds,2017, 695:637-1646.

[58]　石俊,刘宁,刘爱军,等.钼及钼合金研究的进展[J].热处理,2014,29(5):19-23.

[59]　吕大铭.钼铜材料的开发和应用[J].粉末冶金工业,2000,10(6):30-33.

[60]　HE G,LIU J X,LU N,et al. Fabrication of Mo-Cu functionally graded material by combustion synthesis and centrifugal infiltration[J]. Rare Metal Materials and Engineering,2018,47(1):307-310.

[61]　FAN J L,CHEN Y B,LIU T,et al. Sintering behavior of nanocrystalline Mo-Cu composite powders [J]. Rare Metal Materials and Engineering,2019,38(10):1693-1697.

[62]　孙靖,郭世柏.超细 Mo-40Cu 合金的制备及其性能[J].材料热处理学报.2016,37(8):7-11.

[63]　CUI Y C,DERBY B,LI N,et al. Suppression of shear banding in high-strength Cu/Mo nanocomposites with hierarchical bicontinuous intertwined structures[J]. Materials Research Letters,2018,6(3): 184-190.

[64]　WANG D Z,CHEN D D,YANG Y H,et al. Interface of Mo-Cu laminated composites by solid-state bonding[J]. International Journal of Refractory Metals and Hard Materials,2015,51:239-242.

[65]　DU J L,HUANG Y,XIAO C,et al. Building metallurgical bonding interfaces in an immiscible Mo/Cu system by irradiation damage alloying[J]. Journal of Materials Science & Technology, 2018, 34: 689-694.

[66]　KOIZUMI N. Progress of ITER superconducting magnet procurement [J]. Physics Procedia,2013, 45:225-228.

[67]　SCANLAN R M,ROYET JOHN,HANNAFORD R. Evaluation of various fabrication techniques for fabrication of fine filament NbTi superconductors[J]. IEEE Transactions on Magnetiscs,1987,23(2): 1719-1723.

[68]　LIU X H. Study of vortex pinning by development of normal-superconducting interfaces oriented on a nanometricscale within a superconducting NBTI alloy[D]. Shenyang:Northeastern University,2004.

[69]　傅耀先,孙越,彭莹,等.用多芯 Nb/Cu 挤压管法 Nb₃Sn 超导复合线制成13T 实用超导磁体[J].低温物理学报,1987(1):64-69.

[70]　HISHINUMA Y,OGURO H,TANIGUCHI H,et al. Development of the bronze processed Nb₃Sn multifilamentary wires using Cu-Sn-Zn ternary alloy matrix[J]. Fusion Engineering and Design,2017, 124:90-93.

[71]　MISRA A,VERDIER M,LU Y C,et al. Structure and mechanical properties of Cu-X(X=Nb,Cr,Ni) nanolayered composites[J]. Scripta Materialia,1998,39(4/5):555-560.

[72]　ZHAO H M,FU H D,XIE M. Effect of Ag content and drawing strain on microstructure and properties of directionally solidified Cu-Ag alloy[J]. Vacuum,2018,154:190-199.

[73] LIU J B,MENG L,ZENG Y W. Microstructure evolution and properties of Cu-Ag microcomposites with different Ag content[J]. Materials Science and Engineering:A,2006,435/436:237-244.

[74] PIYAWIT W,XU W Z,MATHAUDHU S N,et al. Nucleation and growth mechanism of Ag precipitates in a CuAgZr alloy[J]. Materials Science and Engineering:A,2014,610:85-90.

[75] LIU J B,ZENG Y W,MENG L. Crystal structure and morphology of a rare-earth compound in Cu-12wt% Ag[J]. Journal of Alloys and Compounds,2009,468:73-76.

[76] ZUO X W,HAN K,ZHAO C C,et al. Microstructure and properties of nanostructured Cu-28wt% Ag microcomposite deformed after solidifying under a high magnetic field[J]. Materials Science and Engineering:A,2014,619:319-327.

[77] ZHANG L,MENG L. The characteristics of Cu-12wt% Ag filamentary microcomposite in different isothermal process[J]. Materials Science and Engineering:A,2006,418:320-325.

[78] TIAN Y Z,DUAN Q Q,YANG H J,et al. Effects of route on microstructural evolution and mechanical properties of Cu-8wt % Ag alloy processed by equal channel angular pressing[J]. Metallurgical and Materials Transactions A,2010,41:2290-2303.

[79] KORMOUT K S,GHOSH P,MAIER-KIENER V,et al. Deformation mechanisms during severe plastic deformation of a Cu-Ag composite[J]. Journal of Alloys and Compounds,2017,695:2285-2294.

[80] GHALANDARI L,MOSHKSAR M M. High-strength and high-conductive Cu/Ag multilayer produced by ARB[J]. Journal of Alloys and Compounds,2010,506:172-178.

[81] BEVK J,HARBISON J P,BELL J L. Anomalous increase in strength of in situ formed Cu-Nb multifilamentary composites[J]. Journal of Applied Physics,1978,49:6031-6038.

[82] SINGLETON J,MIELKE C H,MIGLIORI A,et al. The national high magnetic field laboratory pulsed-field facility at Los Alamos National Laboratory[J]. Physica B,2004,346/347:614-617.

[83] SANDIM H R Z,SANDIM M J R,BERNARDI H H,et al. Annealing effects on the microstructure and texture of a multifilamentary Cu-Nb composite wire[J]. Scripta Materialia, 2004, 51 (11): 1099-1104.

[84] VERHOEVEN J D,DOWNING H L,CHUMBLEY L S,et al. The resistivity and microstructure of heavily drawn Cu-Nb alloys[J]. Journal of Applied Physics,1989,65(3):1293-1301.

[85] HALL M,AARONSON H,KINSMA K. The structure of nearly coherent fcc:bcc boundaries in a Cu-Cr alloy[J]. Surface Science,1972,31:257-274.

[86] MORRIS D,MORRIS M. Rapid solidification and mechanical alloying techniques applied to Cu-Cr alloys[J]. Materials Science and Engineering:A,1988,104:201-213.

[87] 葛继平. 形变 Cu-Fe 原位复合材料[D]. 大连:大连交通大学,2005.

[88] HONG S I,SONG J S. Strength and conductivity of Cu-9Fe-1. 2X(X＝Ag or Cr)filamentary microcomposite wires[J]. Metallurgical and Materials Transactions A,2001,32(4):985-991.

[89] VERHOEVEN J D,CHUEH S C,GIBSON E D. Strength and conductivity of in situ Cu-Fe alloys [J]. Journal of Materials Science,1989,24(5):1748-1752.

[90] 曹敏敏. 快速冷却条件下铜铁合金的凝固组织及性能研究[D]. 重庆:重庆理工大学,2012.

[91] 邹晋,谢仕芳,周喆,等. 交变磁场下 Cu-Fe 复合材料的凝固组织与性能[J]. 材料热处理学报,2016,37(2):6-11.

[92] 田保红,宋克兴,刘平,等. 高性能弥散强化铜基复合材料及其制备技术[M]. 北京:科学出版社,2011.

[93] ZHANG X H,LI X X,CHEN H,et al. Investigation on microstructure and properties of Cu-Al$_2$O$_3$ composites fabricated by a novel in-situ reactive synthesis[J]. Materials & Design,2016,92:58-63.

[94] WU R,ZHANG D W,SUN J,et al. Preparation of Al$_2$O$_3$/Cu composites by internal oxidation in Cu-Al alloy sheet processing[J]. Advanced Materials Research,2012,602/604:2034-2039.

[95] 黄培云. 粉末冶金原理[M]. 北京:冶金工业出版社,2017.

[96] DONG S J,ZHOU Y,CHANG B H,et al. Formation of a TiB$_2$-reinforced copper-based composite by mechanical alloying and hot pressing[J]. Metallurgical and Materials Transactions A,2002,33:1275-1280.

[97] GUO M X,SHEN K,WANG M P. Relationship between microstructure,properties and reaction conditions for Cu-TiB$_2$ alloys prepared by in situ reaction[J]. Acta Materialia,2009,57:4568-4579.

[98] WANG X L,DING H M,QI F G,et al. Mechanism of in situ synthesis of TiC in Cu melts and its microstructures[J]. Journal of Alloys and Compounds,2017,695:3410-3418.

[99] 张昕楠,姜伊辉. 喷射沉积技术在制备金属基复合材料中的研究进展[J]. 铸造技术,2017,38(5):981-985.

[100] AKRAMIFARD H R,SHAMANIAN M,SABBAGHIAN M. Microstructure and mechanical properties of Cu/SiC metal matrix composite fabricated via friction stir processing[J]. Materials & Design,2014,54:838-844.

[101] FROES F H. Advances in titanium metal injection molding[J]. Powder Metallurgy and Metal Ceramics,2007,46:303-310.

[102] SHIKOV A,PANTSYRNYI V,VOROBIEVA A,et al. High strength,high conductivity Cu-Nb based conductors with nanoscaled microstructure[J]. Physica C:Superconductivity,2001,354(1/4):410-414.

第6章 铁基复合材料

钢铁材料综合性能优异,资源丰富,成本低,适合大规模生产,在社会生产活动的各个领域有着广泛的应用,是不可或缺的战略性工业品。钢铁工业是国民经济的重要基础产业,是现代社会生产和扩大再生产的物质基础,从最简单的手工劳动工具直到最复杂的航天技术,无一不和钢铁工业发生直接和间接的关系,即便是在已经经历了工业化过程正在向新型工业化发展的发达国家,钢铁工业尤其是高端钢铁工业仍然是不可替代的重要产业。为机器装备制造业提供数量日益增长、质量日益提高的钢铁材料,从来就是钢铁工业的基本任务。金属材料复合化为实现钢铁材料高性能化提供了新的思路,通过在钢铁基体中引入增强体,提高材料整体的强度、刚度、弹性模量,并改善其耐磨、耐热和耐腐蚀等性能,从而实现钢材力学和功能特性的跨越式提升。而钢铁工业成熟的工艺和设备为性能优良、价格低廉的钢铁基复合材料发展起到了很好的推动作用。

6.1 铁基复合材料进展与分析

挖掘钢铁材料的性能潜力,研制出高附加值的钢铁及其复合材料,突破传统钢铁材料难以满足现代工业对耐磨、耐高温等特殊功能的技术壁垒,可极大地促进钢铁工业发展,具有十分重要的社会及经济意义。铁基复合材料作为金属基复合材料的一个分支,它将陶瓷材料和钢铁材料的优点融为一体,在近年来得到迅速的发展,是目前应用较广的工程结构材料。最早的铁基复合材料于1955年问世,美国铬合金公司优先提出用高速钢浸渍碳化钛骨架的方法制备可改性加工、可热处理的复合材料;1959年Gatti采用粉末冶金法制备了Al_2O_3颗粒增强铁基复合材料,证明了氧化物在铁基体中弥散分布可提高基体的抗蠕变性。20世纪80年代以来,对铁基复合材料进行规模性研究和开发逐渐兴起,结合服役环境迈向多元化发展,根据增强体构型复合方式铁基复合材料可分为弥散增强复合、表面定位增强复合与双金属复合三大主要类型。

6.1.1 弥散增强铁基复合材料

现今对工艺较为成熟的颗粒弥散增强金属基复合材料的研究多集中在熔点较低的轻金属基复合材料上,主要是因为钢铁材料熔点高、密度大,熔体机械搅拌难度大,难以将增强相均匀弥散分布在基体中,在研究初期一定程度上限制了弥散增强铁基复合材料的发展。但现代工业的发展对能在高温、高速、严酷磨损等恶劣工况条件下服役的零部件有着迫切要求,铁基复合材料的抗高温性能、抗冲击性能和耐磨损性能明显优于轻金属基复合材料,因此,以钢铁为基体的颗粒增强复合材料有着良好的发展前景。

1. 增强颗粒的选择

增强颗粒是金属基复合材料的重要组成部分之一,制备性能优良的弥散增强铁基复合材料首先要确定选用何种增强陶瓷颗粒。由于陶瓷颗粒与钢铁基体的物理、化学性质不同,将引起不同的界面扩散或化学反应,产生不同的界面结构,使复合材料表现出不同的性能。为了合理选用增强颗粒,设计制备高性能铁基复合材料,必须要在了解各种增强颗粒的性能、结构的基础上,合理地选定增强颗粒。常用的铁基复合材料陶瓷增强颗粒见表 6.1。

表 6.1　常用陶瓷颗粒的物理、力学性能

陶瓷颗粒	熔点/℃	密度/ $(g \cdot cm^{-3})$	线膨胀系数/ $(\times 10^{-6} K^{-1})$	弹性模量/GPa	硬度/HV
Al_2O_3	2 015	3.9	7.1~8.4	350~370	1 800~2 200
ZrO_2	2 600	6.0	8~20	190~320	1 200~1 300
TiC	3 067	4.95	7.7	448	3 000
ZrC	3 440	14.3	8.3	291	1 600
VC	2 730	5.3	4.2	430	2 090
WC	2 800	15.8	3.8	810	2 000~3 000
Cr_3C_2	1 810	6.68	10.4	-	1 000~1 800
SiC	2 545~2 830	3.12	3.6~5.2	380~470	2 600~3 700
B_4C	2 350	2.52	4.5	1450	2 740~3 340
ZTA	4.2~4.3	4.1~4.27	7.5~8.5	240~410	1 500~1 700

Al_2O_3 颗粒因其价格低廉、硬度高、耐磨性好,在工业生产中应用最广,但其与 Fe 的润湿性差,结合力弱,常需对其进行 Ti、Ni 等材料包覆处理,以提高与铁基体的润湿性。WC颗粒则因与 Fe 润湿性好、硬度高、断裂韧性优良,在研究中被广泛应用,但其价格较高,且与 Fe 的膨胀系数相差较大,对复合材料的规模化生产造成致命的影响。TiC、SiC 则会与铁基体反应生成有害物质,易使复合材料产生杂质,降低复合材料性能,因此常在颗粒与金属界面间引入阻挡层(如镀 Ni、镀 $BaSO_4$、氧化等处理),以抑制有害的界面反应。ZTA 是在 Al_2O_3 中添加适量 Zr_2O 的复相陶瓷,利用四方 Zr_2O 的马氏体相变使 ZTA 断裂韧性有了较大的提高,同时硬度较高,热膨胀系数与 Fe 相近,成本较 Al_2O_3 相差不大,是比较理想的陶瓷增强颗粒。ZTA 虽然与 Fe 的润湿性较差,但可通过对颗粒镀 Ni 或采用挤压浸渗法等技术克服该缺点。

2. 钢结硬质合金

虽然铁基复合材料概念是近三十年才兴起的,但实际上以碳化物作为增强相的铁基复合材料早已出现,通常称为钢结硬质合金,是以钢为黏结相,难熔金属碳化物(主要为 WC、TiC 等)为硬质相的复合材料。钢结硬质合金具有广泛的工艺特性(可加工性和热处理性)、良好的力学性能和较高的化学稳定性,与钢相比,具有更高的硬度、更好的耐磨性以及更优异的弹性模量和抗压强度,主要应用于模具和切削刀具领域,在机械、矿冶、建筑、军事、航空航天中作为耐磨零件也发挥着重要作用。我国硬质合金于 20 世纪 60 年代初研制成功,并取得迅速发展,主要有 TiC 和 WC 两大系列。到 70 年代后期和 80 年代初期,由于产品性能较差以及应用范围较窄等原因,钢结硬质合金的发展处于停滞阶段。随着时间的推进,制备硬质合金的钴价格飞涨,各个国家对钢结硬质合金的研究又逐渐多起来,不同国家的研究者对钢结硬质合金的制备工艺、原料等进行了更多且更详尽的研究。中国、美国、荷兰、波兰、德国、英国等在钢结硬质合金的研究方面取得了一些显著的效果,并推出一系列的牌号产品。近年来,随着数字化加工技术的进步以及人们对钢结硬质合金的要求越来越广泛,钢结硬质合金向着多个方向快速发展:硬质相向多样化发展,作为黏结相的钢种不断扩大,相成分范围明显拓宽,制备技术不断丰富,应用范围日益扩大。在这期间出现了许多性能和型号的产品,表 6.2 为部分国内外钢结硬质合金牌号及其性能。

表 6.2　国内外常用钢结硬质合金

牌号	钢基体	硬质相	密度/ (g·cm⁻³)	硬度/HRC 退火	硬度/HRC 淬火	抗弯强度/ MPa	冲击韧性/ (J·cm⁻²)
				国　内			
R5	高碳高铬合金钢	TiC	6.35~6.45	44~48	70~73	1 200~1 400	3.0
R8	半铁素体不锈钢	TiC	6.15~6.35	—	62~66	1 000~1 200	1.5
ST60	奥氏体不锈钢	TiC	5.70~5.90	—	70	1 400~1 600	3.0
GT35	工具钢	TiC	6.40~6.60	39~46	68~72	1 400~1 800	6.0
TLMW50	高碳铬钼合金钢	WC	10.21~10.37	35~40	66~68	2 000	8.0
GW50	高碳低铬钼合金钢	WC	10.20~10.40	38~43	69~70	1 700~2 300	12.0
GJW50	中碳低铬钼合金钢	WC	10.20~10.30	35~38	65~66	1 520~2 200	7.1
D1	高速钢	TiC	6.90~7.10	40~48	66~69	1 400~1 600	—
T1	高速钢	TiC	6.60~6.80	44~48	70.1	1 300~1 500	3.0~5.0
TM52	高锰钢	TiC	6.156.25	—	59~61	2 100	1.0
TM60	高锰钢	TiC	6.09~6.11	—	60~62	1 900	0.81
				国　外			
C	高碳高铬合金钢	TiC	6.60	43	70	2 100	5.5
CM	半铁素体不锈钢	TiC	6.45	46	69	1 750	4.2
CM-25	奥氏体不锈钢	TiC	7.00	32	66	—	3.0
CHW-45	工具钢	TiC	6.45	45	64	—	6.0
MS-5	不锈钢	TiC	6.55	49	62	1 950	8.3
S-45	不锈钢	TiC	6.80	45	—	1 950	—
CHW-25	高碳铬钼合金钢	TiC	7.00	30	61	—	8.0
SK	高碳低铬钼合金钢	TiC	6.80	38	65	2 160	8.3
CS-40	中碳低铬钼合金钢	TiC	6.45	50	68	1 750	3.4
PK	高速钢	TiC	6.60	50	61	1 378	—

随着不同领域的需求增加以及研究的深入,用来制备钢结硬质合金硬质相的范围逐渐变宽和多样化,出现了更多新型硬质相和复合型硬质相。TiN 具有较高的硬度(1 800～2 200 HV)、高熔点(2 950 ℃)、高抗黏附能力、高耐磨性、抗腐蚀性好、表面光泽度好、摩擦系数较低和良好的化学稳定性,因此 TiN 可作为硬质相代替 TiC 硬质相使得钢结硬质合金的应用更加广泛。Ma 利用真空蒸发铸造技术制备的 TiN 增强高锰奥氏体不锈钢(H13)表现出较为优异的耐磨性能。TiB_2 具有较高的熔点(2 980 ℃)、很高的硬度、低的密度、较好的抗氧化能力(在空气中抗氧化温度可达 1 000 ℃)、化学稳定性好(在 HCl 和 HF 酸中稳定)以及较低的电阻率和摩擦系数等较好的物理性能,因而适合用来制备钢结硬质合金。Almangour 等采用选择性激光熔化技术制备的 TiB_2(2～12 μm)增强钢结合金,与基体钢结合金相比,硬度和强度皆有显著提高,同时具有较低的摩擦系数和磨损率。Du 等采用 Fe-Ti 合金、Fe-B 合金和铁为原料,利用激光熔覆技术经过原位合成反应制备的 TiB_2 增强铁基复合材料,硬度和耐磨性能较基体有较大幅度的提高。TiCN 具有热化学稳定性高和优异的硬度、抗氧化性能和韧性等优点,常作为硬质相和 Ni、Co 形成复合材料,广泛用于切削工具及相关领域,然而由于黏结基材 Ni 和 Co 具有一定的毒性以及考虑到价格和资源储存等问题,人们对以钢为基体的 TiCN 复合材料的兴趣愈加浓烈。Alvaredo 等研究了质量分数为 50% 的 TiCN 钢结硬质合金在热处理前后的氧化行为及其机制(静态空气、500～1 000 ℃),和常规硬质合金相比,抗氧化能力好。除此之外,一些新型的硬质化合物和复合型硬质相也逐渐得到关注,如 TiAlSiN、TiN/CrN/TiAlN、TiN/CrN、$TiSi_xN_y$ 等。

钢结硬质合金价格不及普通硬质合金的一半,使用寿命却是钢的几倍到几十倍不等,具有很大的经济效益,因此,发达国家对钢结硬质合金研制的投入逐渐增大,发展迅速,我国对钢结硬质合金的研究以及生产也取得了一定成绩,但产品质量不稳定,缺乏市场竞争力,难以创造出有知识产权的原创性成果,还远未达到领先水平。为缩小与发达国家的差距,对钢结硬质合金的研究应从以下方面开展工作:

(1)注重理论研究。涉及合金材料本质的问题迫切需要更为成熟的理论指导,如硬质相与基体界面结构及相界面动力学过程的研究、烧结过程致密化、物质迁移的控制规律等。

(2)探索优质钢结硬质合金的制备技术。研究工艺参数对产品质量的影响,建立健全产品质量管理控制体系,最大限度地挖掘钢结硬质合金材料的潜力。

(3)开发超细和纳米钢结硬质合金材料。改善纳米材料烧结工艺,加强对纳米粉末、纳米合金分析检测技术的研究。

(4)加快研究废旧钢结硬质合金的回收再生技术,以免造成不必要的资源浪费。

3. 氧化物弥散强化钢

氧化物弥散强化钢(oxide dispersion strengthened steel,ODS 钢)是弥散增强铁基复合材料的另一典型代表,具有优异的力学性能。其原理是通过大量纳米尺寸的氧化物弥散强化相对基体中的位错和晶界进行钉扎来减少晶界的滑移,从而起到强化的作用。同时大量弥散分布的氧化物强化相具有优异的高温稳定性,可以在大量的离子及中子辐照环境下长期保持较高的性能。鉴于其优异的力学性能、高温稳定性及抗辐照性能,ODS 钢有望作为第四代核反应堆的第一壁包壳材料及高温结构件材料而被应用于核电站中。最常见的氧化物弥散强化相为 Y_2O_3。由于 Y_2O_3 的高温稳定性及辐照下的稳定性十分优异,因此被广泛应用于 ODS 钢中。ODS 钢的强化机制,目前认为其主要是通过固溶强化、弥散强化、晶界强化及位错强化等方式来提高自身的强度与硬度。由于 ODS 钢本身存在 W、Ti 等与基体原子半径相差较大的元素,从而引起较大程度的晶格畸变,宏观上表现为强度与硬度的提高。此外氧化物弥散强化相的加入可以起到阻碍位错运动的作用,如 ODS 钢制备过程中由于塑性变形产生的大量位错会在弥散相的作用下形成位错缠结,使位错的可动性降低,从而形成位错强化,使材料的强度与硬度得以进一步提高。同时,这些弥散分布的氧化物颗粒在高温下能保持良好的稳定性,进而通过阻碍晶界的滑动达到提高材料高温强度的目的。

　　ODS 钢主要依靠氧化物弥散相实现强化,因此 ODS 钢中强化相的微观组织、结构及分布等均会对其自身性能有显著的影响。Sakasegawa 研究发现,在 ODS 钢基体晶粒内部和晶界处,均匀分散着尺寸由几纳米到几百纳米不等的氧化物析出相。这些氧化物析出相主要有两种形式:一种是非化学计量比的 Y-Ti-O 纳米团簇,尺寸一般为几纳米;另一种是化学计量比的 $Y_2Ti_2O_7$ 和 Y_2TiO_5,尺寸一般为几十纳米;同时还存在着一些大尺寸(几百纳米)的团簇。这些析出相弥散而又均匀地分散在 ODS 钢基体中,能起到钉扎位错和晶界,并防止位错和晶界滑移的作用。此外,Hoffmann 对 ODS 钢的研究发现,在 ODS 钢制备过程中,基体晶粒的长大和氧化物强化相颗粒的形成之间存在着竞争关系,氧化物颗粒的形成会阻碍晶粒的进一步长大。Zhang G 对不同温度下 ODS 钢中的位错进行了研究,结果表明,位错形态随温度的变化而改变。在室温和 300 ℃热场下,ODS 钢中以刃型位错为主;而当温度为 600 ℃时,则主要以螺型位错为主。因为在温度较低时,纳米颗粒对刃型位错的钉扎作用比对螺型位错的钉扎作用更大,而在温度较高时由于交滑移运动增强而导致大量螺型位错的存在。

　　ODS 钢中的主要合金元素包括 Cr、Al、Ti、W、Co 及 Y 等,不同的合金元素及合金元素的添加量对 ODS 钢组织与性能的影响也不尽相同。表 6.3 给出了 ODS 钢中的几种主要合金元素及其作用。其中,Cr 的添加能使 ODS 钢表面在服役过程中生成尖晶石组成的保护性氧化膜,阻止腐蚀的进一步发展,进而提高 ODS 钢的耐蚀性能。同时,添加一定量的 Cr 会使纳米析出相的尺寸进一步减小,缩小粒度分布。但 Cr 的添加量并不是越多越好,一般 Cr 的质量分数为 9%～16%,含量太少达不到要求的耐蚀性,含量过多会造成材料的老化、脆化。Al 的添加会使 ODS 钢在超临界水堆中的氧化膜厚度增加,从而提高 ODS 钢的耐超临界水腐蚀能力。Ti 的添加可以促进 ODS 钢热固化成型和后续热处理中纳米氧化物的析出。基体中的 Y 和 O 与 Ti 结合,生成 Y-Ti-O 纳米析出相,并且 Ti 的添加会起到细化纳米氧化物颗粒的作用。另外,Ti 的质量分数一般不能超过 0.5%,否则多余的 Ti 会生成 TiO_2 氧化物而导致材料的脆化。W、Co 等元素的添加起到固溶强化的作用,提高合金的强度、硬度和蠕变断裂强度。Y_2O_3 作为 ODS 钢的强化相,一般添加的质量分数为 0.3%～0.35%。

表 6.3　ODS 钢主要合金元素作用

添加元素	作　　用
Cr	增加 ODS 钢的耐蚀性能、减小纳米析出相的尺寸、缩小粒度分布
Al	提高 ODS 钢耐超临界水腐蚀能力
Ti	促进纳米氧化物的析出、细化纳米氧化物颗粒的尺寸
W、Co	固溶强化、提高 ODS 钢的强度、硬度和蠕变断裂强度

由于 Y_2O_3 具有相对较高的高温稳定性,在较高的温度下不易发生溶解,经常作为 ODS 钢的主要弥散强化相。但近十年来越来越多的研究开始关注其他添加元素对 ODS 钢组织和性能的影响。用 Fe_2Y 代替 Y_2O_3 作为强化相会使 ODS 钢有更好的夏比冲击性能;而以 $YTaO_4$ 作为纳米弥散相更能保持整个晶格的连续性;在 ODS 钢中添加质量分数 3.3%～3.8% 的 Al 会提高材料在液态铅—铋中的耐蚀性,添加 1%～4% 的 Sc 能明显稳定晶粒尺寸并提高 ODS 钢的高温强度。

作为第四代核反应堆的第一壁包壳材料,ODS 钢主要应用于超临界水堆中。由于 ODS 钢中添加了大量的 Cr 和一定量的 Al,在工作过程中会产生阻止腐蚀进一步发展的氧化层。同时,晶粒尺寸细化和 Y-Ti-O 纳米弥散相有利于氧化膜的形成,这也决定了 ODS 钢具有较高的耐蚀性。

在核电站超临界水堆环境中,主要分为快中子区和热中子区,其最高温度可达 750 ℃,尤其是堆芯内部构件如包壳等,都承受着 200 ℃ 以上的温差和巨大载荷。在如此恶劣的工作环境下,决定材料使用寿命的主要性能有高温蠕变性和抗辐照性能。核电用钢在工作中承受大量的中子辐照,会产生许多空位等缺陷,He 进入材料中的空位中形成 He 泡,引起材料的辐照肿胀,对材料的微观结构和性能造成不利的影响。为了保障核电用钢使用的安全性及长久性,通常选用具有良好的高温强度和抗辐照损伤性能的铁素体钢作为核电站的第一壁包壳管材料。在铁素体钢中添加弥散相所得的 ODS 钢,由于大量的纳米氧化物和位错会持续吸收热空位和 He 原子,捕捉 He 泡,所以,ODS 钢对于 H^+/He^+ 有很好的抗辐照性能。此外,钢中大量的弥散氧化物还会在高温下保持很好的稳定性,不发生溶解,这使 ODS 钢具有相对于普通核电用钢更好的高温性能。

综上所述,ODS 钢是第四代核电最热门的候选材料之一,但由于特殊的工作环境,对 ODS 钢的性能也提出了更为苛刻的要求。当前,关于 ODS 钢的开发及研究还存在一些问题。例如,ODS 钢的制备工艺有待进一步完善,如何选择并控制纳米尺寸氧化物的形貌、结构及分布等是制备优质 ODS 钢的关键。纳米尺寸氧化物分布的均匀程度直接决定了 ODS 钢的各项性能,是 ODS 钢制备过程中研究的重点之一。ODS 钢制备时,要保证纳米氧化物在溶入基体和析出的过程中尽可能地减少杂质的引入,避免较大范围的团聚,避免发生过度长大,并且使强化相主要分布于晶粒的内部。

6.1.2　表面定位增强铁基复合材料

表面定位增强铁基复合材料是将硬质相颗粒以外加或自生方式与金属基体局部定位复

合,在零部件的工作表面形成具有良好综合性能的复合层,得到兼顾金属性能(塑性、韧性)和硬质增强相(高硬度、高模量、高抗磨性、低密度、耐腐蚀性)的定位强化复合材料,在实际工程中主要作为耐磨、耐蚀材料进行开发与利用。针对 WC、SiC、TiC、Al_2O_3 等陶瓷颗粒与钢铁基体的结合效果,复合材料制备技术取得了一系列成果,并在一些严酷的磨损工况下实现了工业化应用。

利用高硬度的陶瓷颗粒与韧性较好的钢铁基体复合的耐磨件最常见的是以采用高铬铸铁、高锰钢或中低合金钢为基体的颗粒增强铁基复合材料耐磨件。非氧化物陶瓷颗粒作为增强颗粒来提高单一金属材料的性能时,往往会选择碳化物、氮化物、硼化物,这些第二相增强颗粒都具有更优异的耐磨损性能。碳化物作为增强相的主要优势有硬度高、中低冲击工况下耐磨性能良好,以及大多与铁基体润湿良好,且能够实现冶金结合。WC 是其中的典型代表。

西安交通大学耐磨课题组开发了一种具有钉扎作用的 WC 颗粒增强铁基表面复合材料及其制备技术,李秀兵等通过对 WC 颗粒增强铁基表面复合材料的铸渗工艺研究,发现在制备涂层或预制块时,除合理选用黏结剂与熔剂外,加入适当的辅助材料如铝粉、铬铁粉和钼铁粉,可部分消除金属基体与颗粒界面上的氧化铁夹渣缺陷,同时可有效改善复合材料中的基体组织和性能。在此基础上,西安交通大学开发了相应的复合铸渗剂(黏结剂＋熔剂＋辅助材料),用于制备 WC 颗粒增强铁基表层复合材料轧钢导位板,经在宝钢集团上海五钢有限公司带钢厂热轧车间连轧机组成品机架上使用,WC 颗粒增强灰口铸铁基复合材料导位板的使用寿命是普通灰口铸铁导位板的 5 倍以上,减少了更换导位板的次数,提高了成品带钢的品质。李烨飞等对比研究了 WC_p/Cr20 高铬铸铁复合材料与 Cr20 高铬铸铁的三体磨料磨损性能,结果显示复合材料的耐磨性明显优于高铬铸铁的耐磨性,最高可以达到高铬铸铁的 7 倍以上,且随着磨损时间的延长,复合材料的耐磨性呈逐渐升高的趋势,而高铬铸铁的耐磨性随磨损时间的延长几乎不变。

另外 TiC、SiC 等作为增强相也是国内外学者关注的热点。TiC 是一种硬度相对较高的碳化物,维氏硬度在 19.6～31.4 GPa,通过控制凝固过程,可以在 Fe-Ti-C 合金熔体中原位析出 TiC 增强相。作为增强相提高铁基体材料的强度来说,SiC 比 Cr_3C_2、TiC 和 Ti(C,N)具有更明显的作用能力,其原因是 SiC 具有更高的断裂韧性和硬度,并且 SiC 在铁基体中发生了一定的熔解,这些都是提高复合材料的关键因素。国内学者与法国同行合作,开发了选择性激光熔覆技术制备 SiC/Fe 复合材料,其中 SiC 含量体积分数为 5%(质量分数为2.2%),由于加入量较少,复合后密度从 7.74 g/cm³ 下降为 7.73 g/cm³,复合材料的抗拉强度为 764 MPa±15 MPa,而同样采用选择性激光熔覆制得的基体材料极限拉伸强度为357 MPa ±22 MPa。Wen H 等制备了 NbC 增强不锈钢基复合材料,显示出优异的耐蚀性能。

作为铁基复合材料增强相的陶瓷颗粒,除了要具有高模量、高强度、耐磨性能好以及较好的热稳定性外,同时还需要其与钢铁基体在物理化学性能上具有合适匹配性。另外,作为增强颗粒还需要具有较为广泛的原料来源,并具有便于推广的原料价格优势。如前所述,国内外钢铁基耐磨复合材料研究较成熟的是 WC 陶瓷,但它主要的缺点在于:①与钢铁基体的热膨胀系数差别大,导致凝固冷却后界面存在较大的残余应力,引起部件的早期开裂失效;②WC 密度大,复合后明显加大了耐磨件产品的重量,导致使用过程能耗高;③WC 价格高,限制了大范围推广。SiC 陶瓷具有导热性好、弹性模量高、抗氧化能力强等优点,且其与钢铁材料具有较为接近的膨胀系数,二者有良好的物理匹配性,是理想的钢铁基复合材料的增强相。但 SiC 颗粒与铁液易发生剧烈的化学反应,且在界面产生脆性的铁硅化合物和片状石墨组织,降低其界面结合强度。因此,开发具有更好性价比的氧化物陶瓷作为增强相,工程意义重大。

用于表面定位陶瓷颗粒增强铁基复合材料的氧化物增强陶瓷主要是 Al_2O_3。Al_2O_3 陶瓷与钢铁材料具有良好的物理性能匹配,二者具有较为接近的线膨胀系数[钢铁材料平均为 $11 \times 10^{-6}/K$,氧化铝陶瓷为 $(7.1 \sim 8.4) \times 10^{-6}/K$],并且 Al_2O_3 陶瓷具有来源广泛、价格低廉的特点,为该材料的规模化、批量化生产提供了可能,但是 Al_2O_3 陶瓷与金属液几乎不润湿,制备难度较大,成为阻碍该技术发展的关键因素。

近二十年来,针对 Al_2O_3 陶瓷颗粒与铁液不润湿的问题,国内外学者做了大量的研究,并取得了一定的进展。Al_2O_3 陶瓷颗粒脆性较大的缺点也是影响复合材料性能的主要因素,针对此问题也出现了很多对 Al_2O_3 陶瓷性能进行改进的措施,其中最具代表性的就是 ZrO_2 增韧 Al_2O_3(ZTA 陶瓷或锆刚玉陶瓷)技术,当前 ZrO_2 增韧 Al_2O_3 陶瓷已经实现工业化生产,为陶瓷颗粒增强金属基复合材料提供了一种既具备优良耐磨性同时又具有良好韧性的增强体颗粒。ANTONOV M 等研究发现,与不锈钢、Ni 基合金、WC-Co 硬质合金相比,ZrO_2 陶瓷具有更低的磨损率,这是由于 ZrO_2 韧性好,很少发生穿晶裂纹扩展,而且与磨料(SiO_2)形成的起润滑作用的富硅玻璃体釉层起到了保护作用。

但 ZTA 陶瓷颗粒增强铁基复合材料仍存在一些问题,ZTA 与钢铁液润湿性较差,这导致用普通铸渗法制备得到的 ZTA 陶瓷颗粒增强铁基复合材料中,二者之间界面多为机械结合,界面结合强度不高,在受到外应力作用时陶瓷颗粒容易从钢铁基体剥离,降低了复合材料的耐磨性能。因此,还需进一步改善 ZTA 与铁基体之间的润湿性才能提高复合材料的界面性能,从而提高耐磨性能。

6.1.3　双金属铁基复合材料

双金属复合材料是以复合成形方法使两种或两种以上的具有不同物理、化学乃至力学性能的材料在界面产生冶金结合制备而成的层状复合材料,从而使该复合材料具有两种材料的"复合效应",不但克服了单一材料的缺点,又发挥各自优势,同时降低能源材料的损耗。以钢铁为主要材料的双金属复合材料由于其针对性强且具有良好的应用前景,一直以来都是国内外研究的热点和难点。

双金属复合技术制备的铁基复合材料发挥了两种不同钢铁材质的优点,是兼具刚度、强度、耐蚀、耐磨等综合性能的结构和功能材料,基体和覆层之间通过特殊变形和连接技术形成紧密结合,极大发挥了各组元金属的优势,克服了单一金属的性能缺陷,显著降低应用成本,有着良好的综合性能和较高的使用寿命,适应工况能力强,经济效益凸显,在核电、石油化工、海洋工程、电力电子、机械制造、建筑装饰等领域具有广阔的应用前景。

根据复合前金属材料的初始物理状态复合材料的制备技术可具体分为:固-固复合,固-液复合和液-液复合材料技术。固-液复合技术是将金属 A 预制成形,然后浇注液态金属 B,从而将两种金属连接在一起,连接处以冶金结合为主。液-液复合技术是将金属 A、B 同时熔炼,同步或依次浇注,可以实现较大面积的完全冶金结合,但工艺较难控制,界面容易出现混料及夹杂。随着双金属复合工艺的发展及材料性能的提升,双金属复合零部件的应用空间也得到了拓展。具体的成形工艺方法包括轧制、焊接、黏接、镶铸、双液复合铸造等。在这些工艺方法中,因为锤式破碎机的锤头外形复杂,不适用轧制复合法;而双金属黏接工艺是用特殊的胶将预制的高铬铸铁块黏接在钢件的预留孔内,得到非冶金结合的双金属件,达不到冶金结合的高要求。

焊接复合法制造复合锤头,是采用一般的钢材作为基体,将耐磨材料焊接在其上易磨损、要求耐磨性较高的工作部位,使耐磨材料与金属基体表面紧密结合成双金属复合材料,提高耐磨性。在使用寿命上,焊接耐磨合金与高锰钢的复合锤头比超高锰钢锤头提高了 0.5倍,比改性高锰钢锤头提高了 2 倍。由于是对不同种材料进行焊接,此法的关键是需要依据具体的材料是否匹配来研究制定具体的焊接工艺。用这种方法制作的复合锤头,在使用过程中易由于焊接质量的不稳定而发生开焊脱落等现象,因此应用逐渐减少。但是,将这种方法应用于合金钢锤头等耐磨件的修复已获得好的研究进展。将硬质合金等耐磨材料堆焊在单一高韧性材料锤头的端部,通过焊条中 W、Cr 等合金元素形成一些硬质相(如高碳高硬度的莱氏体、马氏体基体以及化合物等),来提高锤端部分的硬度从而提高耐磨性,如将改进的D618 焊条堆焊在 ZG35SiMn 锤头锤端表面上,能延长铸件的使用寿命。也有采用复合堆焊法(即母材+中间过渡层+耐磨层)修复高锰钢等材质的锤头,母材、中间过渡层和耐磨层之间相互结合较好,使用寿命比原高锰钢锤头提高 2~3 倍。

钢/铁镶铸是常用的铸造工艺方法,属于双金属液-固复合方式。镶铸复合锤头就是把锤头整体分为安装锤柄的部分和锤端两部分,使用不同的材料分别制作锤柄和锤端。把预先用某种材料制作好的锤柄或锤端放入铸型中的相应位置,然后再浇注另一种熔炼好的金属液体,铸造成形。双金属镶铸用料由镶块(或镶条)与母材构成。镶块(或镶条)的材质要具有高的硬度和抗磨性,对其综合性能则要求不高。通常选用高铬白口铸铁和硬质合金。母材的金属应具备高的韧度、良好的耐磨性和良好的流动性,与镶块的热膨胀系数接近,与镶块的热处理工艺相匹配,常用 30CrMnSiTi 等中低合金耐磨铸钢和高锰铸钢。但是,界面的结合需要通过外层金属液浇注时所带入的过热热量来实现,因此镶铸法的重要参数是镶铸比(即外层材料体积比芯材体积的数值),要想得到良好结合的界面,必须满足适当的镶铸比条件。若镶铸比较小,会使外层材料带入的热量不够充足,致使液、固作用的时间不够长,因而不能获得良好的界面结合。经实践证实,镶铸比的提高对界面结合有好处,但会使复合材料整体的强韧性有所降低。镶铸工艺尚未完善,经常发生以下问题:液-固复合层易产生气孔、夹杂等缺陷;复合层不能完全达到冶金结合,致使在工作过程中锤头发生断裂或脱落现象等。

双金属液—液复合铸造,即在适当的工艺条件下,把熔炼好的两种金属液体分别浇注到同一铸型内,待其冷却凝固成形,得到兼具此两种金属性能的耐磨铸件,该工艺在技术上可行,适合很多型号的锤头应用,经研究,已取得了较好的成果,提高锤头寿命效果显著,应用这种工艺制造的高铬铸铁/ZG35、高铬铸铁/高锰钢双金属破碎机锤头已取得成功。选用低碳钢(或低合金钢)作锤柄,选用高铬铸铁作耐磨部分的卧式破碎机复合锤头,其工作寿命是传统高锰钢锤头的 6.8 倍。双液双金属铸件一般由抗磨层、过渡层和衬垫层组成。抗磨层通常选用高铬抗磨白口铸铁或高钒铬铸铁;衬垫层常选用塑性和韧度高的中低碳铸钢,以保证铸件可以承受较大的冲击载荷,或选用球墨铸铁、灰铸铁,以使铸件具备较高的强度并节约贵重的抗磨层材料;而过渡层是以上两种金属的熔融体。这种复合方式成功与否,与两种金属的界面熔融态结合程度及结合强度的好坏密切相关,因此必须要严格控制两种金属在不混合的情况下熔为一体,且要有足够大的结合面积。

6.2 铁基复合材料的制备与加工技术

6.2.1 铁基复合材料整体复合方法

粉末冶金技术是最早开展研究铁基体复合材料的制备工艺。1959 年,Gatti 采用粉末冶金法制得了 Al_2O_3 颗粒增强铁基复合材料,氧化物在钢铁基体中均匀分布提高了材料的抗蠕变性能,该成果开启了铁基复合材料研究的先河,使得通过材料复合手段大力提高钢铁基复合材料的力学性能成为可能。1971 年,Navara 制取了基体中弥散分布 Al_2O_3 颗粒增强铁基复合材料,Al_2O_3 与基体的界面干净,无杂质,且与基体结合紧密,在摩擦过程中,颗粒不易脱落,从而提高了材料的耐磨性能。1975 年,Kiparisov 制取了 TiC 颗粒增强钢铁基复合材料,发现 TiC 颗粒的加入大幅提高了材料的力学性能,材料的力学性能与组分含量有着极为密切的联系。Polishchuk 运用粉末冶金法将钛粉、炭黑与铁粉混合,在 1 300~2 000 K 区间烧制得到原位 TiC 铁基复合材料。原位合成的 TiC 与铁基体的润湿角小,当粒子与铁基体凝固时,更易被晶体凝固界面所捕捉,有利于粒子在复合材料基体中分布均匀,解决了颗粒增强相与界面之间的润湿性问题,使材料耐磨性大幅提升,且硬度很高,可应用于刀具,显示了原位合成技术的优势。王一三利用原位反应合成了 VC 颗粒增强铁基复合材料,制得的铁基复合材料存在大量细小 VC 球状颗粒,固态烧结硬度可达 62HRC,在干滑动重载磨损条件下显示了良好的耐磨性能。

铸造法是一种优良的材料成形方法,具有工艺简单、成本低廉,易实现工业化生产及组织致密度高等特点。20 世纪 90 年代是钢铁基复合材料快速发展并走向工业化的关键时期,成形工艺开始由固相烧结法转向铸造法。1990 年,Kattamis 应用搅拌铸造法制备了 TiC 铁基复合材料,指出复合材料的耐磨损性能与 TiC 颗粒的体积分数成正比关系,与陶瓷颗粒尺寸和颗粒间距成反比关系。钱兵在高铬合金熔液中加入 80~100 目的 Al_2O_3 陶瓷颗粒并搅拌,然后将其注入网格状的砂型中,从而制备成了具有网格状结构的复合材料,然后采用镶铸技术把该网格状复合材料镶铸在零部件的易磨损部位,用该方法制备的耐磨件使用寿命大幅提高。Rai 研究表明,在干滑动磨损条件下,TiC/Fe 复合材料的磨损量与滑动距离近似呈线性关系,磨损速率随着载荷增加而增加,而只有在 TiC 颗粒的体积分数较低时,磨损速率随 TiC 颗粒体积分数的增加而降低,当颗粒体积分数达到一定值时,磨损速率几乎不会发生明显变化。所以,控制好碳化物增强体的体积分数和分布状态对制备性能良好且成本较低的铁基复合材料具有重要意义。原位反应铸造法在铸造过程中反应合成颗粒增强相,解决了基体与增强相之间润湿性差、颗粒分散不均及材料性能不稳定的问题,成为材料工作者的研究热点。程凤军利用铸造法制备了原位内生(Nb,V)C 颗粒增强铁基复合材料,研究表明,随着增强体体积分数的增加,其形态会逐渐从以主要在晶界分布的短杆状向均匀分布的颗粒状转变,在增强体体积分数为 8% 时复合材料获得最好的力学性能。

高温自蔓延工艺也称燃烧合成法,越来越受到关注,其最大的特点是利用反应过程中释放出的化学能来合成材料。因其工艺过程简单,能耗低,生产率较高及产品纯度很高而受到研究者追捧。英国的材料科学家采用高温自蔓延工艺制备了(W,Ti)C 铁基复合材料,碳化物呈球状,平均尺寸小于 10 μm,均匀分布在基体中,结果表明,颗粒增强相比例越高,该复合材料的耐磨性能越好,耐蚀性能也越好。高温自蔓延工艺制备铁基复合材料有很多优势,但一直以来复合材料的致密度不高是困扰其发展的主要原因。

6.2.2 铁基复合材料表面复合方法

近三十年关于铁基表面复合材料的研究在不断增加。其中,研究最多的工艺是铸渗法。铸渗法起源于涂覆制造工艺,制备钢铁基表面复合材料就是将陶瓷颗粒或粉末等预先固定在型壁的特定位置上,将钢铁液浇入型腔里,利用钢铁液的热流密度,将陶瓷颗粒或者耐磨粉末附着在钢铁基体表面形成复合层,复合层具有耐磨、耐高温及耐蚀等特殊性能。

铸渗法把包括较高含量的碳、铬以及钒钛等成分的合金粉末制成涂料状或膏状,涂刷或固定在铸型需要提高耐磨性的位置,当熔炼好的金属液浸入表面这层涂料膏或预制块的细小孔隙时,合金粉末就会受热熔化与基体金属融结成一个整体,在铸件表面上构成一定厚度的复合层,这一复合层具备特殊的组织和良好的性能,其厚度能达到 10 mm 以上。20 世纪 80 年代,K. G. Davis 与渡边贞四郎等人相继提出,让金属液透过孔隙渗入到合金涂层里,将合金颗粒包围,经过高温物化冶金反应,在涂层处形成一合金化层。采用此工艺生产的以铬、硼、钨为主要渗入元素的抗磨铸钢和抗磨铸铁,其零件表面的耐热合金化层效果显著。20 世纪 80 年代至今,我国学者对铸渗技术开展了深入探究,用此技术发展的抗磨件如混碾机叶片、锤头、鄂板等均获得较好的使用效果,使用寿命比原产品延长许多。2009 年,李烨飞等以机械破碎的硬质合金为增强颗粒,采用负压铸渗工艺制取颗粒增强高铬铸铁基复合材料,该复合材料相对耐磨性达到高铬铸铁的 3.5 倍以上。铸渗技术在凝固过程中可一次性完成,与喷涂、堆焊等工艺相比,具备生产工艺简单、成本不高等优势。但铸渗技术存在以下问题:

(1)合金层中存在未能尽快排出的合金化过程中产生的气体及熔渣等杂物,造成气孔、夹渣等缺陷,对合金化层的质量不利。

（2）表面合金层厚度对工艺参数的变化较为敏感，合金元素透过合金涂层和金属界面向金属内部扩散的过程受金属液温度、热容量、液态金属流动形式以及界面特性等众多条件的影响，复合层厚度的大小不易控制，在铸造条件下不易获得稳定且有一定厚度的均匀的合金化层，因此必须具备良好的设施并严格控制工艺才能保证批量生产时获得质量较好的铸渗件。

原位生成复合法也称反应合成技术，最早是由苏联 Merzhanov 在 1967 年用高温自蔓延合成技术（SHS）合成 TiB_2/Cu 功能梯度材料的研究中提出的，其增强相生成于材料形成的过程中，故界面没有污染，且增强相分布均匀。原位生成复合法是一种运用较为广泛的制备金属基复合材料的方法，和铸造技术相结合，可制得尺寸大、形状复杂的构件，直接得到近净形化的制品；和粉末冶金法相结合，可消除粉末冶金法中 WC 颗粒具有本质遗传性以及界面易污染的缺点等。刘建永用反应铸渗法制备了 WC/Fe 基复合材料，其铸渗层的组织主要由WC 和贝氏体基体组成，铸渗层与基体形成良好的冶金结合界面，且铸渗层的耐磨性得到了极大的提高，其磨损性能分别达到 45Mn2 钢的 99 倍和高铬铸铁的 15 倍。从当前的研究结果来看，该制备方法的缺点是难以精确控制增强体的体积分数，同时除了生成所预计的增强体外，不可避免存在其他副反应夹杂物的生成。

选区激光烧结技术是起源于 20 世纪 80 年代末的复合技术，此技术的出现促进了粉末冶金技术的进步，它是将激光技术、材料冶金技术、计算机控制技术融于一体的快速原型制造技术，无须添加任何黏结剂而一次性制备高致密度、高性能的复合材料零件。计算机控制高能激光束的移动、逐层熔解或烧结摊铺在磨具表面的复合材料粉末，从而烧结成高致密的零件。该工艺无须模压，且选区激光烧结技术可以用于直接制造模具。

除以上方法外，制备铁基复合材料的方法还有自生复合法、铝热还原法、碳热还原法和压嵌法等。除选区激光烧结技术外，铁基表面复合材料的制备技术还包括电子束、表面铸焊法、激光辐射和溅射技术等。

堆焊法是运用焊接的方法，在零件表面堆覆一层特殊的材质，以达到某种特定性能的工艺方法。堆焊用的碳化钨分为三种：铸造碳化钨（由 WC 和 W_2C 的共晶所组成）、烧结碳化钨（以钴为黏结剂）和特粗晶粒碳化钨。堆焊工艺的核心是焊丝，由于基体与 WC 颗粒相互支撑，因此基体和 WC 颗粒的体积分数应适当，体积分数大基体支撑作用减小会使 WC 脱落，也会增加成本；另一方面 WC 颗粒的粒度也要适中，小颗粒扎根不深也易剥落，颗粒太粗时焊丝在拉拔的过程中颗粒易聚集到一起，会引起拉拔困难。因而，在设计焊丝时应注意药粉粒度以及焊丝直径。在采用 TIG 焊时，焊丝中采用大颗粒的药粉有利于颗粒过渡，焊接工艺性好，堆焊层中大小颗粒搭配可以取得很好的耐磨性。传统的比较成熟的堆焊方法包括焊条电弧焊、气体保护电弧焊、埋弧堆焊，随着堆焊技术的不断创新，高效电弧堆焊（多丝焊、宽带极堆焊）、等离子弧粉末堆焊、TIG 堆焊、高能束粉末堆焊、电渣堆焊等新方法不断得到发展。与国外相比，我国堆焊技术还有很大的发展空间，特别是在堆焊材料和堆焊设备方面。表面堆焊技术工艺简便、易于操作、界面冶金结合，同时对于提高生产效率、降低生产成本、节约资源和能源具有重要意义。但相对于其他表面增强技术，堆焊技术相对滞后，有待进一步设计和改进堆焊材料和堆焊方法,使堆焊材料和方法优质高效化、先进化,努力开发制备出更专业化、智能化的堆焊设备。

6.3　铁基复合材料的工程应用

钢铁材料在国民经济中占有重要地位,挖掘其性能潜力,充分有效地利用有限的资源,具有十分重要的社会及经济意义。与传统钢铁材料相比,铁基复合材料因其具有高强韧、高硬度、高比模量、耐磨、耐热、耐蚀、耐疲劳、耐冲击、减振等优异特性成为新材料开发的热点。铁基复合材料中组分的选择、各组分的含量及分布设计、复合方式和程度、工艺方法和工艺条件的控制等均影响复合材料的性能,赋予了铁基复合材料性能的可设计性。研制高附加值、性能优良的铁基复合材料,是提高钢铁材料性能的重要途径,是对传统钢铁材料的变革,也是高端装备、先进制造业的迫切需要。

6.3.1　陶瓷颗粒增强铁基复合材料的应用

近三十年,陶瓷颗粒增强铁基复合材料的研究有了较大发展,将高硬度的陶瓷颗粒与金属材料复合,把陶瓷颗粒的高硬度、高耐磨性、耐腐蚀同钢铁材料较好的韧性相结合,可得到性能优良的铁基复合材料。全球最大的工程机械制造商美国卡特皮勒公司与亚拉巴马州大学采用压力铸渗工艺研制出 WC-Co、$(W,Ti)C$ 和 Al_2O_3 增强铁基表面复合材料,并作为一种新型的耐磨材料成果得到应用。比利时的 Magotteaux 公司开发了一种 X-win 复合材料制备技术来制备立磨高铬合金磨盘辊套,他们将高硬度异质陶瓷颗粒制备成多孔蜂窝状陶瓷芯板,制备出铁基复合材料辊套,再将其镶嵌在立磨高铬合金磨盘的表层。实践表明该公司出产的复合材料辊套比 Nihard-IV 合金及高 Cr 合金辊套的寿命高 1 倍以上,破碎机锤头比合金锤头使用寿命提高 $1\sim1.8$ 倍,其产品在我国已有 100 多家用户,但价格高昂,并趋向形成垄断态势,对我国耐磨材料产业产生了较大的冲击。在国内,西安理工大学采用负压铸渗工艺成功制备了 SiC 增强铁基表面定位复合材料,其冲蚀磨损性能是 Q235 钢的 4 倍。昆明理工大学制备的 WC 增强灰口铸铁基表面定位复合材料的抗冲击磨损性能是 Cr15Mo3 高铬铸铁的 2.7 倍。西安交通大学材料学院研制的 WC 颗粒增强轧钢导位板和溜槽板已实现工业化生产和应用,其耐磨性大幅提高。南通高欣金属陶瓷复合材料有限公司采用搅拌铸造和镶铸结合的方法研制的 Al_2O_3 颗粒增强高铬合金复合材料可提高设备磨损部件的运行寿命数倍以上。2015 年以来国内局部定位强化钢铁基复合材料的研究逐渐走向产业应用,复合磨辊、板锤、衬板等产品已实现小批量生产,但距离大规模稳定化生产及其工业化应用尚存在一定距离,普遍存在所选的陶瓷颗粒自身脆性大,与金属基体物性不匹配,复合层易形成裂纹,难以承受高应力冲击磨损,在工业化试制后形成的复合层厚度小,且存在大量气孔和夹杂,复合层沿基体结合面易剥落等共性问题。

6.3.2　双金属铁基复合材料的应用

对于双金属复合铁基复合材料的产业应用,英国国家轧辊公司采用喷射铸造工艺生产

了 $\phi400\ mm\times1\ 000\ mm$ 高速钢复合轧辊,组织比锻造工艺制备的还要细小,完全消除了粗大的碳化物,辊芯与喷射层之间形成了良好的冶金结合,其不足是成本比较高。乌克兰巴顿焊接研究院 Elmet-Roll 科研组与 Novo Kramatorsk 机械厂合作,采用电渣熔铸法成功地制备出直径 740 mm、工作层为高速钢、内芯为 45 号钢的复合轧辊,其寿命为合金铸铁轧辊的 $4\sim4.5$ 倍。意大利 Cydocurd 油砂公司利用此工艺生产的输送油砂原矿的管道衬板取得了满意的效果。日本的利肯木田技研工业株式会社以镶铸工艺方法,并在镶铸嵌入构件与熔化金属间设置阻挡层,减少了镶铸嵌入构件对金属液的激冷作用,提高了界面结合的性能。乌克兰国家科学院下属金属物理及合金工艺研究所采用液—液复合铸造方法成功制备了双金属复合板锤,用液—固复合铸造方法制备了驱动轮等双金属产品,产品质量过硬,并实现在企业生产中的应用,在业内积累了较好口碑。可见,国外对双金属复合材料的研究已经较为成熟,且有多种产品实现了实际生产应用。国内方面,中国科学院化工冶金研究所萧弊昭等通过冶金、离心铸造、热处理等工艺使耐磨套筒(外层为低碳钢,内层为高铬铸铁)在复合界面形成组织逐渐变化的过渡层而结合为一个整体,提高了耐磨性能。东北大学何奖爱等研究了油田用泥浆钢套的碳钢—含硼高铬铸铁双金属离心复合铸造工艺,制备的复合材料界面结合牢固,韧性良好,可获得质量合格的铸件。攀钢密地机械厂在烧结矿破碎机齿轮的齿冠上镶铸高铬铸铁,构件使用寿命达 3 个月以上,减少了备件损耗和更换时间。此外,双金属复合材料在锤头等典型关键部件的应用研究方面也取得了一些进展。如沈阳铸造研究所朴东学等采用镶铸工艺生产复合锤头、大型球磨机衬板等易磨损件,其耐磨性能和寿命均比原来用单一高锰钢提高 2 倍以上。河北开元耐磨材料有限公司冯朝跃等开发了镶铸高铬白口铸铁—碳钢复合锤头,较传统材料高锰钢锤头的寿命提高近一倍。河北科技大学张忠诚等通过复合浇注加设隔挡的方式,开发了一种锤式破碎机用超硬耐磨复合锤头,具有良好的耐磨性和冲击韧性。姜向群采用电渣熔铸法制备高铬铸铁和合金钢复合的耐磨锤头,解决了磨损问题。郑州海特机械有限公司余健等开发了一种复合锤头及其制造工艺,其锤体为低碳多元低合金钢,骨架采用过共晶高铬铸铁一体化铸造,提高了破碎机锤头的使用寿命,降低设备的维修率。迁安市宏信铸造有限公司王山开发了一种双金属液—液复合铸造耐磨锤头的工艺,可减少锤柄与锤头部位之间开裂和脱落的情况,耐磨性能优良。由此可见,国内外研发机构及企业在双金属复合材料方面已经积累了不少研究开发经验,形成了相关产品。然而,国内双金属复合技术仍然不够成熟,突出体现在双金属材料体系的选择及匹配性不足,界面的质量较差,熔体质量不稳定,铸造及热处理工艺不合理等问题上。产品暴露出的寿命短等问题依旧突出,国内外产品质量差距较大。这些都是双金属复合材料未来需改进与发展的重要方向。

6.4　铁基复合材料的发展预测

6.4.1　铁基复合材料知识产权分析

通过对铁基复合材料专利申请量的统计分析,可以揭示历年国内外颗粒增强铁基复合材料产业的专利申请和技术研发情况,从而掌握其技术发展的趋势及动态。1994 年,国内出现首个采用粉末冶金法制备铁基复合材料的专利——Al_2O_3 颗粒增强型耐磨复合材料的制造方法(专利号 CN1118813A),自此,西安交通大学、西安理工大学、四川大学、昆明理工大学、广东省材料与加工研究所等针对抗磨、抗蚀、耐高温材料,相继开始进行包括外加和内生颗粒增强的铁基复合材料研发。主要采用碳化物如 TiC、VC、WC、Cr_7C_3,氧化物如 Al_2O_3、SiO_2、ZrO_2,硼化物如 TiB_2,氮化物如 TiN 等作为增强颗粒。以国家知识产权局专利检索为依据进行分析,该领域截至 2019 年共申请专利 192 件,以发明专利为主,占 97%以上。

图 6.1 为我国 2004 年~2019 年铁基复合材料专利申请年代趋势分析结果,随着国家政策扶持的加强,我国铁基复合材料研发投入加大,为了获得国际竞争优势,国内科研工作者、企业专家纷纷加强对知识产权的保护,我国铁基复合材料产业相关研究取得了较大的进展,专利申请量逐年持续增长。部分颗粒增强铁基复合材料研究领域已实现规模产业化。

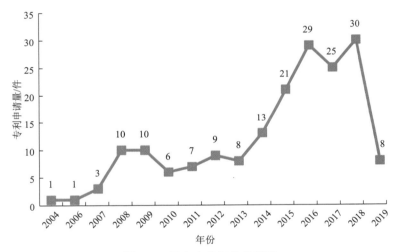

图 6.1　国内专利年代趋势图

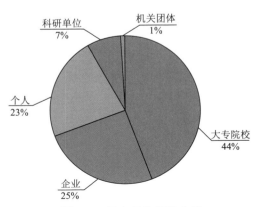

图 6.2　国内机构属性分析

从专利权人角度进行分析可以得知研发活跃、技术水平领先的专利权人。我国铁基复合材料产业相关专利的主要申请机构及申请量比例情况如图 6.2 所示。可以看出,我国铁基复合材料产业的发明专利专利权人以大专院校和企业为主,其中大专院校占 44%,科研单位占 7%,企业占 25%。图 6.3 为我国铁基复合材料发明专利专利权人申请区域分布情况,从图中可以看出我国铁基复合材料相关技术是以高校为主导的,与此同时,企业的自主研发能力在近十年来得到了显著发展,逐渐显示出技术优势。

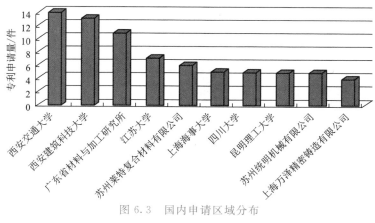

图 6.3　国内申请区域分布

对铁基复合材料专利申请量和申请人数量进行相关性分析,如图 6.4 所示,发现近十五年我国铁基复合材料专利申请数量大幅提升,申请人相应亦增加,表明我国铁基复合材料技术领域正处于技术发展阶段,尤其是高性能耐磨材料产业领域,已有部分企业实现第一代商品问市,多为产品导向专利,可加大研发投入。

图 6.5 为 2004 年～2019 年铁基复合材料国际专利申请年代趋势分析结果,可明显看

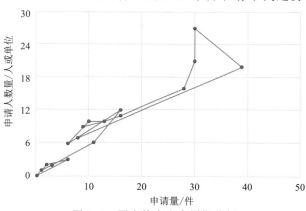

图 6.4　国内技术生命周期分析

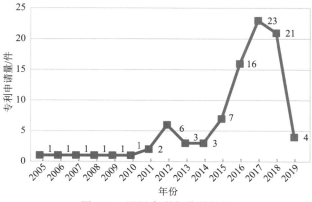

图 6.5　国际专利年代趋势图

出,根据 2011 年前的专利申请量水平,此阶段为铁基复合材料的酝酿期,2012 年以来,专利申请量增幅明显,尤其是近五年显示出跨越式发展,说明近 5 年国际上铁基复合材料产业相关研究得到了广泛重视。

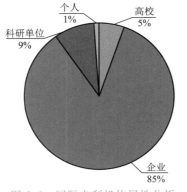

图 6.6　国际专利机构属性分析

国际上铁基复合材料产业相关专利的主要申请机构及申请量比例情况如图 6.6 所示。在国际层面上,铁基复合材料产业的发明专利专利权人以企业为主,占 85%,其次科研单位占 9%,高校占 5%。图 6.7 为国际上铁基复合材料发明专利专利权人申请区域分布情况,从图中可看出在国际上铁基复合材料相关技术以企业为主导,多为产品导向专利,尤其是欧美发达国家的铁基复合材料企业创新能力强,现阶段产业进程明显优于国内技术发展水平。

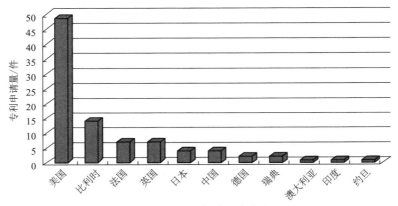

图 6.7　国际申请区域分布

6.4.2　铁基复合材料技术壁垒分析

铁基复合材料是应用较广的工程结构材料,具有优异的抗磨性和高温性能,具有良好的发展前景。制备工艺由最初的固相法向液相法进行集中,液相法除了可以降低成本、简化工艺、提升性能外,还可以制备复杂外形的零件,可适应现代工业生产的需要。但是,铁基复合材料在工艺方面还存在不少问题,如固相法(粉末冶金法)大多需要真空设备,设备投入较高;液相法增强相由于受到铸造性能如流动性的影响,比例不宜过高,且存在产品质量不稳定,以及二次加工困难等问题。虽然铁基复合材料在制备工艺、组织改善、结构调整、力学性能等研究方面取得了一定的进展,但开发出适合实际生产的产品仍然很欠缺。从未来工程材料的发展来看,具有高温性能优良、环保节能、耐磨的铁基复合材料将会有较大的发展。

根据铁基复合材料领域的技术组成,其主要制备技术为粉末冶金、铸渗法、高温自蔓延内生法等,经调研分析,阻碍铁基复合材料产业目标实现的技术壁垒要素及其可能形成的原因见表 6.4。

表 6.4　铁基复合材料技术壁垒要素及其形成原因和解决方案

技术壁垒要素	可能原因分析	可能解决方案
粉末冶金		
大尺寸构件制备困难	设备尺寸受限; 工艺技术不成熟	采用大尺寸冷热等静压设备,采用后续加工; 粉浆铸造,粉体锻造
复合材料制品致密度低	设备压制能力有限,烧结动力不足; 基体与增强体润湿性研究不深入	采用高压设备,如热等静压方法、活化陶瓷颗粒,改善烧结工艺和增加后续加工; 合理的合金元素或助烧剂的选择,增强体表面改性
均匀性问题	粉体颗粒尺寸不均匀	改变混料方法; 分级选择粉体材料; 机械合金化
高温自蔓延(原位生成)		
增强相尺寸、形貌及分布难以控制	原位反应过程较难控制,无法实时直观控制	合金设计、工艺参数调控、装备设计相结合,优化工艺参数,统计分析组织形貌与工艺关系; 通过合金设计或添加辅助剂引入形核点,促进定位析出增强相
增强相等体积参数受限	工艺控制不稳定,与组织关系研究不深入	改善设备工艺控制精度,结合热力学模拟分析,建立相关关系
增强体材料种类受限	原位自生增强相相关研究分散; 增强相原位反应机制理论尚不深入	加深机制理论研究,引入体系热力学和动力学模拟,建立数据库; 多相反应过程综合利用
铸渗法(无压浸渗)		
缺乏准确的预制体评价技术	强度与粒径大小联系问题	采用 3D-工业 CT 评价技术、三维 XRD 技术、压汞仪法联合评价
预制体质量差、开裂导致无增强相存在	预制体成型质量差,存在缺陷; 低体积分数下,增强体的连接方式设计欠缺	选择合适黏接剂和煅烧工艺,改善预制体质量
缺乏复杂、大型形状构件制备技术	预制体结构单一; 构件缺陷控制困难	采用 3D 打印预制体; 严格控制工艺技术; 设计新型熔渗通道; 改进铸造浇道系统,设计具有动态补缩功能的冒口系统以及型砂退让性局部控制
预制体孔道联通性及其尺寸可控性差	预制体孔道设计工作不足; 增强体颗粒的堆积方式设计工作欠缺	增强体粒径选取窄粒度分布和近球型; 提高增强体颗粒设计技术及尺寸可控性

　　铁基复合材料多为大型耐磨损工业构件,要求其在工作端面具有耐磨耐腐蚀功能,在支撑部位具有高韧性,因此在复合材料结构设计上需考虑实际应用环境,增加了制备控制难

度。铁基复合材料在水泥、电力、船舶、机械等领域实现大尺度耐磨构件净成形制备是大势所趋,可大幅度降低制备与加工成本,但是针对 5 t 以上的大型铁基复合材料耐磨构件的制备亟须突破。大型铁基复合材料产品构件的回收利用可减少资源浪费,但当前回收链形成缓慢。

在技术发展模式分析中,依据铁基复合材料研发项目在产业发展中可能出现的技术壁垒的制约和实施突破的方法,需要对研发项目的技术模式进行甄别,绝大部分研发项目可以国内自主研发为主,未来发展的主导方向为低成本、高效率、多品种、高性能以及整体配套的工艺流程,以期制定出符合现代化生产的工艺,以适应大规模工业化生产,研发主体应以产业与企业为主,进行产学研结合,技术发展模式为自主研发与技术合作相结合方式。

为了突破铁基复合材料产业涉及的关键技术难点,目前总结的铁基复合材料产业的技术研发项目包括:抗冲击磨损铁基复合材料制备技术及应用、磨损工况下铁基复合材料制备技术及应用、海洋工程装备用高抗冲刷磨损性制备技术开发、高效低成本铁基复合材料制造成套装备开发、高强度陶瓷预制体结构设计与高效制备技术、高强韧陶瓷颗粒在铁基复合材料的应用技术、铁基复合材料构件的堆焊修复技术与应用。

为了应对市场和技术发展的需求,对铁基复合材料产业领域的优势(strengths)、劣势(weaknesses)、机会(opportunity)和威胁(threatens)进行了分析,见表 6.5。

表 6.5　铁基复合材料技术领域的 SWOT 分析

内部因素	内部优势: • 铁基复合材料性能优于传统钢铁材料; • 兼具结构性和功能性	内部劣势: • 缺乏系统的基础理论研究; • 材料的结构与制备工艺需设计; • 制备工艺不完善; • 制造成本较高,难以大规模生产
外部因素	外部机会: • 国家对复合材料研发的支持力度较大; • 铁基复合材料在国民经济领域的巨大市场需求	外部威胁: • 原材料价格上涨; • 节能降耗、环境保护形势严峻

(1)SO 战略(依靠内部优势,利用外部机会)

开展新型铁基复合材料研发,提高其综合性能;

开发低成本铁基复合材料,扩大其在民用领域的应用。

(2)WO 战略(利用外部机会,克服内部劣势)

加大对铁基复合材料基础理论研发的投入;

降低铁基复合材料的加工与制造成本。

(3)ST 战略(依靠内部优势,回避外部威胁)

开发兼具结构性与功能性的低成本铁基复合材料;

开发节能环保的铁基复合材料制备工艺,实现绿色制造;

拓展铁基复合材料的应用领域。

（4）WT 战略（减少内部劣势，回避外部威胁）

开展铁基复合材料增强体与基体的润湿、界面反应等基础理论研究；

开发高效低成本的制造工艺及装备，实现大规模生产；

完善铁基复合材料结构与工艺设计理论。

依靠内部优势、利用外部机会，同时减少内部劣势，回避外部威胁，以此提升铁基复合材料的性能与自主化水平，是国家机械制造产业的重大战略需要。在中美贸易战背景下，其研发和产业化有助于摆脱被"垄断"的被动局面。

6.4.3　铁基复合材料技术应用路线

以我国冶金、电力、海工、大型水利工程建设等领域重大工程和战略性新兴产业发展需求为牵引，从基础前沿、重大共性关键技术到应用示范全链条研发，着力解决基础材料产业面临的产品同质化、低值化，环境负荷重等重大共性问题是未来铁基复合材料解决的重点。产业技术发展应围绕铁基复合材料多体系品种、多种技术路线、工艺可靠性、性能稳定性等重点开展结构创新、工艺创新以及应用创新研究，突破内生、外加型铁基复合材料制备与应用成套关键技术，开展复合耐磨构件的增材修复技术，基于微观结构参数与性能之间的定量关系，构建铁基复合材料基因工程数据库，拟合获得复合构件产品全寿命预测系统，组织复合材料构件标准建设与规模应用示范。具体技术应用路线图见表 6.6。

表 6.6　铁基复合材料技术应用路线图

	中短期（至 2035 年）	中长期（至 2050 年）
需　求	以我国冶金、电力、海工、大型水利工程建设等领域重大工程和战略性新兴产业发展需求为牵引，从基础前沿、重大共性关键技术到应用示范全链条研发，着力解决基础材料产业面临的产品同质化、低值化，环境负荷重等重大共性问题	
目　标	耐磨构件＞0.5 t 且工作区域厚度＞100 mm 的厚大件；应用于复合磨辊、板锤、衬板等产品，陶瓷颗粒体积分数≥30%，磨料磨损或冲刷腐蚀磨损寿命较单一材料提高 3 倍以上。 耐磨构件＜0.5 t 或工作区域厚度＜100 mm 的小型件、薄壁件；应用于掘进机斗齿、磨球、管道、泵、阀体等产品，寿命较单一材料提高 3～4 倍	完成耐磨构件领域复合技术全覆盖
发展重点	开发高强度陶瓷预制体结构设计与高效制备技术；攻克陶瓷—钢铁界面冶金结合、陶瓷颗粒精准定位的技术壁垒；开发复合耐磨构件的增材修复技术。 研制"自发热"增强体制备技术及复合工艺；解决原位定位内生陶瓷硬质相增强铁基复合材料的制备及成型方法	建立产品寿命预测图谱，构建铁基复合材料数据库；实现耐磨构件在多个工业门类国产化
关键技术	复合技术的自动化生产线，实现厚大件的模块化、稳定化、规模化制备。 建立多个示范生产线，实现薄壁件的低成本、高效率的新型制备技术	建立全面的铁基复合材料性能以及使用寿命评价体系；根据铁基复合材料特点建立回收体系

续上表

中短期（至 2035 年）	中长期（至 2050 年）
战略支撑与建议	进一步加快铁基复合材料制备技术成熟程度，扩大社会影响；政府牵头择优支持技术领先团队强强联合、产学研合作，鼓励创新与创业。 加强相关技术标准/规范的制定，使材料的检测与评价有所依据，促进快速发展。 政府提供长期的支持以促进铁基复合材料产业发展，建立有效的产需对接机制，扶持铁基复合材料研发、生产、应用产业链的发展

随着铁基复合材料技术的迅猛发展，耐磨材料领域正酝酿着巨大的变革。因铁基复合材料具备金属材料高强度、良好塑性和冲击韧性等特点，又具备增强体高硬度、高耐磨等一系列优点，部分产品已得到工业应用。然而，国内铁基复合材料基础理论和工程化制备技术仍然不够成熟，突出体现在铁基复合材料复合界面调控机制尚不明确，组织—性能—服役作用机理未成体系，增强体体系的选择及与基体的匹配性不足，增强体与基体之间结合较差，熔体质量不稳定，大型件和形状复杂件的组织结构均匀性差，铸造及热处理工艺不合理等问题上。产品暴露出的寿命短、生产效率较低等问题依旧突出，国内外产品质量差距较大，这些都是铁基复合材料未来亟须改进与发展的重要方向。我国铁基复合材料基础理论、应用基础理论、工程应用总体上所达到的水平与国外先进水平仍存在或多或少的差距，大部分高端装备铁基复合材料零部件依赖进口，因此如何突破铁基复合材料关键技术，实现多品种、多规格、高性能铁基复合材料的国产化，推动铁基复合材料行业向高技术含量和高附加值升级转型，促进高端制造业快速发展，是未来铁基复合材料发展的重中之重。

参考文献

[1] 秦偲杰,张朝晖,刘世锋,等.钢铁基复合材料的研究现状及发展前景[J].钢铁研究学报,2017,29(11):865-871.

[2] GATTIA. Iron alumina materials[J]. Transactions AIME,1959,215(5):735-755.

[3] 皮亚蒂.复合材料进展[M].赵渠森,译.北京:科学出版社,1984.

[4] KUNIN I A. Elastic media with microstructure[J]. Acta Applicandae Mathematicae,1986,3:1175-1185.

[5] 权高峰,柴东朗,宋余九,等.颗粒增强复合材料中微观热应力和残余应力分析[J].应用力学学报,1995,12(2):125-135.

[6] 王明章,林实,钱仁根,等.金属基复合材料单向和循环变形的数值模拟研究[J].固体力学学报,1995,16(4):359-366.

[7] NILSSONK F,STORAKERS B. On interface crack growth in composite plates[J]. Journal of Applied Mechanics,1992,59(3):530-538.

[8] 章林,刘芳,李志友,等.颗粒增强型铁基粉末冶金材料的研究现状[J].粉末冶金工业,2005,15(1):33-38.

[9] PRABHUT R,VARMA V K,VEDANTAM S. Effect of SiC volume fraction and size on dry silding wear of Fe/SiC/graphite hybrid composites for high sliding speed applications[J]. Wear,2014,309:1-10.

[10] 株洲硬质合金厂.钢结硬质合金[M].北京:冶金工业出版社,1982.

[11] 李良福.钢结硬质合金在工业中的应用[J].硬质合金,2000,17(2):120-124.

[12] 李沐山. 国外钢结硬质合金新进展[J]. 硬质合金,1994,11(2):105-114.

[13] 吴强,肖建中,崔昆. 钢结硬质合金中的硬质相[J]. 稀有金属材料与工程,1991(2):76-80.

[14] LI Y,KATSUI N H,GOTO T. Spark plasma sintering of TiC-ZrC composites[J]. Ceramics International,2015,41(5):7103-7108.

[15] 陈兆盈,陈蔚. 碳化钛硬质合金[J]. 硬质合金,2003,20(3):197-199.

[16] 王鑫,吴一,龙飞,等. TiC 钢结硬质合金的研究进展[J]. 材料导报,2007,21(8):72-75.

[17] 郭继伟,刘钦雷,荣守范,等. 碳化钛系钢结硬质合金的研究现状[J]. 铸造设备与工艺,2010(1):48-54.

[18] ORTNER H M,ETTMAYER P,KOLASKA H. The history of the technological progress of hardmetals[J]. International Journal of Refractory Metals & Hard Materials,2014,44:148-159.

[19] TIAN R J,SUN J C. Corrosion resisitance and interfacial contact resistance of TiN coated 316L bipolar plates for proton exchange membrane fuel cell[J]. International Journal of Hydrogen Energy,2011,36:6788-6794.

[20] DU J,STRANGWOOD M,DAVIS C L. Effect of TiN particles and grain size on the charpy impact transition temperature in steels[J]. Journal of Materials Science & Technology,2012,28:878-888.

[21] NAROJCZYK L J,WERNER Z,BARLAK M,et al. The effect of Ti preimplantation on the proerties of TiN coatings on HS 6-5-2 high-speed steel[J]. Vacuum,2009,83(Suppl 1):S228-S230.

[22] MA Y P,LI X L,WANG C H,et al. Microstructure and impact wear resistance of TiN reinforced high manganese steel matrix[J]. Journal of Iron and Steel Research International,2012,19(7):60-65.

[23] ANAL A,BANDYOPADHYAY T K. Synthesis and characterization of TiB_2-reinforced iron-based composites[J]. Journal of Materials Processing Technology,2006,172:70-76.

[24] BACON D H,EDWARDS L,MOFFATT J E,et al. Synchrotron X-ray diffraction measurements of internal stresses during loading of steel-based metal matrix composites reinforced with TiB_2 particles[J]. Acta Materialia,2011,59:3373-3383.

[25] SULIMA I,BOCZKAL S,JAWORSK L. SEM and TEM characterization of microstructure of stainless steel composites reinforced with TiB_2[J]. Materials Characterization,2016,118:560-569.

[26] SULIMA I,BOCZKAL G. Micromechanical,high-temperature testing of steel-TiB_2 composite sintered by high pressure-high temperature method[J]. Materials Science and Engineering:A,2015,644:76-78.

[27] FEDRIZZI A,PELLIZZARI A M,ZADRA B M,et al. Microstructural study and densification analysis of hot work tool steel matrix composites reinforced with TiB_2 particles[J]. Materials Characterization,2013,86:69-79.

[28] DU B S,ZOU Z D,WANG X H,et al. In situ synthesis of TiB_2/Fe composite coating by laser cladding[J]. Materials Letters,2008,62:689-691.

[29] ZHANG P P,WANG X B,GUO L J,et al. Characterization of in situ synthesized TiB_2 reinforcements in iron-based composite coating[J]. Applied Surface Science,2011,258:1592-1598.

[30] ALMANGOUR B,GRZESIAK D,YANG J M. Rapid fabrication of bulk-form TiB_2/316L stainless steel nanocomposites with novel reinforcement architecture and improved performance by selective laser melting[J]. Journal of Alloys and Compounds,2016,680:480-493.

[31] ALMANGOUR B,KIM Y K,GRZESIAK D,et al. Novel TiB_2-reinforced 316L stainless steel nano-

composites with excellent room and high-temperature yield strength developed by additive manufac-turing[J]. Composites Part B-Engineering,2019,156:51-63.

[32] DU B S,ZOU Z D,WANG X H,et al. Laser cladding of in situ TiB_2/Fe composite coating on steel [J]. Applied Surface Science,2008,254:6489-6494.

[33] VERMAA V,MANOJ KUMAR B V. Tribological behavior of TiCN based cermets against steel and cemented carbide[J]. Materials Today,2016,3:3130-3136.

[34] ALVAREDO P,ABAJO C,TSIPAS S A,et al. Influence of heat treatment on high temperature oxida-tion mechanisms of an Fe-TiCN cermet[J]. Journal of Alloys and Compounds,2014,591:72-79.

[35] ALVAREDO P,MARI D,GORDO E. High temperature transformations in a steel-TiCN cermet[J]. International Journal of Refractory Metals & Hard Materials,2013,41:115-120.

[36] GOMEZ B,JIMENEZ-SUAREZ A,GORDO E. Oxidation and tribological behaviour of an Fe-based MMC reinforced with TiCN particles[J]. International Journal of Refractory Metals & Hard Materi-als,2009,27:360-366.

[37] ANTUNES R A,RODAS A C D,LIMA N B,et al. Study of the corrosion resistance and in vitro bio-compatibility of PVD TiCN-coated AiSi 316L austenitic stainless steel for orthopedic applications[J]. Surface and Coatings Technology,2010,205:2074-2081.

[38] ALVAREDO P,TSIPAS S A,GORDO E. Influence of carbon content on the sinterability of an FeCr matrix cermet reinforced with TiCN[J]. International Journal of Refractory Metals & Hard Materi-als,2013,36:283-288.

[39] FUENTES G G,ALMANDOZ E,PIERRUGUES R,et al. High temperature tribological characterisa-tion of TiAlSiN coatings produced by cathodic arc evaporation [J]. Surface and Coatings Technology, 2010,205:1368-1373.

[40] CHIM Y C,DING X Z,ZENG X T,et al. Oxidation resistance of TiN,CrN,TiAlN and CrAlN coat-ings deposited by lateral rotating cathode arc[J]. Thin Solid Films,2009,517:4845-4849.

[41] MAJOR L,TIRRY W,TENDELOO G V. Microstructure and defect characterization at interfaces in TiN/CrN multilayer coatings[J]. Surface and Coatings Technology,2008,202:6075-6080.

[42] LUAY H,WANG J P,TAO S L,et al. Effect of annealing temperature on microstructure,hardness and adhesion properties of $TiSi_xN_y$ superhard coatings [J]. Applied Surface Science,2011,257: 6380-6386.

[43] 周书助,兰登飞,鄢玲利,等. 钢结硬质合金的研究进展[J]. 粉末冶金材料科学与工程,2015,20(5): 661-669.

[44] RAN G,CHEN N,QIANG R,et al. Surface morphological evolution and nanoneedle formation of 18Cr-ODS steel by focused ion beam bombardment[J]. Nuclear Instruments & Methods in Physics Research Section B-Beam Interactio,2015,356/357:103-107.

[45] RAN G,WU S,ZHOU Z,et al. In-situ TEM observation of microstructural evolution in 18Cr-ODS steel induced by electron beam irradiation[J]. Progress in Natural Science-Materials International, 2012,22:509-513.

[46] SAKASEGAWA H,CHAFFRON L,LEGENDRE F,et al. Correlation between chemical composition and size of very small oxide particles in the MA957 ODS Ferritic alloy [J]. Journal of Nuclear Materi-als,2009,384:115-118.

[47] HOFFMANN J,RIETH M,COMMIN L,et al. Microstructural anisotropy of ferritic ODS alloys after different production routes[J]. Fusion Engineering and Design,2015,98:1986-1900.

[48] ZHANG G,ZHOU Z,MO K,et al. The evolution of internal stress and dislocation during tensile deformation in a 9Cr ferritic/martensitic(F/M)ODS steel investigated by high-energy X-rays[J]. Journal of Nuclear Materials,2015,467:50-57.

[49] LONDON A J,SANTRA S,AMIRTHAPANDIAN S,et al. Effect of Ti and Cr on dispersion,structure and composition of oxide nano-particles in model ODS alloys[J]. Acta Materialia,2015,97: 223-233.

[50] ISSELIN J,KASADA R,KIMURA A. Corrosion behaviour of 16%Cr-4%Al and 16%Cr ODS ferritic steels under different metallurgical conditions in a supercritical waterenvironment[J]. Corrosion Science,2010,52:3266-3270.

[51] OKSIUTA Z,BALUC N. Optimization of the chemical composition and manufacturing route for ODS RAF steels for fusion reactor application[J]. Nuclear Fusion,2009,49:055003.

[52] OKSIUTA Z,LEWANDOWSKA M,UNIFANTOWICZ P,et al. Influence of Y_2O_3 and Fe_2Y additions on the formation of nano-scale oxide particles and the mechanical properties of an ODS RAF steel[J]. Fusion Engineering and Design,2011,86:2417-2420.

[53] MAO X,KIM T K,KIM S S,et al. Crystallographic relationship of $YTaO_4$ particles with matrix in Ta-containing 12Cr ODS steel[J]. Journal of Nuclear Materials,2015,461:329-335.

[54] TAKAYA S,FURUKAWA T,MULLER G,et al. Al-containing ODS steels with improved corrosion resistance to liquid lead-bismuth[J]. Journal of Nuclear Materials,2012,428:125-130.

[55] LI L,XU W,SABER M,et al. Influence of scandium addition on the high-temperature grain size stabilization of oxide-dispersion-strengthened(ODS)ferritic alloy [J]. Materials Science and Engineering: A,2015,636:565-571.

[56] HU H L,ZHOU Z J,LIAO L,et al. Corrosion behavior of a 14Cr-ODS steel in supercritical water [J]. Journal of Nuclear Materials,2013,437:196-200.

[57] FRANGINI S. Corrosion behavior of AISI 316L stainless steel and ODS FeAl aluminide in eutectic Li_2CO_3-K_2CO_3 molten carbonates under flowing CO_2-O_2 gas mixtures[J]. Oxidation of Metals,2000, 53:139-156.

[58] SKURATOV V A,SOHATSKY A S,OCONNELL J H,et al. Latent tracks of swift heavy ions in $Cr_{23}C_6$ and Y-Ti-O nanoparticles in ODS alloys[J]. Nuclear Instruments & Methods in Physics Research Section B-Beam Interactio,2016,374:102-106.

[59] RENZETTI R A,SANDIM H R Z,BOLMARO R E,et al. X-ray evaluation of dislocation density in ODS-Eurofer steel[J]. Materials Science and Engineering:A,2012,534:142-146.

[60] 鲁幼勤,许涛,汪贵生,等. 节能降耗的有效途径之一耐磨材料的合理选材[J]. 中国水泥,2008,36 (18):75-77.

[61] 李宏伟,孟令友. 浅谈立磨粉磨组件的材料及其制造方法[J]. 新世纪水泥导报,2009(3):35-38.

[62] 陈忠华,熊晖,孙贵祥,等. 耐磨铸件铸渗陶瓷技术的初探[J]. 新世纪水泥导报,2015(2):10-15.

[63] 李秀兵,邢建东,高义民,等. 一种制备 WC_p 增强铁基表层复合材料用复合剂:200510043187.4[P]. 2007-11-28.

[64] 李秀兵,方亮,高义民,等. 一种制备碳化钨颗粒增强钢基表层复合材料用复合剂:200510043188.9

[P].2007-05-30.

[65] 李秀兵,高义民,邢建东,等.砂型铸造颗粒增强灰铸铁基轧钢导位板的研制[J].铸造技术,2004(2):95-96.

[66] 祁小群,李秀兵,高义民.WC颗粒增强高铬铸铁基表面复合材料喷射口衬板的研制[J].铸造技术,2002(5):282-284.

[67] 李烨飞,高义民,邢建东,等.一种破碎机复合材料锤头及其负压铸造方法:200910021876.4[P].2010-11-10.

[68] 李烨飞,高义民,邢建东,等.一种破碎机复合材料锤头及其铸造方法:200910021871.0[P].2011-02-09.

[69] 卢高.45钢表面激光合金化原位自生TiC增强相[J].热加工工艺,2017,46(20):146-148.

[70] YI D,YU P,HU B,et al. Preparation of nickel-coated titanium carbide particulates and their use in the production of reinforced iron matrix composites[J]. Materials & Design,2013,52:572-579.

[71] WEN H,YE Z,ZHU Y,et al. Fabrication and characterization of microstructure of stainless steel matrix composites containing up to 25 vol% NbC[J]. Materials Characterization,2016,119:65-74.

[72] WANG J,LI L,TAO W. Crack initiation and propagation behavior of WC particles reinforced Fe-based metal matrix composite produced by laser melting deposition[J]. Optics and Laser Technology,2016,82:170-182.

[73] 曹菊芳,汤文明,赵学法,等.SiC/Fe₃Al界面的固相反应[J].中国有色金属学报,2008,18(5):812-817.

[74] TRAVITZKY N,KUMAR P,SANDHAGE K H,et al. Rapid synthesis of Al₂O₃ reinforced Fe-Cr-Ni composites[J]. Materials Science and Engineering:A,2003,344:245-252.

[75] LEMSTER K,GRAULE T,MINGHETTI T,et al. Mechanical and machining properties of X38CrMoV-51/Al₂O₃ metal matrix composites and components[J]. Materials Science and Engineering:A,2006,420:296-305.

[76] 梁晓峰,杨世源,尹光福.氧化锆增韧氧化铝陶瓷复合粉体的研究进展[J].山东陶瓷,2004,27(1):13-16.

[77] ANTONOV M,HUSSAINOVA I,VEINTHAL R,et al. Effect of temperature and load on three-body abrasion of cermets and steel[J]. Tribology International,2012,46:261-268.

[78] 策季,黄华贵.双金属复合管复合机理及制备工艺研究进展[J].特种铸造及有色合金,2018,38(12):1300-1306.

[79] 刘建彬,王扬,钱进森等.耐蚀合金复合管的生产与发展现状[J].钢管,2014,43(5):1-7.

[80] 李鹏志,邢书明.破碎机锤头双金属复合铸造工艺的研究进展[J].金属矿山,2008(5):96-99.

[81] FOVAN C. Thermal contact stress of bi-metal strip thermostal[J]. Applied Mathematics and Mechanics,1983,4:363-376.

[82] 邢书明.高铬铸铁-铸钢双金属复合锤头的研制[J].矿山机械,1993(1):15-17.

[83] KOMAROVO S,SADOVSKIJ V M,URBANOVICH N I,et al. Correlation between the micro-structure and properties of high-chromium cast iron[J]. Metallovedenie i Termicheskaya Obrabotka Metallov,2003,7:20-23.

[84] 陈嘉斌,杨峰.破碎机锤头堆焊修复工艺研究[J].水泥工程,2011(3):45-48.

[85] 魏建军,姚可夫,潘健,等.超高锰钢锤头的复合堆焊修复研究[J].中国表面工程,2003(2):38-40.

[86] 柴增田.现代复合锤头铸造技术[J].矿山机械,2003(4):15-16.

[87] 刘清梅,吴振卿,关绍康.双金属复合锤头界面结合性能的研究[J].热加工工艺,2003(2):12-14.

[88] 冯朝跃.双金属锤头的生产及应用[J].铸造,2000,49:561-562.

[89] 任庆平,王国仁.高铬铸铁复合锤头的铸造与热处理研究应用[J].铸造技术,2010,31:407-410.

[90] 杜西灵,杜磊.钢铁耐磨铸件铸造技[M].广州:广东科技出版社,2006.

[91] NAVARA E,EASTERLING K E. Observations on the decohesion of oxide particles in a deformed iron base matrix[J]. Jernkont. Ann. ,1971,155(8):438-441.

[92] KIPARISOV S S,NARVA V K,KOLUPAEVA S Y. Dependence of the properties of titanium carbide steel material upon the composition of the titanium carbide[J]. Powder Metallurgy and Metal Ceramics,1975,14(7):549-551.

[93] POLISHCHUK V S,NALIKA G D. Composite magneto abrasive TiC/Fe, VC/Fe, and Cr_2C/Fe powder[J]. Powder Metallurgy and Metal Ceramics,1983,22(3):238-242.

[94] 王一三,丁义超,程凤军.固相反应生成 VC 颗粒增强铁基复合材料[J].热加工工艺,2004,33(9):9-14.

[95] KATTAMIS T Z,SUGANUMA T. Solidification processing and tribological behavior of particulate TiC ferrous matrix composites[J]. Materials Science and Engineering:A,1990,128:241-252.

[96] 钱兵.耐磨机件表面复合高铬合金陶瓷颗粒复合物的生产工艺:201010145404. 1[P]. 2010-09-01.

[97] RAI V K,SRIVASTAVA R,NATH S K,et al. Wear in cast titanium carbide reinforced ferrous composites under dry sliding[J]. Wear,1999,231:265-271.

[98] 程凤军,莫俊超.原位(Nb,V)C增强铁基复合材料的组织与性能研究[J].轨道交通装备与技术,2010(8):5-8.

[99] 祝凯.铸渗技术制备表面复合材料研究现状及发展趋势[J].黑龙江冶金,2006(3):43-44.

[100] 刘亚民,陈振华,魏世忠,等.硬质合金-球墨铸铁复合铸造[J].河南科技大学学报,2004,25:23-25.

[101] 刘湘,李荣启.我国铸渗技术的研究近况[J].新疆工学院学报,2000,21:293-296.

[102] 刘建永.反应铸渗法制备 Fe-WC 表面复合材料的研究[D].武汉:武汉科技大学,2000.

[103] DEGNAN C C,KELLIE J L F,WOOD J V. The wear behavior of iron base alloys containing(W,Ti)C produced by Self-propagating High Temperature Synthesis[D]. Nottingham:University of Nottingham,1996.